W E R T P A P I E R R E C H T

Allgemeiner Teil

Eine systematische Darstellung

von

Prof.Dr.jur. Heinz Hildebrandt †

Als Manuskript gedruckt

Berlin 1957

W A L T E R   D E   G R U Y T E R   &   C O.

ormals G. J. Göschen'sche Verlagshandlung   J. Guttentag Verlagsbuchhandlung
Georg Reimer   Karl J. Trübner   Veit & Comp.

Geleitwort

H e i n z   H i l d e b r a n d t, der in der wissenschaftlichen Öffentlichkeit vor allem durch sein 1931 erschienenes, scharfsinniges Buch über die "Erklärungshaftung" bekannt geworden ist, ist in seinem Schaffen, ganz ähnlich wie Ernst Jacobi, von der allgemeinen Rechtsgeschäftslehre zu den besonderen Problemen des Wertpapierrechts geführt worden. Daraus erwuchs der Plan, ein "System des Wertpapierrechts" zu schreiben, das in seinem ersten Teil die Grundlegung, im zweiten Teil eine Darstellung der einzelnen Wertpapiere bringen sollte. Der Krieg hat die volle Verwirklichung dieses Planes verhindert. Immerhin hat der Verfasser vor seiner Einberufung im Jahre 1943 das Manuskript der "Grundlegung" bis auf wenige, nebensächliche Abschnitte druckreif abzuschliessen vermocht. Mehr zu leisten war ihm nicht vergönnt; am 27.11.1944 ist er, zurückgerufen aus dem Felde an die Universität, ein Opfer des Fliegerangriffs auf Freiburg/Br. geworden.

Die Zweifel, ob die Achtung vor dem Toten die Drucklegung seines letzten Werkes gebietet oder umgekehrt verbietet, da er selbst nicht mehr die letzte Hand daran hat legen, besonders auch die Grundlegung nicht mehr durch den zweiten Teil hat ergänzen können, an dem sich ihr Gehalt hätte bewähren sollen, ist hier durch den Umstand verstärkt worden, dass seit dem Abschluss des Manuskripts inzwischen mehr als 13 Jahre verstrichen sind. So erklärt es sich, dass das Werk nur als Manuskript in einer beschränkten Zahl von Exemplaren gedruckt worden ist. In diesem schlichten Gewande aber mag es der Rechtswissenschaft wertvolle Dienste leisten. Seine Bedeutung liegt, vielleicht glücklicherweise, nicht in dem Versuch, die Zahl der Wertpapiertheorien durch eigene kühne Konzeptionen zu vermehren, sondern wohl vor allem in dem Bemühen, die Ergebnisse der von Jacobi in die Wertpapierlehre eingeführten Rechtsscheintheorie auf der methodischen Grundlage der Interessenjurisprudenz auszubauen und in strenger methodischer und systematischer Folgerichtigkeit darzustellen. Wert und Grenzen dieser Darstellungsweise sollen hier nicht erörtert werden; eine anregende und klärende Kraft wird sie auf alle Fälle entfalten und damit das Andenken an den auf der Höhe des Lebens den Seinen und der Wissenschaft entrissenen Gelehrten wachhalten.

Prof. Dr. L u d w i g   R a i s e r

Tübingen, im Dezember 1956

Inhaltsübersicht.

E I N L E I T U N G

§ 1

I. GESETZESLAGE

I. Das G E S E T Z spricht zwar verschiedentlich von Wertpapieren. Aber es hat keinen einheitlichen Wertpapierbegriff. Erst recht kein einheitliches Wertpapiergesetz[1]. Es stellt auch keine allgemein für Wertpapiere gültigen Vorschriften auf. Vielmehr gibt es nur Regeln für einzelne Wertpapiere.

Wirtschaftlich, geschichtlich und inhaltlich war und ist das Wechselrecht richtunggebend. Die " allgemeine deutsche Wechselordnung " von 1848 wurde in den Jahren 1848-1862 in allen deutschen Bundesstaaten einschließlich Oesterreich als inhaltlich übereinstimmendes Landesrecht, 1869 als norddeutsches Bundesgesetz, 1871 als Reichsgesetz eingeführt und (anläßlich der Protestnovelle von) 1908 in Neufassung veröffentlicht. Das an ihre Stelle getretene Wechselgesetz vom 21.6.33 beruht auf zwischenstaatlicher Vereinbarung: auf dem Genfer Abkommen zur Vereinheitlichung des Wechselrechts vom 7.6.30, das seinerseits auf den Vorentwurf der ersten Haager Konferenz von 1910 und das Abkommen der zweiten Haager Konferenz von 1912 über eine Weltwechselordnung zurückgreift.

Auf internationale Vereinbarung die Genfer Scheckrechtskonferenz von 1931, gründet sich auch das Scheckgesetz vom 14.8.33, das das Scheckgesetz vom 11.3.08 abgelöst hat.

Das "Siebengestirn" der kaufmännischen Orderpapiere hat seine gesetzliche Grundlage in den §§ 363-365 HGB, inhaltlich im wesentlichen durch Verweisung auf das Wechselrecht, gefunden. Die dazu gehörenden drei Papiere des Güterverkehrs (der Orderlagerschein, der Ladeschein und das Konnossement), die als sog. Traditionspapiere eine besondere sachenrechtliche Bedeutung für die Übereignung der eingelagerten, rollenden oder schwimmenden Güter hat, sind näher geregelt in § 424 HGB und

---

1) Anders das Schweizer-Obligationenrecht vom 18.12.36, das im 33. Titel wenigstens einen allgemeinen Teil der Wertpapiere enthält.

2) Den Zeitpunkt seines Inkrafttretens bestimmte doch die VO. v. 5.12.39 (RGBl-2501) nach Art 5 des Gesetzes der dazu ermächtigte Reichsjustizminister (RGBl 37 I 893 ff.). Zur Verordnung über das Verfahren zum Zwecke der kriegsbedingten Kraftloserklärung von Konnossementen vom 4.10.39 (RGBl I 1991) vgl. RG 168,12 f (I).

der VO über Orderlagerscheine vom 16.12.31, in §§ 444 ff.HGB und § 72 Binnenschiffahrtgesetz sowie in den durch das am 1.1.40 in Kraft getretene Gesetz [2] zur Änderung von Vorschriften des Handelsgesetzbuches über das Seefrachtrecht vom 10.8.37 neu gefaßten §§ 642 ff. HGB.

Die Orderaktien (Namensaktien), bei denen freilich der Schwerpunkt im Aktienbucheintrag liegt, haben in den §§ 10/62 f.AktG unter Verweisung auf Bestimmungen des Wechselgesetzes ihre gesetzliche Grundlage gefunden.

Die Inhaberschuldverschreibungen einschließlich der Inhaberkarten und der Inhabergrundschuldbriefe sind in den §§ 793 ff./807/1195 BGB, die qual. Legitimationspapiere im § 808 BGB geordnet. [3] Eine für alle Inhaberpapiere, nicht nur die Inhaberschuldpapiere, geltende wichtige Bestimmung enthält § 935 II BGB über den gutgläubigen Erwerb trotz Abhandenkommens.

Der bürgerlich rechtliche Anweisungsbrief (783 ff.BGB) hat eine verhältnismäßig geringe praktische Bedeutung. Der Hypotheken-,Rektagrundschuld- und Rentenschuldbrief ist nur im Zusammenhang mit den Regeln des Grundpfandrechts verständlich.

Im übrigen finden sich einzelne Vorschriften in den verschiedensten Gesetzen zerstreut: so über die Inhaberaktien im Aktiengesetz, über den Kux in den landesrechtlichen Berggesetzen, über Staatsschuldverschreibungen in der Reichsschuldenordnung vom 13.2.24 und in den Schuldenordnungen der Länder, über den Urkunden- und insbesondere den Wechselprozeß, über Pfändung und Verwertung von Wertpapieren in der Zivilprozeßordnung.

II. INTERESSENLAGE

II. Aufgabe der Wissenschaft und Rechtsprechung ist es daher, die zahlreichen über das ganze Reichs- und Landesrecht verstreuten Einzelvorschriften auf Gemeinsamkeiten und Unterschiede nach Inhalt und Zielsetzung zu untersuchen. Insbesondere gilt es, durch Herausstellung der gemeinsamen ZWECKGEDANKEN gemeinsame Grundregeln zu entwickeln, die für alle Wertpapiere oder doch für größere Wertpapiergruppen gelten.

---

3) Dazu das Reichsgesetz betreffend die gemeinsamen Rechte der Besitzer von Schuldverschreibungen vom 4.12.99 in der Fassung des Gesetzes vom 14.5.14 und der Verordnung vom 24.9.32, das die Inhaber zu einem Gläubigerverband mit einer Gläubigerversammlung, allgemeinverbindlichen Mehrheitsbeschlüssen und einem gemeinsamen Vertreter zusammenschließt.

Nur so ist eine sichere Beherrschung des schwierigen Rechtsstoffes in der Praxis, nur so eine brauchbare Vorarbeit für ein künftiges Wertpapiergesetz möglich.

Um dabei die Gefahr vorschneller Verallgemeinerung in der Sache und abstrakter Schwerverständlichkeit in der Form zu vermeiden, geht die Darstellung des Grundsätzlichen <u>vom Schuldpapier</u> aus. Zwar kann das Wertpapier nicht nur Forderungen, sondern auch Sachenrechte wie der Grundpfandbrief, Mitgliedschaftsrechte wie die Aktie, Ermächtigungen wie die Anweisung, verbriefen. Aber die Verpflichtung ist der typischste und anschaulichste Inhalt des Wertpapiers, angefangen vom Wechsel, dem Vorbild der gesetzlichen Regelung, bis zur Inhaberschuldverschreibung und zum Sparkassenbuch. Der tatsächlich oder vorgeblich Berechtigte wird dementsprechend kurz als "Gläubiger", der Angesprochene, von dem etwas verlangt wird, als "Schuldner", der wirkliche oder angebliche Erwerber als neuer Gläubiger bezeichnet. Im Beispiel heißen der inanspruchgenommene (Haupt-)Schuldner "Schulte", der veräußernde Gläubiger "Alt", sein wirklicher oder vorgeblicher Rechtsnachfolger "Neu", die folgenden Inhaber "Neuling" und "Nachmann".

abgekürzte Bezeichnung

Alt_____Neu_____...
↓
Schulte

1. Ausgangspunkt der wertpapiermäßigen Verbriefung war und ist das <u>UMLAUFBEDÜRFNIS</u>. Die wirtschaftliche Bestimmung oder doch Eignung, die verbrieften Rechte von Hand zu Hand wandern zu lassen, fordert besondere Sicherungen des Papiererwerbers[4] (des Neu) vor den Gefahren, denen der Rechtsnachfolger einer gewöhnlichen Forderung ausgesetzt ist. Je häufiger der Gläubigerwechsel ist, um so zahlreicher sind die Gefahrenstellen für den schließlichen Erwerber. <u>Im Mittelpunkt</u>

E R W E R B E R - S C H U T Z im Umlaufinteresse

---

4) Auch der Schutz des besitzenden Erwerbers vor Verfügungen seines Vormannes mit dem abtretungsunkundigen Schuldner, die Beschränkung des § 407 BGB durch den Vorlegungszwang (=Präsentationsfunktion zugunsten des Gl: §2), ist Erwerberschutz und dient damit don Umlaufbedürfnissen. Es ist daher nur ein Streit um Worte, wenn Raiser ZHR 101,59 ff. diesem "Sicherungszweck" den "Umlaufzweck" gegenüberstellt, wie er insbesondere in dem für die Umlaufpapiere geltendem Gutglaubensschutz und Einredeausschluß sowie in der Rückgriffshaftung beim Wechsel und Scheck(§§ 6-9)seinen Niederschlag gefunden hat.

des Wertpapierrechts steht daher der E r w e r b e r s c h u t z ; nicht, wie beim Abtretungsrecht, der Schuldnerschutz. Aber die Regeln zum Schutz des Erwerbers machen gewisse Ausgleichssätze zugunsten des Schuldners nötig.

2. S c h u l d n e r s c h u t z

2. Neben den Schutz des Erwerbers treten die Kontroll-, Beweis- und Befreiungsinteressen des Inanspruchgenommenen: die S c h u l d n e r i n t e r e s s e n. Die Verbriefung soll den Schuldner vor der Gefahr nutzloser Doppelleistungen schützen.

a. im Kontrollinteresse

a. Die Vorlegung des Papiers bewahrt den Schuldner davor, umsonst an einen nichtberechtigten Dritten zu leisten, der das Papier nicht hat, aber seine Berechtigung vortäuscht (K o n t r o l l i n t e r e s s e n).

So ist bei einem größeren Fußballwettspiel oder bei Beförderung in der Straßenbahn der Unternehmer ohne Ausgabe von Eintritts- oder Fahrkarten regelmäßig nicht in der Lage festzustellen, ob alle "Gäste" das Eintritts- oder Fahrgeld bezahlt haben.

Praktisch droht die Gefahr nutzloser Leistung an Dritte dem Schuldner vor allem dann, wenn er oder seine Erfüllungsgehilfen den bestimmungsgemäßen Empfänger der Leistung nicht persönlich kennen. Also insbesondere bei massenweiser Ausgabe inhaltsgleicher Papiere (z.B. Eintritts- oder Fahrkarten); aber auch bei bestimmungsgemäßer Leistung durch einen anderen (z.B. durch einen Angestellten, eine Niederlassung oder einen Lieferanten des Schuldners) oder an einen anderen (z.B. Warenbeförderung an den Abnehmer des Verpflichteten)[5].

---

5) Dagegen gehört die Unkenntnis des Berechtigten infolge häufigen Gläubigerwechsels nicht hierher (a.A. Raiser ZRH 101,32): denn gegen die Gefahr der Doppelleistung infolge unwirksamer Abtretungen schützt den Schuldner schon das Abtretungsrecht durch die §§ 409/410 BGB.

b. Wie die Vorlegung den Schuldner vor Fehlleistungen an einen Dritten, so schützt die Aushändigung der Schuldurkunde gegen Vollerfüllung den Schuldner im allgemeinen vor der Gefahr, an den bereits befriedigten Gläubiger aus Beweisnot nochmals leisten zu müssen. Da nämlich der Gläubiger die Schuldurkunde dem Verpflichteten erst bei der Erfüllung zurückzugeben pflegt, vermag der wiederholt in Anspruch Genommene durch Vorlage des Papiers das Erlöschen des Rechts darzutun

(B e w e i s i n t e r e s s e).

b. im Beweisinteresse

Insofern übernimmt das Wertpapier Aufgaben des Schuldscheins und der Quittung. Aber es erledigt sie einfacher und sicherer. Denn beim einfachen Schuldschein kann der Gläubiger die Leistung auch ohne Rückgabe des Schuldscheins fordern, wenn er sein Unvermögen zur Rückgabe behauptet 6). Der Schuldner kann zwar dann auf Kosten des Gläubigers dessen öffentlich beglaubigtes Anerkenntnis verlangen, daß die Schuld erloschen ist (den sog. Mortifikationsschein: 371 2BGB). Aber das macht Umstände und unterbleibt daher meist.

Aus dem gleichen Grund wird auch eine Quittung - trotz der Pflicht dazu (§ 368 BGB) - oft nicht erteilt. Außerdem wird sie durch den Nachweis der Vorauserteilung entkräftet 7), wenn auch längeres Schweigen des Gläubigers auf den nachträglichen Empfang der Leistung schließen läßt. 8)

c. Zuweilen darf der Schuldner - kraft vertraglicher Abrede oder gesetzlicher Bestimmung - an den durch das Papier Ausgewiesenen auch dann mit schuldtilgender Wirkung leisten, wenn dieser zum Empfang

c. im Befreiungsinteresse

---

6) Der Schuldner kann (im Gegensatz zum Wertpapier) die Leistung selbst dann nicht von der Schuldscheinrückgabe abhängig machen, wenn das vom Gläubiger behauptete Unvermögen zur Herausgabe unwahr ist. Aber der Schuldner kann auf Schuldscheinrückgabe, an der er ja auch ideell interessiert ist, noch nachträglich selbst dann klagen, wenn der Gläubiger ihm das öffentlich beglaubigte Anerkenntnis über die Schuldtilgung bereits erteilt hat (Enneccerus - Lehmann § 64 II).
7) RG 108,56 gegen Enn.-Lehmann § 74 III 3b
8) Leonhard, Beweislast S. 387

der Leistung gar nicht berechtigt ist: sei es insbesondere, daß der Ausgewiesene das Papier entwendet oder gefunden hat, sei es, daß er es auf Grund ungültiger Übertragung erhalten hat ("Ausweisvorbehalt" im Befreiungsinteresse).

Zwar kann sich der Schuldner gegen nutzlose Zahlungen an einen scheinbaren Rechtsnachfolger dadurch schützen, daß er nur gegen Aushändigung einer vom bisherigen Gläubiger 9) ausgestellten Abtretungsurkunde leistet (§§ 409/410 BGB). Aber die Abtretungsurkunde kann gefälscht sein, ohne daß der Schuldner, wie bei der von ihm selbst ausgestellten Schuldurkunde, die Fälschung ohne weiteres feststellen kann. Auch führt das Verlangen nach einer Abtretungsurkunde häufig zu zeitraubenden Umständlichkeiten und verärgert nicht selten die reelle Kundschaft des Schuldners. Allen diesen Gefahren und Mißhelligkeiten entgeht der Schuldner durch den Ausweisvorbehalt, wie er z.B. beim Sparkassenbuch, beim Versicherungs-, Pfand- oder Hinterlegungsschein üblich ist.

a-c. Verhältnis von Schuldner- und Erwerberschutz

a-c. So vermag die wertpapiermäßige Verbriefung auch dem Schuldner gewisse Vorteile zu bieten, obgleich er bereits durch die Verpflichtung zur Rückgabe des Schuldscheins, zur Quittierung und zur Aushändigung einer Abtretungsurkunde weitgehend gesichert ist. Anders als der Schuldner ist dagegen der Forderungserwerber nach Abtretungsrecht zahlreichen Gefahren ausgesetzt. Deshalb ist für die rechtliche Ausgestaltung der zum Umlauf von Hand zu Hand bestimmten "Order" - und "Inhaberpapiere" (Umlaufpapiere) der Erwerberschutz das Leitmotiv. Gleichwohl gibt es auch Wertpapiere, bei denen sich der

---

9) Der Abtretungsurkunde des bisherigen Gläubigers (Alts) ist entsprechend § 409 BGB die von dem Empfänger der ersten Abtretungsurkunde (von Neu) ausgestellte weitere Abtretungsurkunde (für Neuling) gleichzustellen.

Ausbau des Schuldnerschutzes in den Vordergrund schiebt: "Rektapapiere", wie Sparkassenbücher oder Hinterlegungsscheine, Hypothekenbriefe oder schlicht auf den Namen lautende Lagerscheine. Sind freilich die Schutzinteressen des Erwerbers ganz außer Acht gelassen, wie bei Garderoben- oder Reparaturmarken, Gepäckaufbewahrungs- oder Gepäckbeförderungsscheinen der Reichsbahn, so liegt allenfalls eine wertpapierähnliche Urkunde (ein "schlichtes Ausweispapier" - "einfaches Legitimationspapier"), aber kein "Wertpapier" vor.

3. Gemeininteressen

3. Dementsprechend entscheidet das Recht den Widerstreit zwischen Erwerber- und Schuldnerinteressen je nach dem Grad des Verkehrsbedürfnisses bald mehr zugunsten des Erwerbers, bald mehr zugunsten des Schuldners: jenes bei den Umlauf-(Order- und Inhaber-)Papieren, dieses bei den Rektapapieren. Bei der Entwicklung der wertpapierrechtlichen Grundsätze sind in der höheren Ebene der GEMEININTERESSEN besonders die Vereinfachungs-, Fortbildungs- und Vereinheitlichungsbedürfnisse im Auge zu behalten.

a. Vereinfachungsinteresse

a. Im Vereinfachungsinteresse sind gesetzlich überkommene, aber innerlich unbegründete Unterschiede bei der Freilegung und Ausfüllung von Gesetzeslücken nach Möglichkeit auszugleichen.

So ist - entgegen der herrschenden Meinung - der gute Glaube des Erwerbers an die Geschäftsfähigkeit des Veräußerers beim Inhaberpapier genau so zu schützen wie beim Orderpapier 10). Vor einer nachweislich beabsichtigten Besonderheit müssen freilich die Vereinfachungsinteressen haltmachen.

---

10) §6 II 5

b. Fortbildungsinteresse

b. Im Fortbildungsinteresse sind die Wertgedanken des neuen Wechsel- (und Scheck-)gesetzes richtunggebend.

So wird - nach dem Vorbild des neuen Wechselrechts - auch der Schuldner eines Inhaberpapiers, der an den durch das Papier ausgewiesenen Nichtberechtigten leistet, bei Arglist oder grober Fahrlässigkeit trotz des Ausweisvorbehalts nicht frei. 11)

c. Vereinheitlichungsinteresse

c. Im zwischenstaatlichen Vereinheitlichungsinteresse sind für die Auslegung des Wechsel- und Scheckgesetzes im Zweifel die Erwägungen maßgeblich zu berücksichtigen, von denen die Genfer Wechsel- und Scheckrechtskonferenzen bei der Abfassung des EINHEITLICHEN Wechsel- und Scheckgesetzes ausgingen.

Denn, wenn auch die Gebotsvorstellungen und Gebotszwecke des Deutschen Gesetzgebers für die Auslegung in letzter Linie entscheidend bleiben, so sind doch Wechsel- und Scheckrecht um der internationalen Rechtsangleichung und damit um der Erleichterung des zwischenstaatlichen Verkehrs willen 1933 neu kodifiziert worden.

III. E I N T E I L U N G (System)

III. Bei der EINTEILUNG des Stoffes empfiehlt es sich,

1. Allg. Teil: Grundlegung

1. zunächst das Grundsätzliche am Vorbild des Schuldpapiers und insbesondere des Wechsels auszuführen.

a. FUNKTIONEN

a. Dementsprechend entwickelt das erste Kapitel des allgemeinen Teils die acht FUNKTIONEN, den Meisttatbestand der sonderrechtlichen Grundregeln. Die Funktionenlehre ist das Einmaleins des ganzen Wertpapierrechts. Auf sie führen letzten Endes alle Einzelbestimmungen zurück. Sie erschließt das rechtliche Verständnis für die Bedeutung der wertpapiermäßigen Verbriefung.

b. ARTEN(STATIK)

b. Das zweite Kapitel von den Arten der Wertpapiere erörtert zunächst die Frage, welche Funktionen bei den verschiedenen Rechtsurkunden gelten. Daraus ergibt sich die funktionale Gruppierung der wertpapierartigen Urkunden in Umlaufpapiere, Rektapapiere und bloße Ausweispapiere.

---

11) § 5 I

Desgleichen der Begriff (Mindesttatbestand) des Wertpapiers: die Beantwortung der Darstellungsfrage, welche Funktionen mindestens anwendbar sein müssen, um wissenschaftlich von einem "Wertpapier" zu sprechen. Neben der funktionalen Gruppierung gewährt die Einteilung nach sonstigen Gesichtspunkten einen Überblick über das gesamte Vorkommen an Wertpapieren.

c. UMLAUF (DYNAMIK)

c. Das dritte Kapitel vom U m l a u f der Wertpapiere zeigt die Wertpapiere in der BEWEGUNG: ihren Lebenslauf von der Entstehung bis zur Übertragung, von der Ausübung bis zum Untergang.

2. BES. TEIL: e i n z e l n e Wertpapiere

2. Im zweiten Teil sind die B e s o n d e r h e i t e n der wichtigsten WERTPAPIERE - Wechsel, Scheck, kaufmännische Orderpapiere, Inhaberschuldverschreibungen und bürgerlich-rechtliche Anweisungen - besprochen.

Mitgliedschaftspapiere und Grundpfandbriefe sind, weil nur im Zusammenhang mit dem Aktien- und Hypothekenrecht voll verständlich, aus dem besonderen Teil ausgeschieden.

1. BEFREIUNGSRECHTSBESCHRÄNKUNG:

Präsentationsfunktion zugunsten des neuen Gläubigers.

§ 2

§ 407 I BGB

Nach Abtretungsrecht (§ 407 BGB) verliert der neue Gläubiger sein Forderungsrecht, wenn der Schuldner in Unkenntnis der Abtretung an den bisherigen Gläubiger zahlt. Denn der Schuldner soll durch die ohne sein Zutun erfolgte Abtretung nicht der Gefahr der Doppelzahlung ausgesetzt und damit schlechter gestellt werden. Der Schuldner darf sich daher, solange er nicht sichere Kenntnis von der Abtretung hat, auf den Fortbestand des Bestehenden, den sog. geschichtlichen Rechtsschein der Nochberechtigung des bisherigen Gläubigers, verlassen.

Sicherung des besitzenden Erwerbers vor Rechtsverlust durch Beschränkung des § 407 BGB: Schuldner kann an früheren Gläubiger nur bei Papierbesitz und Abtretungsunkenntnis leisten.

Ist aber die Forderung durch Wertpapier verbrieft, so hilft dem Schuldner seine Unkenntnis vom Rechtsübergang nur dann, wenn der bisherige Gläubiger noch durch das Papier ausgewiesen ist. Denn da der Schuldner durch die Verbriefung in einem Wertpapier das Recht zum Umlauf bestimmt oder doch seinen Umlauf mitberücksichtigt hat, darf er mit dem Fortbestand des Bestehenden nur dann rechnen, wenn ihm der bisherige Gläubiger das Papier vorlegen kann: Die Wahrscheinlichkeit der Nochberechtigung geht mit dem Papierbesitz verloren. Die Wirksamkeit von Rechtshandlungen zwischen dem bisherigen Gläubiger und dem Schuldner setzt daher bei Wertpapierschulden außer der Abtretungsunkenntnis des Schuldners noch die Legitimation des Altgläubigers durch das Papier voraus. Insofern schränkt der zuverlässigere urkundliche den geschichtlichen "Rechtsschein der Nachberechtigung" (§ 407 BGB) ein. Damit ist der neue

Gläubiger, der das Papier besitzt, vor der Gefahr geschützt, durch Handlungen zwischen dem früheren Gläubiger und dem abtretungsunkundigen Schuldner sein Recht zu verlieren. Diese allen Wertpapieren gemeinsame, im Interesse des Gläubigers gegebene Bindung des Schuldners an den Vorlegungszwang bezeichne ich als PRÄSENTATIONSFUNKTION ZUGUNSTEN DES NEUEN GLÄUBIGERS.

Mit dem früheren Gläubiger k a n n sich somit der Wertpapierschuldner n u r dann einlassen, wenn

1. der Altgläubiger sich durch Vorlegung des Papiers noch als Gläubiger ausweisen kann (darin besteht die Besonderheit!), und wenn
2. der Schuldner den Rechtsübergang nicht kennt (§ 407 BGB).

Jenes (1) muß der Schuldner, dieses (2) der neue Gläubiger behaupten und streitigenfalls beweisen. Die wertpapiermäßige Legitimation des bisherigen Gläubigers (1) ist also Voraussetzung, die Kenntnis des Schuldners vom Gläubigerwechsel (2) Hindernis für die befreiende Kraft der an den früheren Gläubiger erfolgten Leistung.

1. Legitimation des Altgläubigers

1. Die wertpapiermäßige L e g i t i m a t i o n hängt nicht davon ab, daß der Altgläubiger dem Schuldner das Papier vorgelegt hat; sondern nur davon, daß er es ihm vorlegen kann. Aber der Schuldner, der sicher gehen will, muß sich das Papier vorlegen lassen. Insofern besteht ein Vorlegungszwang zu Lasten des Schuldners.

Außerdem muß bei Order-Papieren, z.B. dem Wechsel, der frühere Gläubiger (Alt) als Nochberechtigter nicht nur durch den Papierbesitz, sondern auch durch den Papierinhalt ausgewiesen sein. Trägt daher der Wechsel einen undurchstrichenen Begebungsvermerk des Alt an Neu, so kann sich der Schuldner trotz des Wechselbesitzes nicht mehr mit Alt einlassen.

2. Abtretungsunkenntnis des Schuldners.

2. Die Unkenntnis des Schuldners vom Rechtsübergang darf nicht fehlen. Hat also der Schuldner nachweislich sichere Kenntnis vom Gläubigerwechsel, so wird er durch Leistung an den früheren Gläubiger trotz Vorlage des Papiers nicht frei: in der Beschränkung [1], nicht im Ausschluß des Befreiungsrechts (§ 407 BGB) besteht die Präsentationsfunktion zugunsten des (neuen) Gläubigers.

---

1) Raiser ZHR 101, 34.

Das bestreitet Jacobi,[2] weil der Richter die Überzeugung von der Abtretungskenntnis des in Wahrheit abtretungsunkundigen Schuldners auf Grund irreführender Indizien erlangen kann. Indessen ist der Erwerber-, nicht der Schuldnerschutz die treibende Kraft im Wertpapierrecht. Vor allem geht es nicht an, aus Angst vor der (immerhin entfernten) Gefahr des richterlichen Irrtums den kundigen Schuldner zu Schiebungen mit dem früheren Gläubiger geradezu einzuladen. Der unredliche Schuldner verdient daher, wie sonst,[3] so auch hier, keinen Schutz.

Daran wird sogar dann festzuhalten sein, wenn der Schuldner trotz sicherer Kenntnis keine sicheren Beweismittel für den - im Streitfall von ihm zu beweisenden- Rechtsverlust des ausgewiesenen Altgläubigers hat. Denn dann mag er sich wegen unverschuldeter - objektiver - Ungewißheit über die Person des Gläubigers durch Hinterlegung unter Rücknahmeverzicht von der Schuld befreien (§§ 372^2/ 378 BGB).

---

2) Jacobi, z.B. Grundriss 7 h.

3) wie sogar bei der Legitimationsfunktion zugunsten des Schuldners: § 5 I. Über die Abwandlung der Präsentationsfunktion bei Ausweispapieren: § 10 II 3

4) Wegen entsprechender Beschränkung des Aufrechnungsrechts aus § 406 BGB vgl. § 8 II 4.

2. VORLEGUNGSZWANG:
Präsentationsfunktion zugunsten des Schuldners.

§ 3

Der Befreiungsrechtsbeschränkung zugunsten des neuen Gläubigers entspricht der Vorlegungszwang zugunsten des Schuldners.

I. ZWECK: Schutz vor Doppelleistungszwang

I. Ohne diese Ergänzung wäre der Schuldner der Gefahr des Doppelleistungszwangs ausgesetzt.

Alt könnte den Schulte selbst dann erfolgreich ausklagen, wenn er das Papier an Neu weitergegeben hat. Denn im Prozess braucht Alt nur die regelmäßigen Entstehungstatsachen seines Rechts, z.B. beim Rektalagerschein die Einlagerung der Ware und die Verwahrungsabrede, darzulegen. Sache des Schulte ist es dann, die das Recht des Alt aufhebende Tatsache der Abtretung an Neu vorzubringen und streitigenfalls zu beweisen. Dazu aber ist Schulte nicht in der Lage, solange er von der Abtretung nichts weiß. Infolgedessen müßte er zur Leistung an Alt verurteilt werden, obwohl er durch die Leistung an Alt nicht frei wird.

II. MITTEL dagegen: Vorlegungszwang

II. Gegen diese Gefahr schützt den Schuldner der VORLEGUNGSZWANG - die PRÄSENTATIONSFUNKTION ZUGUNSTEN DES SCHULDNERS. Der Schuldner kann nicht nur, sondern er m u s s auch n u r an den Gläubiger leisten, der ihm das Papier vorlegt. Das gilt für alle Wertpapiere. Wertpapiere sind somit stets Vorlegungspapiere (= Präsentationspapiere) und bei Vollerfüllung auch Aushändigungspapiere (= Einlösungspapiere).

1. Gleichgültig ist dabei, ob der Gläubiger den Papierverlust behauptet.

   Dadurch unterscheidet sich das Wertpapier vom gewöhnlichen Schuldschein, bei dem der Schuldner die Leistung nicht von der Vorlage und Aushändigung des Schuldscheins, sondern lediglich von einem öffentlich beglaubigten Tilgungsanerkenntnis (dem sog. Mortifikationsschein) abhängigmachen kann, wenn nur der Gläubiger behauptet, zur Rückgabe des Schuldscheins außerstande zu sein (§ 371² BGB).

2. Gleichgültig ist sogar, ob der Gläubiger den Papierverlust nachweist.[1]

---

1) A.A. Raiser ZRH 101, 50 (jedenfalls für Rektapapiere).

Denn der Nachweis ist unsicher: Zeugen können sich irren, Zeugen können lügen, ohne daß der Schuldner rechtzeitig Anhaltspunkte dafür vorzubringen vermag. Dieses Risiko kann dem Schuldner nicht zugemutet werden.

Der Gläubiger ist daher auf den Umweg der Kraftloserklärung angewiesen. Anders nur, wenn der Schuldner das Papier bereits besitzt,[2] oder wenn er es vernichtet hat.

3. Gleichgültig ist, ob der Gläubiger das Papier vorlegen kann. Anders als bei der Befreiungsrechtsbeschränkung[3] entscheidet die Tatsache, nicht die Möglichkeit der Vorlage. Sonst geht der Schuldner nicht sicher.
4. Gleichgültig ist, ob es sich um die Einziehung oder um sonstige einseitige Ausübungsakte, wie Kündigung und Mahnung, handelt.
5. Gleichgültig ist, ob der alte oder der neue Gläubiger das Recht geltendmacht. Denn auch der neue Gläubiger kann bereits durch Weiterübertragung das Recht verloren haben.
6. Gleichgültig ist grundsätzlich, ob der Schuldner der Geltendmachung des Rechts widerspricht, wenn der Gläubiger das Papier nicht vorlegt. Daher ist auch der im Termin säumige Schuldner nur zur Leistung gegen Aushändigung des Papiers zu verurteilen.[4]

   Ausnahme: bei Rektagrundpfandbriefen ist der Vorlegungszwang nur "verhalten" (§§ 1160/1161/1192 I BGB).

III. Folgerung: Holschuld

III. Infolge des Vorlegungszwangs sind Wertpapierschulden zunächst Mahn-[5] und Holschulden, nicht - wie gewöhnliche Zahlungsverpflichtungen - Schickschulden mit Gefahr- und Kostenlast des Schuldners gemäß § 270 BGB. Hat aber der Gläubiger das Papier vorgelegt, und ist der Schuldner dadurch in Zahlungsverzug gekommen, so wird aus der Holschuld eine Schickschuld im Sinn des § 270 BGB.[6]

---

2) § 24 IV 4 .
3) § 2 , 1 .
4) Mag auch die Urteilsformel das ausdrücklich nicht hervorheben! - Selbstverständlich kann der Schuldner stets auf die Vorlage verzichten.
5) Die Mahnung ohne Vorlage des Papiers und ohne Ausweis durch das Papier (§ 24 V) ist (außer bei Einverständnis des Schuldners damit) unwirksam. Ähnlich Raiser ZRH 101,20/25.
6) RG 160, 341 (II).

3. EINZIEHUNGSRECHTSVERMUTUNG:

Legitimationsfunktion zugunsten des Gläubigers.

§ 4

Bei gewöhnlichen Forderungen muß der Gläubiger im Prozess die rechtsbegründenden Tatsachen, d.h. den Regeltatbestand für die Entstehung seines Rechts (z.B. beim Lagergeschäft die Einlagerung der Ware, die Aufbewahrungsabrede sowie die bis auf ihn reichenden Abtretungen, beim Darlehen außerdem die rechtzeitige Kündigung), behaupten und streitigenfalls beweisen. Dadurch kann der Gläubiger in Beweisnot oder doch in zeitraubende Beweisschwierigkeiten kommen.

Einziehungsrechtsvermutg. für den Legitimierten

Davor schützt den Inhaber bestimmter Wertpapiere, insbesondere von Umlaufpapieren, die EINZIEHUNGSRECHTSVERMUTUNG ZUGUNSTEN DES LEGITIMIERTEN: Zugunsten des nach dem Urkundeninhalt berechtigten Papierinhabers wird vermutet, daß er zur Einziehung befugt ist. Der Schuldner m u s s also s t e t s an den durch das Papier ausgewiesenen Inhaber leisten, es sei denn, daß er dessen Nichtberechtigung nachweist. Darin besteht die LEGITIMATIONSFUNKTION (Ausweisfolge) ZUGUNSTEN DES GLÄUBIGERS.

Gesetzliche Grundbestimmungen: Art 16 I WG (auf den § 365 I HGB und § 61 II AktG zurückverweisen), Art 19 SchG; § 793 I[1] (§ 807) BGB.

1. "Legitimierter"
a. bei Inhaberpapieren

1. LEGITIMIERT ist:
   a. bei Urkunden, die den Inhaber als berechtigt benennen (Inhaberpapieren)
      der Papierinhaber schlechthin.

b. bei Orderpapieren

   b. bei Scheinen, die(mit gesetzlicher Ermächtigung) als berechtigt einen namentlich Bestimmten bezeichnen oder "dessen Order" d.h. den, an den dieser nach einem - üblicherweise auf die Rückseite gesetzten, echten oder gefälschten - Übertragungsvermerk, dem "Indossament" (= "Giro"), zu leisten befiehlt,
      - bei "Orderpapieren", wie Wechsel und Scheck, Orderlagerschein und Orderaktie, der durch den Urkundentext und (wenn vorhanden) eine ununterbrochene Kette von Übertragungsvermerken als letzter Berechtigter benannte Papierinhaber.

      Läßt der letzte Übertragungsvermerk den Namen des Nehmers offen (sog.Blankoindossament), so ist, wie beim Inhaberpapier, jeder Papierinhaber, auch der (besitzende) Unterzeichner des Blankoindossaments, legitimiert [2].

1) Genaueres § 24 I/V
2) Näheres § 20

c. bei Rektapapieren

c. bei Wertpapieren, die als berechtigt nur einen namentlich Bestimmten benennen (oder bei denen die Orderklausel gesetzlich nicht zugelassen ist - bei den sog. zivilen Orderpapieren), - bei "Rektapapieren", wie Rektawechsel, Rektascheck, Rektalagerschein, Kux, Kreditbrief, Lieferschein, Effektenschecks u. dgl.,

nur der in der Urkunde namentlich bezeichnete Papierinhaber.

Doch kommt die Einziehungsrechtsvermutung bei Rektapapieren - abgesehen von Rektawechsel und Rektascheck (für die Art 16 I WG und Art 19 SchG entsprechend gelten) - nur kraft Vertrages vor.[3]

Und auch dann hat sie nur Kraft für den namentlich Benannten, nicht auch für seinen durch Papier und Abtretungsurkunde (§§ 409/410 BGB) ausgewiesenen Rechtsnachfolger: an ihn kann, aber muß der Schuldner nicht stets leisten.

2."zugunsten" des

2. Die Vermutung gilt nur für, nicht gegen den Legitimierten. Also nur, wenn er einen anderen, nicht, wenn ein anderer, wie etwa der rückgriffslustige Nachmann oder der bereicherungsberechtigte Schuldner, ihn in Anspruch nimmt.

3."Einziehungs"-rechtsvermutung

3. Entsprechend den Regelerscheinungen des Lebens bezieht sich die Vermutung zunächst auf das Vollrecht; hilfsweise auf das vom Legitimierten in Anspruch genommene abgeleitete Einziehungsrecht: mag es Pfandrecht oder Niessbrauch, mag es Einziehungsermächtigung (entsprechend § 185 I BGB) oder Vollmacht sein.

Für Mängel der Geschäftsfähigkeit des Einziehenden ist der Schuldner schon nach allgemeinen Grundsätzen beweispflichtig.

Die Einziehungsrechtsvermutung gilt bei jeder Geltendmachung des Rechts: nicht nur bei Einziehung, sondern z.B. auch bei Kündigung und Mahnung.

4."Rechts"vermutung

4. Die Vermutung ist Rechtsvermutung, nicht Tatsachenvermutung. Der Gläubiger braucht daher im Prozess nur das Papier vorzulegen: Die Legitimation genügt als Klagegrund. Rechtsanwendung und daher Aufgabe des Richters ist es, aus dem Besitz auf das Vollrecht (oder auf das vom Inhaber in Anspruch genommene abgeleitete Recht) zu schliessen. Der Gläubiger ist also nicht nur des Beweises, sondern auch der Behauptung seines Rechts enthoben. Sache des Schuldners ist es, zu behaupten und nachzuweisen, daß der Inhaber das (volle oder in Anspruch genommene abgeleitete) Einziehungsrecht nicht erworben hat:

weder mit dem Papiererwerb

noch, sofern der Inhaber dafür Tatsachen - (z.B. nachträgliche Einigung (§ 929[2] BGB) oder Genehmigung des Berechtigten (§ 185 II BGB) - anführt, später.

Die Vermutung ist somit nicht nur eine Rechtserwerbsvermutung, sondern auch eine Rechtsbestandsvermutung. Sie geht also über die (nach richtiger Ansicht[4]) blosse Rechtserwerbsvermutung zugunsten des Besitzers einer gewöhnlichen Fahrnissache aus § 1006 BGB hinaus. Mit Recht: denn die beschränkende Auslegung des § 1006 BGB beruht darauf, daß - anders als bei den Umlaufpapieren (§§ 935 II/1006 I^2 BGB und Art 16 II WG) - der redliche Erwerber abhandengekommener (insbes. gestohlener) gewöhnlicher Sachen nicht geschützt wird (§§ 935 I/1006 I^2 BGB), und daß dementsprechend der unredliche Erwerber unterschlagener Sachen, der nachträglich erworben haben will, nicht besser gestellt zu werden verdient.

5. "Vermutung"

5. Die Vermutung ist widerlegbar. Aber sie beruht nicht nur auf einer Erfahrungsregel (§ 286 ZPO), sondern auf einer Rechtsregel. Sie ist keine bloß tatsächliche, sondern eine rechtliche[5] Vermutung. Sie kehrt daher die Beweislast um: Der vom Schuldner angetretene Beweis ist prozessual nicht Gegenbeweis, sondern Hauptbeweis. Daher kann der Schuldner den Beweis für die bestrittene Tatsache auch durch den Antrag auf Vernehmung des klagenden Gläubigers antreten (§ 445 ZPO); und daher sind, wenn der Schuldner keinerlei Beweis antritt, die vom Gläubiger angebotenen Beweise überflüssig und deshalb nicht zu erheben.[6]

---

3) Die Sonderbestimmung für Rektagrundpfandbriefe in § 1155 BGB folgt nicht wertpapierrechtlichen, sondern grundbuchrechtlichen Vorschriften. Die Vermutung gilt dementsprechend nicht nur für, sondern auch gegen den Briefbesitzer, der durch eine zusammenhängende auf einen im Grundbuch eingetragenen Gläubiger zurückführende Kette öffentlich beglaubigter Abtretungserklärungen, wenn auch nicht als letzter Berechtigter (auch darin anders die Orderpapiere), ausgewiesen ist. Dazu § 14 I 4.

4) Wolff, Sachenrecht § 22 I; Palandt-Henke BGB § 1006 N.3; str.

5) Rechtliche Vermutung und Rechtsvermutung sind wohl zu unterscheiden. Jene betrifft den Geltungsgrund, diese den Geltungsgegenstand. Jene hat zum Gegensatz die tatsächliche Vermutung, den Beweis des ersten Anscheins (§ 286 ZPO); diese hat zum Gegenstand entweder, wie hier, ein Recht (Rechtsvermutung) oder unmittelbar eine Tatsache (Tatsachenvermutung).

6) Sog. Beweisführungslast. Ihre Geltung ist bestritten, aber ein Gebot der Verfahrensökonomie. Ihre praktische Bedeutung tritt allerdings hinter der Beweisfeststellungslast zurück, d.h. hinter der Frage, gegen wen bei Ungewißbleiben zu entscheiden ist.

4. AUSWEISVORBEHALT:

Legitimationsfunktion zugunsten des Schuldners

§ 5

AUSGANGSPUNKT: Befreiungsinteressen des Schuldners

Der Einziehungsrechtsvermutung zugunsten des Gläubigers entspricht der Ausweisvorbehalt zugunsten des Schuldners. Dort muß er, hier kann er stets an den Legitimierten leisten. Nach allgemeinen Grundsätzen wird der Schuldner (Schulte) nur durch Leistung an den Berechtigten (§ 362 BGB) oder an den für nochberechtigt gehaltenen früheren Berechtigten (§ 407 BGB) frei. Kraft des Ausweisvorbehalts aber ist der Schuldner berechtigt, an den ausgewiesenen Papierinhaber auch dann zu leisten, wenn der Legitimierte (Neuling) zur Einziehung nicht befugt ist; z.B., weil er das Papier gestohlen, oder weil er es schlechtgläubig vom Dieb oder vom ungetreuen Verwalter erworben hat. Der Ausweisvorbehalt ist also ein Befreiungsvorbehalt; er besteht in einer Legitimationsfunktion (Ausweisfolge) zugunsten des Schuldners.

ANWENDUNGSFÄLLE
- Ausweispapiere
- Legitimationspapiere

Der Ausweisvorbehalt gilt kraft Gesetzes[1] bei den Umlaufpapieren; kraft Vertrags auch bei einer Reihe sonstiger Urkunden:

> mögen sie zugleich Vorlegungspapiere sein, wie üblicherweise Sparkassenbücher, Versicherungsscheine[2], Pfand- und Depotscheine (sog. qualifizierte Legitimationspapiere: § 808 BGB), oder mögen sie Urkunden nur mit Ausweisvorbehalt (- einfache Legitimationspapiere) sein, wie die Gepäckscheine, die Garderobenmarken und meist auch die Reparaturkarten.
> Mögen sie zugleich eine Vermutung für das Einziehungsrecht des Gläubigers schaffen, wie die Umlaufpapiere, oder mögen sie nur das Befreiungsrecht des Schuldners begründen, wie die meisten sonstigen Urkunden mit Ausweisvorbehalt.
>
> Mag der Ausweisvorbehalt ausdrücklich verbrieft oder, wie bei Garderobemarken, nach der Verkehrssitte zwecknotwendig zu ergänzen sein (§ 157 BGB).[3]

Papiere mit Ausweisvorbehalt nennt man Ausweis- oder Legitimationspapiere, Papiere nur mit Ausweisvorbehalt einfache oder schlichte Legitimationspapiere.

Im Interesse des sachlich Berechtigten bedarf der Schuldnerschutz der Beschränkung auf den gutgläubigen und fälligen Schuldner.

BESCHRÄNKUNGEN

I. Nur der GUTGLÄUBIGE Schuldner verdient den Schutz.

I. GUTGLÄUBIGKEIT: Art 40 III WG und entsprechende Anwendung

Das ist zwar ausdrücklich nur für den Wechsel gesagt (Art 40 III WG). Es muß entsprechend aber für alle Order- und Inhaberpapiere sowie für die sonstigen Ausweispapiere gelten. Denn ein innerer Grund für eine unterschiedliche Behandlung besteht nicht (Richtigkeitsinteressen). Überdies ist das auf zwischenstaatlichem Übereinkommen beruhende Wechselgesetz von 1933 als das neueste und ausgefeilteste einschlägige Gesetzeswerk für die heute maßgebende Bewertung das berufene Vorbild (Fortbildungsinteressen). Schließlich wird durch die Angleichung des Schuldnerschutzes an den Erwerberschutz die Rechtslage vereinfacht (Vereinfachungsinteressen).

1. SchutzGRUNDLAGE ist die Legitimation des Vorlegers (des Neuling). Sie wird durch Fälschung der Indossamente nicht beeinträchtigt. Nur das, nicht etwa die (innerlich ungerechtfertigte) Beschränkung der Haftung auf Arglist, wollen Art 40 III[2] WG und Art 35 SchG mit den Worten bestimmen, daß der Bezogene "nicht die Unterschriften der Indossanten zu prüfen" habe.[1)]

1. Grundlage: die Legitimation

2. Der SchutzUMFANG entspricht dem Erwerberschutz bei Umlaufpapieren.

2. Umfang: entsprechend dem Erwerberschutz bei Umlaufpapieren

Geschützt wird daher nicht nur der gute Glaube an das Vollrecht, an Pfandrecht oder Niessbrauch, an das Fehlen relativer Verfügungsverbote oder der Testamentsvollstreckung und an die Einziehungsermächtigung oder die Vollmacht des Kaufmanns. Geschützt wird vielmehr darüber hinaus auch der gute Glaube an die Echtheit der Unterschriften (Art 40 III[2] WG/35 SchG), an die Personengleichheit (Identität) des Vorlegers mit dem Ausgewiesenen,

---

1) Staub-Stranz Art 40[19] contra Quassowski-Albrecht Art 40 Anm. 10 WG.

an die Abwesenheit von Konkurs[1] und ehemännlicher Nutzverwaltung (beides ist streitig), an die Verfügungs- und (str.) Vertretungsmacht des Vorlegers ganz allgemein sowie an seine Geschäftsfähigkeit (h.M.).

3. Schutzausschluß bei Schlechtgläubigkeit

(Beweislast des Gl.)

- bei Kenntnis oder Unverkennbarkeit von Rechts- und Prozesslage

3. SchutzAUSSCHLUSS bei Schlechtgläubigkeit.

Der gute Glaube wird, wie sonst, so auch hier vermutet. Die Beweislast für den schlechten Glauben trifft also den Berechtigten (den Rechtsinhaber Neu), der unter Berufung darauf nochmals Leistung verlangt.

Schlechtgläubig ist der Schuldner bei Kenntnis oder grobfahrlässiger Unkenntnis (- Unverkennbarkeit) der Nichtberechtigung und, soweit der Schuldner dafür beweispflichtig ist, ihrer sicheren Nachweisbarkeit.

a. Prüfungsgegenstand

α. Rechtslage

(1) Recht

(2) Identität

a. GEGENSTAND der Prüfang sind also

α. alle Mängel der Einziehungsberechtigung.

Der Schuldner hat daher zu prüfen:

(1) ob dem Vorleger das Recht oder doch das behauptete abgeleitete Einziehungsrecht, wie Pfandrecht oder Niessbrauch, wie Einziehungsermächtigung oder Vollmacht, zusteht,[2] und ob ihm nicht die Verfügungsmacht ganz oder teilweise entzogen ist.

(2) ob der Vorleger - bei namensindossierten Orderpapieren (bei Inhaberpapieren und bei blankoindossierten Orderpapieren ergibt sich ja die Legitimation ohne weiteres aus der Vorlage des Papiers) - mit dem Legitimierten personengleich (identisch) ist.

---

1) Bei Leistung nach öffentlicher Bekanntmachung der Konkurseröffnung muß allerdings der Schuldner beweisen, daß ihm zur Zeit der Leistung die Eröffnung des Verfahrens nicht bekannt war (§ 8 III KO).

2) In diesem Zusammenhang kann auch eine Prüfung der Echtheit der Indossamente in Frage kommen; str., darüber oben 1.

(3) ob der Vorleger nicht geschäftsunfähig, geschäftsbeschränkt oder sonst wegen vorübergehender Störung der Geistestätigkeit, z.B. wegen Volltrunkenheit (§ 105 II BGB), annahmeunfähig ist.

(3) Willenserklärungsfähigkeit

ß. die sicheren Aussicht des dem Schuldner obliegenden Beweises.

ß. Beweislage bei Beweislast des Schuldners

Auf einen Prozess, der bei Verlust den geschäftlichen Ruf schädigen und erhebliche Kosten nach sich ziehen kann, braucht sich der Schuldner nur bei hinreichend sicherer Gewinnaussicht einzulassen. Spricht daher eine Vermutung für das Recht des Legitimierten, wie bei allen Umlaufpapieren, so darf der Schuldner trotz Kenntnis der Nichtberechtigung an den ausgewiesenen Papierinhaber leisten, sofern er nicht unverkennbar über sichere Beweismittel für die Nichtberechtigung verfügt. Streitet dagegen keine Vermutung für das Recht des Vorlegers, wie beim Sparkassenbuch, so kommt es auf den Grund für das Fehlen der Berechtigung an:[1] Trägt dafür der Schuldner die Beweislast, wie für Geschäftsunfähigkeit oder Verfügungsbeschränkungen, für Willensmängel oder Sittenwidrigkeit, so ist der Schuldner trotz Kenntnis der Nichtberechtigung mangels unverkennbar sicherer Beweismittel gutgläubig; trifft dagegen den Vorleger die Beweislast, wie für das Zustandekommen der Abtretung oder der Einziehungsermächtigung, so kommt es ausschließlich auf Kenntnis oder Unverkennbarkeit der Nichtberechtigung, nicht auch auf die Sicherheit der Beweismittel an.

Soweit es danach auf die Beweislage ankommt, sind sichere Beweismittel genügend, sofort verfügbare oder im Urkundenprozess verwertbare (sog. liquide) Beweismittel nicht erforderlich (str.).

Sicherheit, nicht Liquidität entscheidet

b. Das MASS der Prüfung ist indessen beschränkt. Nicht jede, sondern nur grobe Fahrlässigkeit (- Unverkennbarkeit) schadet. Das hat seinen Grund weniger in der Zwangslage des Schuldners[2] als in der Rücksicht auf die Umlauffähigkeit des Papiers, die beeinträchtigt würde, wenn der Schuldner zu umständlichen Rückfragen gezwungen wäre. Dementsprechend liegt

b. Prüfungsmaß: grobe Fahrlässigkeit

Gründe

---

1) Die h.L., z.B. Hueck § 25 II 1, Ulmer § 9 II 2, die die Beweismittelfrage hier für gleichgültig hält, übersieht die Beweislastverteilung.

2) wie die entsprechende Anwendung auf Zahlungen des Bezogenen beim Scheck oder der nicht angenommenen Tratte zeigen (unten III 3 b).

Voraussetzungen

grobe Fahrlässigkeit nur vor bei ohne weiteres (!) erkennbaren und sofort behebbaren, bestimmten und glaubhaften Anhaltspunkten für die Nichtberechtigung.

Der Bezogene braucht sich z.B. bei namensindossierten Wechseln nicht ohne besonderen Anlaß den Personalausweis vorzeigen zu lassen. Wenn aber beispielsweise der Schuldner angesichts der Handschrift Zweifel an der Echtheit des letzten Indossaments bekommt, wird er den am gleichen Ort wohnenden, fernmündlich sofort erreichbaren angeblichen Urheber des Übertragungsvermerks anrufen. Wenn ein junges Mädchen sein Sparkassenbuch vorlegt, wird sich der Sparkassenbeamte den Personalausweis zeigen lassen, um die Volljährigkeit nachzuprüfen. Wenn ein unverkennbarer Landstreicher einen größeren Scheck vorlegt, wird sich die Bank bei dem nahe erreichbaren Aussteller vergewissern, daß der Scheck nicht gestohlen oder doch verloren und unterschlagen ist.

Hinterlegungsrecht

§ 372^2 BGB

Hat der Schuldner bestimmte und glaubhafte, wenn auch nicht ohne weiteres erkennbare und sofort behebbare Anhaltspunkte für die Nichtberechtigung des Vorlegers, so steht ihm wegen unverschuldeter Ungewissheit über die Person des Einziehungsberechtigten ein HINTERLEGUNGSRECHT nach § 372 Satz 2 Fall 2 BGB zu.[1] So, wenn er von dem ihm als geschäftlich zuverlässig bekannten Vormann erfährt, daß der Wechsel von einem ungetreuen Angestellten entwendet und weit unter Preis an den Vorlegenden veräußert worden ist. So, wenn der Schuldner von der Konkurseröffnung über das Vermögen des Vorlegers gehört hat, und sich die angebliche Nichtzugehörigkeit des Wechsels zur Konkursmasse nicht ohne weiteres klären lässt. So aber auch, wenn die angebliche Überbrückung einer Lücke in der Indossamentenkette durch Erbgang oder Abtretung nicht durch öffentliche oder öffentlich beglaubigte Urkunden, etwa durch Erbschein oder beglaubigte Abtretungsurkunde, nachgewiesen wird.[2]

Art 42 WG

Daneben besteht das Hinterlegungsrecht des Wechselannehmers (nicht das des blossen Wechsel- oder Scheckbezogenen!) schon bei Nichtvorlage des Wechsels zur Zahlung innerhalb der Vorlegungsfrist: Art 42 WG erspart hier die Prüfung der unverschuldeten (!) Ungewißheit (objektive Ungewißheit wird regelmäßig vorliegen)[3] über die Person des Berechtigten.

1) H.M.; a.A. Jacobi, z.B. Grundriß § 5 II 2. - Unstreitig ist das Hinterlegungsrecht aus einem in der Person des Gläubigers liegenden Grund, z.B. wegen Annahmeverzugs, Verschollenheit, Fehlens der Geschäftsfähigkeit und zugleich der gesetzlichen Vertretung (§ 372 BGB).
2) Staub-Stranz Art 42 Anm. 9 WG.
3) Quassowski-Albrecht Art 42 Anm. 3 WG.

II. Nur der <u>FÄLLIGE</u> Schuldner verdient den Schutz. Leistung vor Fälligkeit befreit nur, wenn der Legitimierte auch berechtigt ist. Leistung vor Fälligkeit geht also auf die Gefahr des Schuldners, bei Nichtberechtigung des Legitimierten nochmals an den Berechtigten leisten zu müssen.

II.FÄLLIGKEIT: Art 40 II WG

Das bestimmt zwar ausdrücklich nur der aus dem französischen code de commerce übernommene Art 40 II WG. Die entsprechende Anwendung auf die anderen Umlauf- und die sonstigen Ausweispapiere ist aber, wie bei <u>Art 40 III WG</u>, so auch hier nicht nur eine Forderung der Fortbildungs- und Vereinfachungsinteressen, sondern auch ein Gebot der Interessenlage. Denn zunächst ist der <u>freiwillig</u> zahlende Schuldner nicht so schutzbedürftig. Und sodann soll der Schuldner nicht auf Kosten des Berechtigten zur <u>Begünstigung von Schiebungen</u> des Legitimierten, der vor Bekanntwerden seiner Veruntreuungen oder kurz vor Konkurseröffnung auf vorzeitige Leistung drängt, eingeladen werden.

Analogie

III. Nur dem <u>SCHULDNER</u> gilt der Schutz. Denn, wer nicht Schuldner ist, kann nicht frei werden. Im einzelnen ist zwischen dem Außenverhältnis (1), dem Rückgriffverhältnis (2) und dem Innen- (-Deckungs-)verhältnis (3) zu unterscheiden.

III.SCHULDNER

Am Beispiel: Der von Alt auf Schulte gezogene, (an eigone Order gestellte und) blankoindossierte Wechsel gehört dem Neu und ist ihm von seinem Angestellten Neuling gestohlen.

1. Art 40 III WG betrifft zunächst das <u>Außenverhältnis</u> zwischen Schulte und Neu. Nur die Frage: Wird Schulte durch Zahlung an den legitimierten Neuling von seiner Schuld gegenüber Neu frei? Art 40 III WG setzt daher insoweit die Annahme des Wechsels und damit die Schuldnerstellung Schultes voraus.

1.Außenverhältnis zwischen Schulte und Neu: Freiwerden? Art 40 III WG

2. Art 40 III WG ist indessen mangels Annahme des Schulte nicht notwendig gegenstandslos. Denn er gilt auch für die Frage, wann die <u>Rückgriffsschuld</u> des Alt gegenüber Neu durch die Zahlung des Bezogenen Schulte an den legitimierten Neuling erlischt.

2.Rückwirkung auf das Rückgriffsverhältnis zwischen Alt und Neu:Gesamterlöschen? Art 40 III WG beim Wechsel

Die Rückgriffsschuld erlischt beim Wechsel nach Art 40 III WG, mag nun Schulte den Wechsel angenommen haben, oder mag er - deshalb spricht Art 40 auch nur vom "Bezogenen" - nur der Bezogene sein.[1)]

u.entspr.beim Scheck

Entsprechend Art 40 III WG erlischt die Rückgriffsschuld beim (nach Art 4 SchG unannehmbaren) Scheck.[2)]

3.Deckungsverhältnis zwischen Schulte und Alt: Belastungsrecht?

3. Art 40 III WG bezieht sich dagegen nicht auf das bürgerlichrechtliche Deckungsverhältnis zwischen dem zur Leistung angewiesenen Schulte und dem anweisenden Alt. Er beantwortet nicht die Frage, wann Schulte den Alt mit dem ausgezahlten Betrag belasten darf. Das richtet sich vielmehr in erster Linie nach den Vereinbarungen zwischen Schulte und Alt und insoweit nach den allgemeinen Geschäftsbedingungen, hilfsweise an sich nach dem Recht des BGB über den Aufwendungsersatz für Geschäftsbesorgungen (§§ 670/675/683 BGB) und über die Einziehungsermächtigung (§§ 362 II/ 185 I BGB). Gleichwohl hat der Ausweisvorbehalt im Außenverhältnis im Zweifel gewisse Fernwirkungen für das Deckungsverhältnis. Mangels abweichender Vereinbarung zwischen Alt und Schulte gilt nämlich:

Fernwirkung von Art 40 III

a.bei Zahlung des Annehmers

a. War Schulte Schuldner des Neu, so hängt das Belastungsrecht des Schulte gegenüber Alt davon ab, ob Schulte durch die Leistung an Neuling gegenüber Neu nach Art 40 III WG frei wurde.

Dadurch wird ja Alt auch gegenüber Neu frei. Er kann also den von Neu für den Wechsel erhaltenen Preis behalten. Schultes Zahlung hat damit den von Alt erstrebten Zweck erreicht.

b.bei Zahlung des nur Bezogenen

b. War Schulte nicht Schuldner des Neu, sondern nur Bezogener, wie beim Scheck[3)] oder beim nicht angenommenen Wechsel, so hat er bei Order- und Inhaberanweisungen ein Belastungsrecht

---

1) Staub-Stranz Art 40 Anm. 9 WG

2) So auch die auf der Genfer Konferenz vertretene Meinung: dazu Quassowski-Albrecht Art 35 Anm. 14 SchG, die zum gleichen Ergebnis (in Gesetzesergänzung zu Art 35 SchG) kommen.

3) Ergebnisgleich Quassowski-Albrecht Art 35[8-12] SchG.

gegenüber Alt entsprechend Art 40 III WG schon dann, wenn er ohne grobe Fahrlässigkeit an den legitimierten Neuling geleistet hat.

Schulte haftet also auch dann nicht für leichte Fahrlässigkeit (§ 276 BGB), wenn die Rücksicht auf den Leistungszwang ausscheidet; denn die Umlaufsfähigkeit des Papiers würde beeinträchtigt, wenn Schulte zu umständlichen Prüfungen vor der Leistung gezwungen wäre.[2] Hinzu kommt, daß Alt, der durch Schultes Zahlung einer etwaigen Rückgriffsschuld ledig wird, sonst den von Neu erhaltenen Kaufpreis für das Papier behielte, ohne seinerseits dem Schulte etwas dafür zahlen zu müssen (a).

---

2) Quassowski-Albrecht Art 35 Anm. 9 SchG.

5. GUTGLÄUBIGER RECHTSÜBERGANG:

Legitimationsfunktion zugunsten des gutgläubigen Zweiterwerbers.

§ 6

Bei der Abtretung gewöhnlicher Forderungen gibt es keinen gutgläubigen Erwerb von Nichtberechtigten. Mit Recht! Denn es fehlt die erforderliche Rechtsscheingrundlage. Oder soll jemand (Alt) über Nacht ohne weiteres dadurch sein Recht verlieren, daß ein Gauner (Neu) einem Dritten (Neuling) seine vorgebliche Berechtigung glaubhaft macht?

Anders bei Umlaufpapieren: Der Erwerber eines Inhaber- oder Orderpapiers wird vor der Gefahr geschützt, vom Nichtberechtigten nichts zu erwerben. Sonst wäre ja nicht leicht jemand zum Erwerb des Papiers bereit (Umlaufinteressen).

A

A. Rechtsschein GRUNDLAGE

Die erforderliche GRUNDLAGE für den guten Glauben schafft das Gesetz rechtstechnisch dadurch, daß es beim Rechtsübergang Order- und Inhaberpapiere nicht als Rechte, sondern sie grundsätzlich als Sachen behandelt. Damit unterstellt es die Übertragung der Umlaufpapiere den Regeln des Fahrnissachenrechts, erspart sich dadurch eine umfangreiche Sonderregelung und erreicht doch das Ziel: die Mobilisierung des Papierbesitzes als Mittel der Rechtspublizität, insbesondere als Rechtsscheingrundlage.

Recht und Rechtsurkunde

Wirtschaftlich und daher auch rechtlich gehören Recht und Rechtsurkunde darüber zusammen. Gleichviel, ob die Urkunde nur Beweis- oder Geschäftszwecken, oder ob sie auch Umlaufbedürfnissen dient. Gleichviel ob sie also - wie schlichtes Schuldbekenntnis oder Schuldversprechen, wie Schuld- oder Verpflichtungsschein - nur Beweis- oder Geschäftsurkunde [1], oder ob sie darüber hinaus Wertpapier mit besonderen Ausweisfolgen ist. Für die Verbindung von Recht und Papier bestehen dabei rechtstechnisch zwei Möglichkeiten.

Grundsatz "Zubehörtheorie"(952 BGB)

a. Entweder: "Das Recht am Papier folgt dem Recht aus dem Papier". Der jeweils Berechtigte, der Gläubiger, ist Eigentümer des Papiers. Das ist das Natürliche; denn das Papier ist für das Recht da. Darum ist der Vorrang des Rechts und damit die Zubehöreigenschaft des Papiers auch die Regel.

---

1) Für die Geschäftsurkunde(-konstitutive-dispositive Urkunde) ist es begriffswesentlich, daß sie eine Willenserklärung,z.B.einen Vertragsantrag oder eine Kündigung, enthält; daß sie somit Bestandteil eines Rechts-"Geschäftes" ist.Begriffsunwesentlich ist es dagegen, ob die Willenserklärung der Schriftform bedarf,wie z.B. das Bürgschafts- oder selbständige Schuldversprechen eines Nichtvollkaufmannes (§§ 766/780 BGB/ 350 HGB).

b. Oder umgekehrt: "Das Recht aus dem Papier folgt dem Recht am Papier" (sog. Eigentumstheorie).

Bei Umlaufpapieren "Eigentumstheorie"

Der Eigentümer des Papiers ist also Rechtsinhaber, er ist Gläubiger. Das ist die Ausnahme, die bei Order- und Inhaberpapieren für den Durchschnittsfall die Regel verdrängt. Der Sinn dieser Kunstlösung ist es, bei der Übertragung des Rechts die Zeichenfunktion des Besitzes nutzbar zu machen: der Papierbesitz soll - nach dem Vorbild des Sachbesitzes - den Rechtsbestand wahrscheinlich und die Rechtsänderung sichtbar machen. Darum stellt das Gesetz den Rechtsübergang unter sachenrechtliche Grundsätze.

1. Infolgedessen ist bei Inhaber- und Orderpapieren gutgläubiger Erwerb vom legitimierten Nichtberechtigten ebensogut möglich wie bei sonstigen Fahrnissachen.

1. wie sonst.

Dementsprechend muß, um die erforderliche Rechtsscheingrundlage herzustellen, der Erwerber den ihn legitimierenden Papierbesitz auf Veranlassung des legitimierten Veräußerers erlangen, ohne daß der Veräußerer sich als Besitzmittler - etwa als Verwahrer oder Verwalter - des Erwerbers den unmittelbaren Besitz vorbehält (§§ 932 - 934 BGB/Art.16 WG).

2. Darüber hinaus ist gutgläubiger Erwerb sogar an abhandengekommenen, z.B. gestohlenen Inhaber- und Orderpapieren möglich (§ 935 II BGB, Art.16 II WG); also bei Verlust des Papierbesitzes ohne den natürlichen Willen des unmittelbaren Besitzers.[2]

2. darüber hinaus bei Abhandenkommen.

Bsp. Erwerb vom Dieb, insbesondere vom ungetreuen Angestellten (- vom Besitzdiener! [3]).

GRUND der Ausdehnung: das Umlaufinteresse ist stärker als die Summe der Verletzung von Eigentums- und [4] Besitzinteressen. Der Berechtigte büßt daher sein Recht selbst dann ein, wenn er den Rechtsschein in der Person des Veräußerers nicht (etwa durch Übergabe zur Einziehung oder Aufbewahrung) veranlaßt hat, sondern das Papier ihm abhandengekommen ist.

---

2) 935 I BGB! Derselbe Ausdruck in Art 16 II WG ist weiter, aber ungenau: der gute Glaube wird beim Erwerb eines Orderpapieres durch Indossament geschützt, nicht nur, wenn der Wechsel gestohlen oder sonst im Sinne des § 935 BGB "abhandengekommen" ist, sondern erst recht dann, wenn der Berechtigte die Legitimation des Veräußerers durch Anvertrauen des indossierten Papiers selbst herbeigeführt hat.

3) § 855 BGB. Die vom Besitzdiener (Neu) weggegebenen Sachen sind sachenrechtlich dem Herrn (dem Alt) abhandengekommen und strafrechtlich ihm regelmäßig gestohlen (Mitgewahrsamsbruch!), nicht nur unterschlagen.

4) Vgl. § 858 I BGB.

B

Rechtsschein-UMFANG

I. Normalumfang: -Schutz des Glaubens

1. an die Rechtszuständigkeit: §§ 932/1032/1207 BGB; 936/161 III/ 2113 III BGB

2. an die Abwesenheit von Mängeln der Verfügungsmacht zugunsten Dritter. (§§ 135 III u. 2211 II BGB), ausgenommen § 7 KO u. § 1404 BGB

3. an die Verfügungs- oder Vertretungsmacht.

Der UMFANG des Gutglaubensschutzes ist

I. bei Order- und Inhaberpapieren jedenfalls NICHT ENGER als sonst bei Fahrnissachen.

1. Geschützt wird daher erstens der gute Glaube an das Vollrecht des Veräußerers (des Neu). Mag ihm das Vollrecht überhaupt nicht[5], wie bei Diebstahl des Angestellten, Veruntreuung oder Versehen des Verwalters (Neu), oder mag es ihm teilweise nicht zustehen[6], wie bei Pfandrecht oder Niessbrauch eines Dritten (des Alt)[7], der keinen entsprechenden Besitz hat.[8]

2. Geschützt wird zweitens der gute Glaube an das Fehlen einer Beschränkung[9] oder Aufhebung[10] der Verfügungsmacht zugunsten Dritter[11], sofern es sich nicht um Beschränkungen durch die Konkurseröffnung[12], oder Entzug durch das Nutzverwaltungsrecht des Ehemanns an Papieren des eingebrachten Frauengutes[13] handelt. Geschützt wird also z.B. die nicht leichtfertige Unkenntnis von dem durch einstweilige Verfügung erlassenen Veräußerungsverbot des Gerichts.

3. Geschützt wird drittens der gute Glaube an die "Verfügungsbefugnis" eines Rechtsfremden in den beiden Fällen, in denen die Verfügung durch einen Dritten typisch vorkommt, und in denen daher seine Befugnis dazu wahrscheinlich ist.

---

5) §§ 932 ff. (Eigentumserwerb) 1068 II/1032 (Nießbraucherwerb); §§ 1273 II/1207 (Pfandrechtserwerb an Orderpapieren); 1293/1207/1208 (Pfandrechtserwerb an Inhaberpapieren) BGB.
6) Belastungen sind nach ihrem Interessengehalt verselbständigte Eigentumssplitter.
7) §§ 936 (-1068 II/1032-1293/1208) BGB. Auch § 161 III oder § 2113 III/2127 II BGB gehören hierher.
8) Besitzt bei Übereignung durch Abtretung des Herausgebeanspruchs gegen den Nießbraucher oder Pfandberechtigten (§§ 931/870 BGB) dieser das Papier, so wirkt sein Nießbrauchs- oder Pfandbesitz als Widerspruch gegen den Rechtsschein und zerstört daher die Gutglaubenslage.
9) §§ 135 III/136 BGB.
10) § 2211 II BGB.
11) Die verbotswidrige Verfügung ist bei Verfügungsbeschränkung "relativ" (dazu Hildebrandt, Rechtsfindung S.67), bei Verfügungsentzug absolut unwirksam, vorbehaltlich § 185 BGB.
12) § 7 KO.
13) §§ 1395/1404 BGB.
14) §§ 1295/1221-1293/1235 II/1221.

a.des Pfandgläubigers (§ 1244 BGB)

a. Das ist zunächst der Fall bei Veräußerung "als Pfand". Wird nämlich ein an der Börse notiertes Order- oder Inhaberpapier durch eine dazu öffentlich ermächtigte Person (z.B. einen Kursmakler) nicht unter dem durchschnittlichen Börsenkurs des Verkaufstages als Pfand öffentlich versteigert[15], so erwirbt der Käufer mit der Übertragung auch dann das Eigentum, wenn er zu Unrecht, aber ohne grobe Fahrlässigkeit das Pfandrecht (oder das kaufmännische Zurückbehaltungsrecht) des Veräußerers oder an eine sonstige Rechtmäßigkeitsvoraussetzung des Pfandverkaufs, z.B. an den Eintritt der Verkaufsberechtigung, geglaubt hat [16].

b.des **Kaufmanns** (§ 366 HGB)

b. Praktisch bedeutsamer ist der zweite Fall: die Veräußerung oder Verpfändung durch einen Kaufmann[17] (Neu) im Betrieb seines Handelsgewerbes (§ 366 HGB). Dabei ist streitig, ob nur der gute Glaube an die Verfügungsmacht oder auch der an die Vertretungsmacht (h.M.) geschützt wird. Ob also, soweit rechtsgeschäftliche Erteilung in Frage steht, nur die Verfügungsermächtigung (§185 I BGB) oder auch die Verfügungsvollmacht durch den guten Glauben ersetzbar ist. Das Gesetz unterscheidet nicht. Der Schutz der Scheinvollmacht nach oder entsprechend[18] Vollmachtsrecht (§§ 170-173 BGB) setzt voraus, daß der Erwerber (Neuling) aus dem entsprechenden Verhalten des Vertretenen[19] (des Alt) ohne Fahrlässigkeit den Schluß zieht, die Vollmacht sei bereits, oder sie werde dadurch erteilt; an einem derart schlüssigen Verhalten des Vertretenen aber fehlt es hier meist. So bleibt nur ein Grund für die engere Auslegung übrig: der Hinweis darauf, daß der Gutgläubige (Neuling) den Erwerb doch als ungerechtfertigte Bereicherung (an Alt) zurückgewähren müsse, weil der zugrunde liegende Verkauf den Erwerb weder gegenüber dem Veräußerer (Neu) noch gegenüber dem bisher Berechtigten, dem Vertretenen (Alt), decke: jenes nicht, weil der Verkauf im fremden Namen, dieses nicht, weil er ohne Vertretungsmacht erfolgte. Das ist zunächst (entgegen der H.L.) insoweit unzutreffend, als der Erwerber (Neuling) nach § 179 I BGB oder Art 8 WG vom Vertreter (Neu)Erfüllung verlangen kann.

---

15) §§ 1293/1235 I/383 III[1] BGB. Dagegen ist die Versteigerung von Orderpapieren unheilbar unrechtmäßig (Umkehrschluß aus §§ 1277/1294/1295 BGB). Gesetzesgrund: von ihr ist kein angemessener Erlös zu erwarten.

16) §§ 1243/1244 BGB.

17) Dagegen schützt § 366 HGB keinesfalls den Glauben an die Vertretungsmacht des kaufmännischen Angestellten. Anders Art 16 II WG (unten II 4).

18) Vertretungsmacht kraft Gesetzes (§§ 170-173 BGB) oder Gesetzesergänzung, nicht kraft Rechtsgeschäfts. Daher Ausschluß der §§ 116 ff. BGB, insbesondere der Irrtumsanfechtung z.B. wegen Unkenntnis der Vollmachtsfolgen (RG 117,164):"fingierte" = Schein - Vollmacht! Daraus ergibt sich auch die Unanfechtbarkeit der Außenvollmacht.

Sodann aber zeigt es, daß die übliche Fragestellung falsch ist. Nicht darauf kann es ankommen, ob die Verfügung im eigenen oder im fremden Namen vorgenommen wurde: ob also der Übergang des Rechts vom Veräußerer (Neu) auf den Erwerber oder vom Vertretenen (Alt) auf den Erwerber als gewollt bezeichnet ist. Fraglich kann vielmehr nur sein, ob der Abschluß des zugrundeliegenden Verpflichtungsgeschäfts im eigenen Namen, wie beim Verkaufskommissionär, oder im fremden Namen, wie z.B. beim Handlungsagenten, über die Wirksamkeit der Übertragung entscheidet, obwohl grundsätzlich die Gültigkeit der Übertragung vom Grundgeschäft unabhängig ("abstrakt") ist. Die Antwort hängt insoweit von der neuerdings vielumstrittenen rechtspolitischen Schutzwürdigkeit der abstrakten Übertragung ab[20]. **Sie ist im Drittinteresse**, insbesondere zur Prüfungserleichterung für Nachmänner des Erwerbers, zu bejahen.[21]

II. Erweiterung bei Orderpapieren.

II. Der Umfang des Gutglaubensschutzes ist darüber hinaus bei ORDERPAPIEREN weiter als bei anderen Fahrnissachen.

Gesetzeslage

Zwar spricht Art. 16 II WG, der die gesetzliche Grundlage enthält, weder von Eigentumserwerb noch vom Gegenstand des guten Glaubens. Jenes erklärt sich rechtsgeschichtlich, dieses gesetzesgeschichtlich. Das deutsche Recht, das ursprünglich nur den Besitz, nicht den Eigentumsschutz kannte, gewährte unter Umständen dem Dritten Schutz durch Versagung des Herausgabeanspruchs. Es besteht indessen, wie schon unter der Herrschaft des inhaltsgleichen Art 74 der alten Wechselordnung[22] heute Einmütigkeit darüber, daß die negative Fassung nur der überholte Ausdruck ist für die moderne Form des Erwerberschutzes, für den Eigentumserwerb.

---

19) Die darin liegende (Wissens-)Erklärung des Vertretenen mag gewollt oder ungewollt, durch Tun (§§ 170-172 BGB) oder schuldhaftes (nicht nur durch wissentliches) und schlüssiges Unterlassen (RG 117,164 ff.- Begründung streitig: dazu Manigk, Beiträge zum Wirtschaftsrecht Bd II [1931] S.590 ff. und Hildebrandt, Rechtsfindung S.41), durch Vollmachtserteilung (§ 170 BGB) oder Vollmachtsbekanntgabe (§§ 171/172 BGB) gegenüber dem Dritten, sie mag unmittelbar (§§ 170/171 BGB) oder mittelbar (durch Vorlage der dem Vertreter ausgehändigten Vollmachtsurkunde: § 172 BGB) erfolgen.

20) Dagegen z.B. Heck, das abstrakte dingliche Rechtsgeschäft (1927).

21) Ebenso wie beim Schutz des guten Glaubens des Erwerbers eines Orderpapiers an die Geschäftsfähigkeit des Veräußerers oder an die Vertretungsmacht des Nichtkaufmannes: B II 4/5.

22) Fassungsunterschied: die Erweiterung der Rechtsscheingrundlage auf "abhandengekommene" Wechsel ergab sich dort aus der Kapitelüberschrift und folgt jetzt aus dem Artikeltext.

Dagegen ist die Ausdehnung des Gutglaubensschutzes streitig. Die Genfer Konferenz, auf deren Abkommen von 1930 das Wechselgesetz beruht, lehnte einen Antrag der deutschen Abordnung, durch ausdrückliche Bestimmung den guten Glauben an Vollrecht und Verfügungsmacht, an Vertretungsmacht und Geschäftsfähigkeit des Veräußerers zu schützen, aus nicht überzeugenden Gründen mit dem Hinweis ab, das solle dem Recht der Einzelstaaten überlassen bleiben.[23] Hinsichtlich des Schutzumfangs besteht somit eine gewollte Gesetzeslücke,[24] die entsprechend den Umlaufbedürfnissen und in wesentlicher Übereinstimmung mit der bisherigen Rechtsentwicklung zu Art 74 WO durch Gesetzesergänzung zu schließen ist.

Geschützt wird danach bei Orderpapieren über das gewöhnliche Fahrnissachenrecht hinaus: Schutz des Glaubens.

1.) Der gute Glaube an die Echtheit der die Legitimation begründenden Unterschriften, insbesondere der Indossamente. 1.an Echtheit

Die Rechtsscheingrundlage wird durch Fälschung (fälschliche Anfertigung oder Verfälschung) von Übertragungserwerben, wie für den Schuldner (Art 40 III^2 WG), so auch für den Erwerber hergestellt.[25]

2.) Der gute Glaube an die Identität des Vorlegenden mit dem durch die Indossamentenkette Ausgewiesenen (H.M.).[26] 2.an Identität

Lautet zum Beispiel der letzte Übertragungsvermerk auf "Herrn Karl Müller, Berlin", und legitimiert sich der Dieb mit echter oder unmerklich gefälschter Kennkarte als Karl Müller aus Berlin, so wird der Nachmann Eigentümer.

3.) Der gute Glaube an die Abwesenheit der Beschränkung oder Aufhebung der Verfügungsmacht zugunsten Dritter sogar dann, wenn sie infolge Konkurseröffnung oder Nutzverwaltung des Ehemanns besteht. 3.an Abwesenheit von Konkurs und Nutzverwaltung.

a. Das ist freilich beim ERWERB VOM GEMEINSCHULDNER sehr streitig. Denn nach § 7 KO sind Verfügungen des Konkursschuldners über massezugehörige Fahrnissachen trotz guten Glaubens des Erwerbers insoweit unwirksam, als sie die Interessen der Konkursgläubiger beeinträchtigen. a.von Konkurs (§ 7 KO)

---

23) Dazu Staub-Stranz, Wechselgesetz (1934) Art 16 Anm.21.

24) dazu methodisch: Hildebrandt, Rechtsfindung (1935) S.77.

25) Der gutgläubige Nehmer (Nachmann) wird also Eigentümer des Wechsels, aber nicht Gläubiger desjenigen, von dem (ALT) die gefälschte Zeichnung des Ausstellers (ALT) oder der gefälschte Begebungsvermerk (des Neu) herzurühren vorgibt (§ 7 A II 1).

26) Die Frage ist naturgemäß gegenstandslos, wenn das letzte Indossament ein Blankoindossament ist, da dann - wie beim Inhaberpapier - der Papierinhaber schlechthin ausgewiesen ist.

Es streiten miteinander also zwei Sondersätze: § 7 KO und Art 16 II WG. Dabei verdient der Sondersatz für Orderpapiere den Vorzug: formell, weil Art 16 II das jüngere Gesetz ist; materiell, weil (und das ist entscheidend) hier die Umlaufinteressen dann stärker als die Belange der Konkursgläubiger wiegen, wenn der Erwerber von der Konkurseröffnung trotz der inzwischen etwa bewirkten öffentlichen Bekanntmachung ohne grobe Fahrlässigkeit nichts erfahren hat.

b. von Nutzverwaltung (§ 1404 BGB)

b. Auch beim ERWERB eines eingebrachten Orderpapiers VON DER EHEFRAU konkurrieren[27]) miteinander zwei Sondersätze: § 1404 BGB, der die entsprechende Anwendung des Gutglaubensschutzes (§§ 932 ff./936/135 II BGB) trotz Vollrechts der nur verfügungsbeschränkten Frau ablehnt, und Art 16 II WG, der die Ausdehnung des Gutglaubensschutzes verlangt. Wiederum gebührt dem Wechselrechtssatz der Vorrang. Nicht nur, weil er das jüngere Gesetz ist. Nicht nur (obwohl es entscheidet), weil die Umlaufbedürfnisse der Verkehrsgemeinschaft beim Orderpapier schutzwürdiger sind als das Nutzverwaltungsrecht des Ehemanns: mag dabei der Erwerber die Frau für unverheiratet oder das Papier für Vorbehaltsgut halten; mag er an die Einwilligung des Mannes [28]) oder an die Zugehörigkeit des Papiers zu den Erträgen eines Erwerbsgeschäfts glauben, das mit wissentlicher Duldung des Mannes von der Frau selbständig betrieben wird[29]). Vielmehr muß § 1404 BGB nicht zuletzt deshalb zurücktreten, weil er eine rechtspolitische Mißgeburt ist: veräußert nämlich die Frau eine Sache, die einem Dritten oder ihrem Mann oder zum ehelichen Gesamtgut gehört, so wird der gute Glaube (an das Eigentum der Frau) unstreitig geschützt; verfügt sie dagegen über ihre eigene Sache, an der lediglich die Nutzverwaltung des Mannes besteht, so gibt es nach § 1404 BGB keinen Schutz.

4. an Verfügungs- und Vertretungsmacht allgemein

4. Bei Orderpapieren wird der gute Glaube(des Nachmanns) an die Verfügungsmacht des ausgewiesenen Rechtsfremden (des Neuling) und an seine Vertretungsmacht(str.) nicht nur, wie sonst, bei pfandrechtlicher oder handelsgeschäftlicher Veräußerung, sondern ganz allgemein geschützt.

So, wenn der Rechtsinhaber (Neu) den Wechsel an seinen Freund (Neuling) indossiert, damit dieser ihn im eigenen Namen bei seiner Bankverbindung (Nachmann) "diskontiert" (=unter Zwischenzinsabzug verkauft).

---

27) Von der H.L. nicht erörtert.
28) § 1395 BGB
29) § 1405 BGB

Oder, wenn der Ehemann den blankoindossierten **Wechsel** seiner Frau in ihrem Namen an ihre Bankver**bindung** veräußert oder verpfändet.[30]

In beiden Fällen kommt es nicht darauf an, ob der **Freund** oder der Ehemann Kaufmann, und gegebenenfalls die Geschäfte Handelsgeschäfte sind, also zum Betrieb seines Handelsgewerbes gehören.[31]

5. Bei Orderpapieren wird sogar der gute Glaube an die Geschäftsfähigkeit des Veräußerers (H.M.) und an die Abwesenheit von Bewußtlosigkeit oder von vorübergehender Störung der Geistestätigkeit (§ 105 II BGB) geschützt.

5. an die Geschäftsfähigkeit und sonstige (§ 105 II BGB) Willenserklärungsfähigkeit.

So beim Erwerb von dem latent Geisteskranken, von der älter aussehenden Zwanzigjährigen, von dem vielleicht soeben erst Entmündigten oder unter vorläufige Vormundschaft Gestellten.[32]

So aber auch beim Erwerb von dem unmerklich, aber "hochgradig" Betrunken oder dem in Hypnose Handelnden.[33]

4/5. Gegen die Ausdehnung des Gutglaubensschutzes auf Mängel der Vertretungsmacht oder der Willenserklärungsfähigkeit hat man zwei Bedenken grundsätzlicher Art erhoben:

4/5. Grundsätzliche Einwände:

a. Zum ersten wandte man ein, es habe keinen rechten Sinn, dem Erwerber (Neuling) das Eigentum zuzusprechen; denn er müsse es doch mangels gültigen Grundgeschäfts auf den bisherigen Rechtsinhaber (Alt) nach BEREICHERUNGSRECHT zurückübertragen. Darauf ist dreierlei zu sagen:

a. "Bereicherungseinwand"

α Die Kondizierbarkeit des Erwerbs begegnet auch in Fällen, in denen der gute Glaubensschutz unbestritten ist. So bei Irrtum über den Kaufpreis oder bei Dissens hinsichtlich des Grundgeschäfts.

β Die Kondizierbarkeit des Erwerbs tritt sodann keineswegs immer ein. War Neu zwar noch nicht beim Verkauf, wohl aber bei der Wechselbegebung entmündigt oder volltrunken, so ist der Verkauf gültig, und doch hängt die Wirksamkeit der Begebung davon ab, ob der gute Glaube des Neuling an die Willenserklärungsfähigkeit des Neu geschützt wird. Entsprechendes gilt für Mängel der Vertretungsmacht, wenn der Widerruf zwar noch nicht beim Verkauf, wohl aber bei der Veräußerung wirksam würde.[34] Aber auch dann, wenn der Mangel der Vertretungsmacht, wie regelmäßig, auch das Grundgeschäft erfaßt, ist

---

30) Auch der gute Glaube an die Vollmacht des Handlungsgehilfen wird nach Art 16 II WG (nicht nach § 366 HGB) geschützt.
31) § 344 HGB.
32) § 104 ff./114 BGB.
33) § 105 II macht nicht geschäftsunfähig, sondern nur die Willenserklärungsabgabe von, nicht aber (ohne weiteres) die gegenüber (Umkehrschluß aus § 131 I BGB) dem Bewußtlosen unwirksam.
34) Vgl. §§ 168-173 BGB

der Papiererwerb nur dann kondizierbar, wenn Neuling ausnahmsweise keinen Erfüllungsanspruch gegen den Vertreter Neu (§ 179 I BGB) hat, weil Neu nachweist, er habe an seine Vertretungsmacht geglaubt (§ 179 II BGB), und weil ein Indossament des Vertreters (Art 18 WG) nicht vorliegt. Zwar genügt nach herrschender Meinung ein Übertragungsanspruch gegen den Vertreter nicht, um den Erwerb gegenüber dem Vertretenen zu rechtfertigen. Doch ergibt sich durch Umkehrschluß aus § 816 I²BGB zwingend, daß Neulings Erwerb dann unkondizierbar ist, wenn er auf Grund gültigen Kaufs von Neu erfolgt: daß also ein entgeltlicher Rechtsgrund genügt, mag er auch nicht gegenüber dem bisher Berechtigten (Alt), sondern nur gegenüber dem Veräußerer (Neu) bestehen. Da nun das Gesetz nicht unterscheidet, und innere Gründe nicht dazu zwingen, ist es dabei gleichgültig, ob der Rechtsgrund (der Übertragungsanspruch gegen Neu) auf Vertrag oder auf Gesetz (§ 179 I BGB) beruht, und ob Neu als "Nichtberechtigter" (§ 816 I BGB) im eigenen oder, wie hier, im fremden Namen verfügte.

γ Schließlich und vor allem aber hat selbst bei Kondizierbarkeit die Loslösung des Eigentumserwerbs vom Rechtsgrund, dem Recht auf oder doch zum Erwerb, ihren guten Sinn. Freilich nicht im Interesse des Erwerbers (Neuling), aber im Interesse Dritter: insbesondere des Weitererwerbers (Nachmann), der sonst, um nicht schlechtgläubig zu sein, ihm bekannten Anhaltspunkten gegen die Vertretungsmacht oder die Geschäftsfähigkeit des Vormanns seines Veräußerers (des Alt) durch meist recht schwierige und zeitraubende Erkundigungen nachgehen müßte. Ein mit dem schnellen Umlauf von Orderpapieren unvereinbares Ergebnis. Deshalb ist denn auch die Begebung von Orderpapieren zwingend abstrakt: eine Bedingung, die das Indossament von der Gültigkeit des Grundgeschäfts abhängig machte, gilt nach Art 12 I WG/ 15 I SchG als nicht geschrieben. Deshalb kann auch bei Zusammenfallen von Verkauf und Übereignung des indossierten Papiers nie, wie im Regelfall des täglichen Lebens, die tatsächliche zur rechtlichen Geschäftseinheit (§ 139 BGB) ergänzt [35] (§ 157 BGB) und damit an das Schicksal des Grundgeschäfts gebunden werden. So bewährt sich hier die abstrakte Gestaltung der Übertragung nicht, wie behauptet wurde[36], als Triumph, sondern gerade umgekehrt als Überwinder der individualistischen Willensherrschaft der Vertragsteile (Neu u. Neuling) durch die übergeordneten Interessen der Verkehrsgemeinschaft.

---

35) Die Rechtsgeschäftsergänzung (§ 157 BGB) erfolgt nach "Treu und Glauben", d.h. nach dem vermuteten Gesetzeswillen, nicht nach dem vermuteten Parteiwillen: Hildebrandt, Erklärungshaftung (1931) S. 230

36) Lange, z.B. Liberalismus, Nationalsozialismus, Bürgerliches Recht(1933) S.

b. Zum zweiten warf man ein, der RECHTSSCHEIN der Urkunde verbriefe nur das Vollrecht oder die Verfügungsmacht, so daß der gute Glaube an die Geschäftsfähigkeit der Grundlage entbehre. Aber dann dürfte folgerichtig auch der gute Glaube an die Identität des Papierinhabers mit dem Ausgewiesenen und der an die Vertretungsmacht nicht geschützt werden, obwohl hier selbst manche Vertreter der Gegenansicht den Schutz gewähren.[37] In Wahrheit faßt die Gegenmeinung den Rechtsscheingedanken zu eng. Der Umfang des Rechtsscheins bestimmt sich nach der für den Orderverkehr typischen Wahrscheinlichkeit. Diese aber spricht nicht nur für Vollrecht und Verfügungsmacht, für Identität und Vollmacht, sondern auch für die Geschäftsfähigkeit des Veräußerers. Denn der Verkehr pflegt Wechsel einem Geschäftsunfähigen oder Geschäftsbeschränkten weder zu geben noch zu belassen. Es bedarf daher nicht der überspitzten Hilfsvorstellung, den im eigenen Namen veräußernden[38] Geschäftsunfähigen als Veräußerungsboten seines eigenen gesetzlichen Vertreters anzusehen.

b."Rechtsscheineinwand"

c. Andrerseits schießt die verschiedentlich aufgestellte Behauptung, der gute Glaube des Ordererwerbers heile jeden Mangel des Erwerbsakts, erheblich über die Rechtslage hinaus, die nach der typischen Gestaltung der Verkehrsverhältnisse wahrscheinlich ist, wenn der Veräußerer ein Orderpapier in Händen hat, das ihn durch die Kette der Übertragungsvermerke als Berechtigten ausweist. Nicht geschützt wird daher der gute Glaube des Erwerbers an seine eigene Geschäftsfähigkeit, an die Erfüllung der notwendigen Form oder an das Fehlen von Willens- oder Inhaltsmängeln (§§ 116-124 und 134/138 BGB). Schließlich ist wegen des Vorrangs der (unmittelbaren) Gemeininteressen der gute Glaube an die Freiheit von im öffentlichen Interesse erlassenen Verfügungsmachtbeschränkungen nicht schutzfähig.

c.Kein Schutz des Glaubens an eigene Geschäftsfähigkeit, Formgültigkeit, Abwesenheit von Willens- oder Inhaltsmängeln.

III.Entspricht[39] bei INHABERPAPIEREN der Umfang des Gutglaubensschutzes dem bei gewöhnlichen Fahrnissachen oder dem bei Orderpapieren ?

Die durchaus herrschende Meinung gewährt nur den gewöhnlichen, nicht den ausgedehnten Orderschutz. Dazu zwingt indessen die Gesetzeslage nicht, und die Interessenlage fordert die entsprechende Anwendung des Orderschutzes.

III.Erweiterung bei Inhaberpapieren gegen HM entsprechend

---

37) Bsp. Jacobi, Grundriß Bd.1 (1928) S. 30
38) oder einziehenden: Jacobi a.a.O.S.23.
39) Die Frage nach dem Echtheits- und Identitätsschutz (2a u. b) ist bei Inhaberpapieren naturgemäß gegenstandslos, da sich bei Ihnen die Legitimation ausschließlich an die Papierinhaberschaft knüpft und sie Begebungsvermerke daher nicht kennen.

1. Ergänzungsfähigkeit des Gesetzes

1. Das Gesetz behandelt zwar Inhaber- wie Orderpapiere als Fahrnissachen. Aber es sagt nirgends, daß es Inhaberpapiere nur als (gewöhnliche) Fahrnissachen behandelt wissen will. Das Gesetz enthält vielmehr lediglich eine allgemeinrechtliche Erweiterung des Gutglaubensschutzes auf abhandengekommene Inhaberpapiere (§ 935 II BGB) und eine sonderrechtliche Einschränkung bei ihrem Erwerb durch einen Bankier (367 HGB). Jene betrifft die sachlichen Grundlage (H), diese die persönlichen Sorgfaltsanforderungen (C), keine von beiden aber den Gegenstand (B) des guten Glaubens. Dieser ist für Inhaberpapiere im Gesetz ebensowenig geregelt wie in Art 16 II WG für Orderpapiere. Gesetzlich ist durch die Behandlung als Sache für beide Wertpapierarten lediglich der Schutzumfang sicher, der für alle Fahrnissachen gilt (B I). Die durch die besondere Eigenart dieser Papiere, durch ihre Eignung zu gesteigertem Umlauf von Hand zu Hand, bedingte Erweiterung des Gegenstands ist wie bei Art 16 II WG, so auch bei Inhaberpapieren Aufgabe der Gesetzesergänzung.

2. Ergänzungsbedürftigkeit des Gesetzes

2. Wie die Ergänzungsfähigkeit, so besteht auch das Ergänzungsbedürfnis. Die Umlaufinteressen sind bei Inhaberpapieren nicht schwächer, sondern eher noch stärker als bei Orderpapieren. Denn Inhaberpapiere wandern vielfach durch noch mehr Hände als Orderpapiere. Aber auch die Vereinfachungsinteressen legen die Angleichung an den Umfang des Orderschutzes einerseits und den des Schuldnerschutzes andrerseits [40] nahe. Es besteht kein innerer Grund, den Erwerber eines Inhaberpapieres schlechter zu stellen als den Erwerber eines Orderpapiers und (insoweit hat auch die H. L. sich bereits zur entsprechenden Gesetzesergänzung entschlossen!) als den Schuldner eines Orderpapiers.

1/2. Die H.M. ist somit methodisch[41] Rückstand eines überholten Gesetzespositivismus und sachlich verkehrswidrig, aber (und zwar im Hinblick auf den gewährten Schuldnerschutz) auch folgeunrichtig. Sie ist daher abzulehnen.

C.

C. Rechtsscheinschutz-AUSSCHLUSS

Der gute Glaube wird vermutet. Er ist AUSGESCHLOSSEN bei Kenntnis oder grobfahrlässiger Unkenntnis des Mangels (II).

Bei Zweifeln des Nehmers an der Berechtigung des Veräußerers ist zu unterscheiden:

---

40) § 5 I 1.
41) dazu Hildebrand, Rechtsfindung S. 42 ff./75 ff.

1. Hätte der Erwerber auch bei bestimmter (!) Kenntnis der Nichtberechtigung des Veräußerers das Papier genommen, so ist er stets schlechtgläubig (bedingter VORSATZ-dolus eventualis). Gleichviel, ob er bestimmte glaubhafte Anhaltspunkte gegen die Berechtigung hatte oder nicht. Gleichviel, ob er den Mangel für wahrscheinlich oder für unwahrscheinlich hielt. Gleichviel, ob er den Fehler wünschte (bedingte Absicht), also aus Bosheit handelte, oder ob er ihn, wie in der Regel, nur in Kauf nahm. Die Schlechtgläubigkeit ist also - trotz der Fassung z.B. von § 932 II BGB - nicht nur von Wissens-, sondern auch von Willensmomenten abhängig. 1.bei Vorsatz

2. Hätte dagegen der Nehmer bei bestimmter (!) Kenntnis der Nichtberechtigung des Veräußerers das Papier erworben, so liegt höchstens bewußte Fahrlässigkeit vor. 2.bei grober Fahrlässigkeit

Nur GROBE FAHRLÄSSIGKEIT aber schadet. Sie setzt bestimmte u. glaubhafte Anhaltspunkte voraus, denen der Erwerber nicht nachgegangen ist:

a. entweder weil er trotz Kenntnis der Anhaltspunkte auf den Rechtsschein vertraute (bewußte grobe Fahrlässigkeit), a.bewußter

b. oder weil er trotz Unverkennbarkeit, also trotz ohne weiteres gegebener Erkennbarkeit, die Anhaltspunkte nicht erkannte (unbewußte grobe Fahrlässigkeit). b.unbewußter

a/b. Daß die so begründeten Zweifel nicht leicht und sofort, sondern nur durch umständliche und zeitraubende Erkundigungen zu beheben waren, entlastet - im Gegensatz zum Schuldner - den Erwerber nicht. Denn dort besteht Erfüllungszwang, hier Erwerbsfreiheit. a/b.gleichgültig hier Liquidität der Beweismittel

α Ein Beispiel, also nur einen sonderrechtlichen, aber keinen singulären (grundsatzwidrigen) Rechtssatz dafür gibt das Gesetz in § 367 HGB (in der Fassung der Verordnung zur Vereinfachung der Bekanntmachungen über Wertpapiere vom 22.1.44 RGBl. 44 I 43). Erwirbt ein BANKIER (oder Geldwechsler) vom Nichtberechtigten ein Inhaberpapier[42], das dem Berechtigten abhanden kam oder (Analogie!) ihm unterschlagen oder durch Betrug oder Erpressung entzogen wurde, und das deshalb im Kalenderjahr des Erwerbs oder im vorangegangenen Kalenderjahr in der "Sammelliste aufgerufener Wertpapiere"der Deutschen Reichsbank bekannt gemacht wurde, so ist seine Unkenntnis von der Veröffentlichung α § 367 HGB als Bsp.

---

42) Blankoindossierte Orderpapiere fielen nach h.M. nicht unter § 367 HGB. Doch führte schon bisher die Anwendung der allgemeinen Grundsätze m.E. im Regelfall zum gleichen Ergebnis. Jetzt hat die VO. vom 22.1.44 (RGBl.44 I 43) für blankoindossierte Anleiheorderschuldverschreibungen, Namensaktien, zwischenscheine und (!) Reichsbankanteilscheine die Gleichstellung ausdrücklich verfügt.

grobfahrlässig, außer wenn wegen besonderer Ausnahmeumstände seine Unkenntnis nicht grobfahrlässig ist; z.B. wegen verspäteter Zustellung der Sammelliste durch die Post,[43] oder wegen besonderer Eilbedürftigkeit des Papiers, wie sie bei fälligen oder nächstfälligen Zins-, Renten- oder Gewinnanteilscheinen oder bei unverzinslichen Sichtpapieren (etwa dem Inhaberscheck) gegeben ist.

Gleichwohl kann der Bankier auch bei Kenntnis oder Unverkennbarkeit der Bekanntmachung nach allgemeinen Grundsätzen gutgläubig sein: nämlich dann, wenn er beim Erwerb ohne grobe Fahrlässigkeit glaubte, sein Vormann habe ohne grobe Fahrlässigkeit erworben; z.B. weil der Vormann vor der Bekanntmachung erwarb, oder weil dem Vormann als Nichtbankier die Kenntnis der Bekanntmachung vom Gesetz nicht zugemutet wurde.

β Unabhängigkeit gegenüber § 15 HGB

β Inwieweit ist schließlich der ordnungsmäßig bekanntgemachte Inhalt des HANDELSREGISTERS als Anhaltspunkt für oder gegen den guten Glauben des Erwerbers von Bedeutung? Bsp.: Der Erwerber (Neuling) hält den Veräußerer eines blankoindossierten Wechsels (Neu) noch für den Prokuristen des Eigentümers (Alt), obwohl inzwischen die Prokura (des Neu) widerrufen wurde. Hier ist zu unterscheiden:

§ 15 I macht Art 16 II WG gegenstandslos

(1) Ist der Widerruf im Handelsregister noch nicht eingetragen und bekanntgemacht, stimmt also die Annahme des Erwerbers (Neuling) mit dem Inhalt des Handelsregisters überein, so kann ihm nach § 15 I HGB der Widerruf nur bei Kenntnis (genauer: Vorsatz) entgegengehalten werden. Das gilt unabhängig vom Gutglaubensschutz nach Art 16 II WG und daher nicht nur für die Veräußerung, sondern auch für den ihr zugrundeliegenden Verkauf. Zugunsten des arglosen Käufers und Papiererwerbers (Neuling) hat der Prokurist (Neu) eben noch Vertretungsmacht. Ein Mangel, der durch den guten Glauben geheilt werden könnte, liegt daher nicht vor. § 15 I HGB macht hier Art 16 II WG gegenstandslos. Grobfahrlässige Unkenntnis des Widerrufs schadet daher nicht.

§ 15 II HGB macht Art 16 II WG nur ganz ausnahmsweise gegenstandslos

(2) Ist der Widerruf aber im Handelsregister eingetragen und bekanntgemacht, steht also die Annahme des Erwerbers (Neuling) mit dem Inhalt des Handelsregisters in Widerspruch, so wird der Wechselnehmer (Neuling) gleichwohl schon nach § 15 II HGB gültig Eigentümer und (!) Käufer, wenn er nachweist, daß er infolge besonderer Umstände die Bekanntmachung des Widerrufs ohne jede (!) Fahrlässigkeit nicht kannte. Kann das der Nehmer (Neuling) zwar nicht,

---

43) Aber nicht Unterlassungs- oder Druckfehler in der Sammelliste aufgerufener Wertpapiere, die nach der 1942 erfolgten Übernahme des Berliner Kassenvereins durch die Reichsbank von dieser herausgegeben wird.

kann ihm aber auch der Vertretene (Alt) eine grobe Fahrlässigkeit nicht nachweisen, so wird der Wechselnehmer (Neuling) zwar nach Art 16 II Eigentümer, aber nicht Käufer des Wechsels. Trotzdem braucht er ihn nicht auf den Vertretenen (Alt) aus ungerechtfertigter Bereicherung zurückzuübertragen; denn regelmäßig wird er nach §179 I BGB einen Erfüllungsanspruch gegen den veräußernden Vertreter (Neu) und damit ein Recht zum Wechselbesitz haben. Die Frage ist nur die, wann die Unkenntnis handelsgerichtlicher Bekanntmachungen dem Nehmer (Neuling) als grobe Fahrlässigkeit zuzurechnen ist. Da der Wechselumlauf durch umständliche Nachforschungen nicht behindert werden soll, wird man dem Neuling die vorherige Einsicht des Handelsregisters nur dann zumuten dürfen, wenn er ohnehin bestimmte und glaubhafte Anhaltspunkte für den Widerruf der Prokura des Neu hatte.

(1/2) Handelsregister- und Wechselerwerberschutz sind also voneinander unabhängig.

6. GUTGLÄUBIGE RECHTSENTSTEHUNG:
Legitimationsfunktion zugunsten des gutgläubigen Ersterwerbers

I. GRUNDGEDANKEN: Widerstreit zwischen Erwerber- u. Ausstellerinteressen

1. Ausstellervorzug bei einfacher Abtretung mangels entsprechender Rechtsscheingrundlage

§ 7

I. GRUNDGEDANKEN

1. Wenn Alt dem Neu eine gewöhnliche Forderung abtritt, die in Wahrheit nicht besteht, so wird Neu trotz guten Glaubens nicht Gläubiger. Mit Recht: denn es fehlt an der nötigen Grundlage für den Schutz des guten Glaubens. Oder soll Schulte lediglich deshalb zum Schuldner (des Neu) werden, weil Alt den Neu nach allen Regeln der Kunst übers Ohr gehauen hat? Stiehlt also Alt dem Schulte den von diesem in Erwartung des Darlehens bereits ausgestellten Schuldschein, und gibt er ihn unter Abtretung der vorgeblichen Darlehensforderung an den redlichen Neu weiter, so verdient in dem Widerstreit zwischen Aussteller- und Erwerberinteressen Schulte den Vorzug vor Neu.

2. Erwerbervorzug bei Begebung von Umlaufpapieren kraft entsprechender Rechtsscheingrundlage

2. Deshalb setzt der Erwerbervorzug und damit die Rechtsentstehung kraft guten Glaubens eine Rechtsscheingrundlage voraus, die einen gerechten Ausgleich zwischen den Verkehrsbedürfnissen des Erwerbers (Neu) und den Sicherheitsinteressen des Ausstellers (Schulte) ermöglicht. Je nach der Stärke der Verkehrsinteressen und nach der Zuverlässigkeit der Beglaubigung wird der Rechtsschein dem Betroffenen (Schulte) bald nur bei positiver Veranlassung, bald schon bei unterlassenem Eingriff zugerechnet. Jenes gilt grundsätzlich im Fahrnissachenrecht (§ 935 I BGB), dieses im Grundstücksrecht (§ 892 BGB). Jenes ist der Fall bei Abtretung einer Scheinschuld unter Schuldscheinvorlage (§ 405 BGB), dieses gemäß § 1155 BGB bei der Übertragung von Grundpfandrechten, deren Eintrag im Grundbuch zu Unrecht erfolgt und vom Betroffenen (wenn auch schuldlos) nicht durch Herbeiführung eines Widerspruchs (§ 899 BGB) entkräftet ist.

Die Papiere mit gesteigertem Umlaufbedürfnis, die Inhaber- und Orderpapiere, nehmen eine Mittelstellung ein: Sie setzen zwar die Herstellung, aber nicht die Begebung seitens oder doch mit Zustimmung des willenserklärungsfähigen Betroffenen (Schulte) voraus. Der Rechtsschein des Papierbesitzes wird also bei Umlaufpapieren dem Betroffenen schon dann zugerechnet, wenn er nur ihre Herstellung positiv veranlaßt hat; hinsichtlich der Begebung genügt dagegen die, wenn auch schuldlos, unterbliebene Verhinderung der Entwendung oder des Mißbrauchs des Papiers.

Rechtsscheingrundlage bei Umlaufpapieren: Herstellung mit Zustimmung des willenserklärungsfähigen Betroffenen

Veräußert z.B. der Einbrecher Alt, der nachts den Panzerschrank des Schulte geknackt hat, das daraus gestohlene Paket der ordnungsmäßig von Schulte ausgestellten Pfandbriefe an den redlichen Neu, so wird Neu nicht nur Eigentümer (§ 935 II BGB), sondern auch Gläubiger (§ 794 BGB) der Inhaberpapiere.

Beispiele

Entsprechend steht es bei Orderpapieren: Diskontiert der mit der Rückgabe des Wechselakzepts an Neu beauftragte Angestellte des Schulte (der Neuling) den blankoindossierten Wechsel an den gutgläubigen Nachmann, so erhält Nachmann mit dem Eigentum an dem Papier (Art 16 II WG) nicht nur die schon bestehende Rückgriffsforderung des Neu gegen Alt, sondern auch die damit erst entstehende Hauptforderung gegen Schulte. Jene als Zweiterwerber kraft gutgläubigen Rechtsübergangs (Art 16 II WG), diese als Ersterwerber kraft gutgläubiger Rechtsentstehung.

Der gutgläubige Nehmer bekommt also nicht nur das Eigentum am Papier, sondern auch das Recht (gegen Schulte) aus dem Papier. Mag die Urkunde dem Schulte von dem Einbrecher Alt gestohlen oder von ihm dem ungetreuen Neuling anvertraut sein. Der redliche Erwerber ist daher vor der Gefahr sicher, zwar das Eigentum am Papier, aber nicht das Recht aus dem Papier und mithin, sofern das Papier (wie regelmäßig der Wechsel) nicht noch andere schon vorher entstandene Verpflichtungen verbrieft, nur einen wertlosen Papierfetzen zu erhalten. Ihn schützt die Rechtsentstehung kraft guten Glaubens: die Legitimationsfunktion zugunsten des gutgläubigen Ersterwerbers.

Rechtsentstehung kraft guten Glaubens

3. Die schon im gemeinen Recht vielumstrittene Frage ist für Inhaberschuldpapiere durch § 794 BGB gesetzlich entschieden.

3. Rechtsgrundlage: § 794 BGB

Dazu gehört - wegen der Rückgriffshaftung des Ausstellers und der Indossanten - auch der Inhaberscheck.

a. entsprechend bei Orderschuldpapieren

a. Für Orderschuldpapiere fehlt eine gesetzliche Bestimmung. Art 16 II WG (und der ihm entsprechende Art 21 SchG) behandeln nur den Fall, daß das Papier "einem früheren Inhaber", d.h. einem früheren Gläubiger, abhandenkam; sie regeln also nur den gutgläubigen Erwerb bereits bestehender Rechte vom Nichtberechtigten: den gutgläubigen Rechtsübergang.[1] Die gutgläubige Rechtsentstehung ist daher bei Orderpapieren eine Frage der Gesetzesergänzung. Ihre Bejahung ist streitig, aber heute durchaus herrschende Meinung.[2] Sie ist ein unabweisbares Gebot der Umlaufinteressen; aber auch eine Erfüllung der Fortbildungsinteressen, wobei hier, nicht wie sonst, der Wechsel, sondern umgekehrt das Inhaberschuldpapier der Schrittmacher der Entwicklung gewesen ist.

Der Grundgedanke, die Rechtsentstehungsmöglichkeit trotz Fehlens oder Fehlern des Begebungsvertrags, beruht auf der entsprechenden Anwendung des § 794 BGB. Die allgemein (auch für Inhaberschuldpapiere) geltende Gebotsbeschränkung des § 794 BGB auf die Fälle des gutgläubigen Erwerbs, also auf die Tatbestände des Verkehrsbedürfnisses, aber entspricht bei Orderpapieren dem Art 16 II WG. Es ist daher eine Darstellungsfrage von untergordneter Bedeutung, ob man bei der gutgläubigen Entstehung des Rechts aus dem Orderpapier von Analogie des § 794 BGB oder des Art 16 II WG spricht.

b. entsprechend bei (Inhaber- oder Order-) Aktien

b. Entsprechendes gilt - entgegen der h.L. - für Aktienrechte, die mit Einverständnis des Aktionärs in einem Inhaber- oder Orderpapier (wie allgemein üblich) verbrieft werden.

Ein neues Mitgliedschaftsrecht kann zwar wegen der im Gläubigerinteresse begrenzten Zahl der Mitgliedschaftsrechte nicht entstehen. Das vor der Verbriefung schon bestehende Mitgliedschaftsrecht des Alt geht indessen auf Neu über, wenn dieser das dem Vorstand der Aktiengesellschaft entwendete Papier gutgläubig erwirbt. Allerdings gehörte die Urkunde noch nicht zum Rechtskreis des Alt. Aber Alt hat sie durch den Vorstand der Aktiengesellschaft herstellen lassen, um mit der Aushändigung den Vorteil der erhöhten Verwertbarkeit zu genießen. Darum muß er auch

---

1) Dazu § 6
2) Näheres § 17

die Nachteile, die Gefahren der Verbriefung in einem Umlaufpapier, in Kauf nehmen. So hat der Rechtssatz des § 794 BGB auch bei den Umlaufpapieren Geltung, denen die Entstehung des Rechts bereits vorausgegangen ist; freilich kann sich bei ihnen der gutgläubige Erwerb nicht als Rechtsentstehung, sondern nur als Rechtsübergang (von Alt auf Neu sowie als Rechtsverbriefung) auswirken.

c. entsprechend beim Inhabergrundschuldbrief

c. Ähnlich steht es bei dem (allerdings kaum vorkommenden) INHABERGRUNDSCHULDBRIEF (§ 1195 BGB). Der Schutz des gutgläubigen Erwerbs setzt hier zwar nicht nur die ordnungsmäßige Ausstellung des Inhabergrundschuldbriefs und damit die staatliche Genehmigung (§§ 1195/795 BGB), sondern - nach Grundstücksrecht (§§ 1192 I / 1188 I BGB) - auch die Eintragung der Inhabergrundschuld im Grundbuch voraus. Aber mit dem gutgläubigen Erwerb des dem Grundstückseigentümer (Schulte) gestohlenen Briefs durch Neu geht das Grundpfandrecht des Eigentümers (des Schulte) auf Neu über; die Eigentümergrundschuld des Schulte verwandelt sich also in eine Fremdgrundschuld des Neu. Nur dann, wenn die erforderliche Bestellungserklärung des Schulte gegenüber dem Grundbuchamt ungültig und daher eine Eigentümergrundschuld nicht entstanden ist, gelangt die Inhabergrundschuld erst in der Person des gutgläubigen Neu zur Entstehung.

II. RECHTSSCHEIN-GRUNDLAGE: zurechenbare Herstellung

II. RECHTSSCHEINGRUNDLAGE ist die zurechenbare Herstellung durch den Inanspruchgenommenen. Ihr Fehlen wirkt gegen jeden Erwerber des Umlaufpapiers, auch gegen den gutgläubigen.

1. Herstellung: Wertpapierform!

1. HERSTELLUNG ist nur die Ausstellung, die den wesentlichen Erfordernissen der Wertpapierform genügt. Die wertpapierrechtliche Formnichtigkeit dringt gegen jeden Erwerber durch. Mit Recht: Formfehler des Umlaufpapiers sind sichtbar.

Beispiel: Der von Schulte angenommene und von Alt ausgestellte Wechsel weist den Schulte zur Zahlung "bis 1. 5. 43" an. Solche Fristwechsel sind formungültig (Art 1 Z.4/ 2 I/ 33 WG). Weder Schulte noch Alt haften dem Neu wechselmäßig.

Zur ordnungsmäßigen Herstellung gehört auch die zuweilen erforderte staatliche Genehmigung[1]. Beim Inhabergrundschuldbrief außerdem die Eintragung im Grundbuch.[2]

Dagegen kann die Nichtbeachtung allgemeinrechtlicher Formvorschriften dem gutgläubigen Erwerber nicht entgegengehalten werden. Hat z.B. Schulte dem Alt sein Akzept schenkweise, aber ohne die dazu nötige notarielle Form (§ 518 I^2 BGB) erteilt, so wird er zwar nicht Schuldner des Alt, wohl aber Schuldner des gutgläubigen Neu.

---

1) Mag der Gesetzeswortlaut die "Ausstellung", wie § 363 II HGB bei Orderlagerscheinen, oder mag er die Ausgabe, wie § 795 BGB bei Inhaberschuldpapieren über bestimmte Geldsummen, unter Verbotsgesetz mit Erlaubnisvorbehalt stellen. Sachlich macht das keinen Unterschied. Freilich knüpft das Gesetz in § 795 III die Verpflichtung zum Ersatz des Vertrauensinteresses an die "Ausgabe" (h.L.); und zwar ohne Rücksicht darauf, ob sich der Aussteller in einem verschuldeten oder unverschuldetem Irrtum über das Vorliegen der staatlichen Genehmigung befand! Daher schließt § 795 III BGB die Vertrauenshaftung des Ausstellers aus sog. culpa in contrahendo nicht aus, wenn er den Diebstahl der Papiere durch Herumliegenlassen fahrlässig ermöglicht hat; dazu Hildebrandt, Erklärungshaftung S. 197.

2) §§ 1192 I / 1188 I BGB: oben I 3 c.

2. ZURECHENBAR ist die Herstellung, wenn sie durch den Inanspruchgenommenen oder doch mit seiner Zustimmung erfolgt, und
wenn der Inanspruchgenommene nicht zur Abgabe einer Willenserklärung unfähig ist.

2. ZURECHENBARKEIT bei Herstellung seitens oder mit Zustimmung des willenserklärungsfähigen Inanspruchgenommenen

Die Zurechenbarkeit erfordert somit Echtheit, Vertretungsmacht und Willenserklärungsfähigkeit. Der Inanspruchgenommene kann daher auch dem gutgläubigen Erwerber entgegenhalten:

a. daß das Papier gefälscht ist;
b. daß der Vertreter keine Vertretungsmacht hatte;
c. daß er bei der Ausstellung (oder der Zustimmung zur Ausstellung durch einen anderen und bei der etwaigen Begebung) geschäftsunfähig, geschäftsbeschränkt oder sonst (§ 105 II BGB) willenserklärungsunfähig war.

Beweislast

Alsdann muß der Inhaber des Papiers Echtheit und Vertretungsmacht nachweisen, während für die Willenserklärungsunfähigkeit der Inanspruchgenommene die Beweislast trägt.

Die Herstellung des Umlaufpapiers DURCH einen DRITTEN (den "Falsch") ist dem Inanspruchgenommenen (dem "Schulte") zuzurechnen, wenn der Dritte mit Zustimmung des Inanspruchgenommenen das Papier unterzeichnet (ausgestellt) oder begeben hat.

Drei Drittausstellungsfälle

Im einzelnen kommen drei Fälle in Betracht:
(1) der Fall des Schreibgehilfen;
(2) der Fall des Vertreters;
(3) der Fall des Fälschers.

Die drei Fälle unterscheiden sich zwar grundsätzlich hinsichtlich des AUSSTELLUNGSTATBESTANDS:

(1) Schreibgehilfe

(1) der Schreibgehilfe schreibt: Schulte will (Tatbestand), daß Schulte leisten soll (Folgen der Äußerung). Denn - fügt er in Gedanken bei der Ausstellung oder mündlich bei der Begebung gegenüber dem ersten Nehmer hinzu - Schulte hat es mir so diktiert, er hat mich so angewiesen.

(2) Vertreter

(2) Der Vertreter schreibt regelmäßig: Ich will, daß Schulte leisten soll. Denn, setzt er - möglicherweise außerhalb der Urkunde - hinzu, ich habe für Schulte Vertretungsmacht; er (oder das Gesetz) hat mich dazu ermächtigt.

Zuweilen schreibt auch der Vertreter nur: Schulte will, daß Schulte leisten soll. Dann nämlich, wenn er - was er nach ständiger Rechtsprechung bei Vertretungsmacht darf - lediglich mit dem Namen des Schulte unterzeichnet. Aber - denkt er bei der

Ausstellung und sagt er bei der Begebung - ich (!) will, daß Schulte leisten soll, und das kann ich, weil ich dazu ermächtigt bin.

(3) Fälscher

(3) Der Fälscher schreibt (wie der Schreibgehilfe): Schulte will, daß Schulte leisten soll. Denn - so erklärt er dem ersten Nehmer (und dadurch unterscheidet er sich vom Schreibgehilfen) - ich bin der Schulte.

(1-3) Maßgeblichkeit des Weitererwerberhorizonts: daher Formwahrung auch durch Drittunterschrift

(1-3) Der Weitererwerber aber kann nicht wissen, was Falsch bei der Ausstellung gewollt, und was er bei der etwaigen Begebung dem ersten Nehmer mündlich gesagt hat. Für ihn ist daher allein der Inhalt der Urkunde maßgebend. Daraus ergeben sich zwei wichtige Folgerungen: Einmal stehen sich Schreibgehilfe und Fälscher, aber auch der ausschließlich mit dem Namen des Vertretenen zeichnende Vertreter, einander gleich, soweit es sich um die Frage handelt, ob die handschriftliche Zeichnung des Falsch für die bei Orderpapieren notwendige eigenhändige "Unterschrift des Ausstellers" (= des Ausstellernamens) genügt. Nicht nur der Vertreter und Fälscher, sondern auch - und das gegen die h.M. - der Schreibgehilfe wahrt durch die eigenhändige Zeichnung mit dem Namen des Schulte die orderrechtliche Form (ß).

und Genehmigungsfähigkeit

Zum andern entsteht die Verpflichtung des Schulte gleichermaßen in allen drei Fällen dann, wenn er zugestimmt hat. Das ist gesetzlich entschieden, soweit Schulte der vertraglichen Begebung durch den Vertreter vorher (Vollmacht) oder nachträglich (Genehmigung nach § 177 BGB) zugestimmt hat. Die entsprechende Behandlung insbesondere des Fälschers ist zwar streitig, aber vom Reichsgericht mit Recht bejaht.[1] Der Fälscher handelt nicht, wie der Vertreter, im fremden Namen, sondern unter fremdem Namen. Er behauptet nicht das Einverständnis des Namensträgers, sondern gibt darüber hinaus vor, nicht etwa nur anders zu heißen, sondern ein anderer, nämlich der Schulte, zu sein. Er täuscht also nicht nur über die Vertretungsmacht, sondern über die Identität. Er bezeichnet die Verpflichtung nicht nur, wie der Vertreter, hinsichtlich ihrer Folgen, sondern auch hinsichtlich ihres Tatbestands als Verpflichtung des Schulte. Der Fälscher verdient daher noch weniger Schutz als der Vertreter ohne Vertretungsmacht. Der Namensträger aber kann seine Interessen durch Verweigerung der Genehmigung wahren: Es spielt deshalb keine Rolle, daß der Fälscher - häufiger als der unberufene Vertreter - keine Rücksicht auf die Interessen des Namensträgers genommen hat. Der Papierinhaber schließlich kann sich nicht darüber beklagen, daß er die Person zum Schuldner bekommt, die er als Schuldner haben wollte. Ist somit die Gleichbehandlung sogar bei Zeichnung des Vertreters mit seinem Namen unabweisbar, obwohl hier die Unterschiede des Tatbestands in der Urkunde ihren

---

1) RG 145, 90 ff. (II). A.A. Staub-Stranz Art 69[11] WG.

Niederschlag gefunden haben, so ist sie erst recht in den Fällen ein Gebot der Interessenlage, in denen der dem Weitererwerber allein zugängliche schriftgemäße Auslegungsstoff, der Urkundeninhalt, keine Unterschiede aufweist.

zwei Zustimmungsfälle

Die RECHTSNATUR DER ZUSTIMMUNG ist freilich, je nach ihrem Gegenstand, verschieden.

Die Zustimmung ist beim Schreibgehilfen nie Rechtsgeschäft, sondern - wie die eigenhändige Ausstellung - nur eine Rechtshandlung. Sie ist zwar und dies im Gegensatz zur eigenhändigen Ausstellung - eine Mitteilung; aber die Mitteilung eines Willens , der nicht (wie die Willenserklärung) auf eine Rechtsfolge, sondern auf einen vorbereitenden tatsächlichen Erfolg, auf die Herstellung des Papiers für den Namensträger, gerichtet ist.

Die Zustimmung ist dagegen beim Vertreter und Fälscher regelmäßig und in erster Linie (rechtsgeschäftliche) Willenserklärung: eben die Mitteilung des Willens, die Rechtsfolgen des von dem Dritten abzuschliessenden oder bereits abgeschlossenen Begebungsvertrags auf sich zu nehmen. Aber sie ist zugleich - wie die Zustimmung zur Ausstellung durch den Schreibgehilfen - eine Rechtshandlung: nämlich die Mitteilung des Willens, die Herstellung des Papiers durch den Dritten als eigene Herstellung gelten zu lassen. Das ist besonders dann von praktischer Bedeutung, wenn der Dritte (Falsch) ohne vorherige Zustimmung des Inanspruchgenommenen (Schulte) und ohne gesetzliche Vertretungsmacht dazu das Papier ausgestellt und begeben hat:

(a) Genehmigung der Begebung rückwirkend aber anfechtbar

(a) Soweit die Genehmigung den Begebungsvertrag (zwischen Falsch und Alt) zum Gegenstand hat, unterliegt sie als Willenserklärung der Anfechtung wegen Irrtums, arglistiger Täuschung und Drohung nach §§ 119/123 BGB.

Schulte kann also die dem jetzigen Inhaber (Neuling) erteilte Genehmigung ihm gegenüber anfechten, weil er des irrigen Glaubens war, sein Neffe habe das Akzept gefälscht (§§ 119 I/ 143 III[1] BGB).[1] Damit erlöschen rückwirkend (§ 142 BGB) die durch die Genehmigung entstandenen Wechselrechte des Ausstellers (Alt), der Vorindossanten (Neu) und des jetzigen Inhabers (Neuling) gegen Schulte aus der Annahme.

(b) Genehmigung der Herstellung: nicht rückwirkend, aber unanfechtbar

(b) Soweit sich die Genehmigung dagegen auf die Ausstellung selbst bezieht, ist sie - wie die eigenhändige Herstellung durch den Inanspruchgenommenen - eine Rechtshandlung, auf die zwar die Vorschriften über Willenserklärungsfähigkeit (§§ 104-115 BGB), aber im Verkehrsinteresse insbesondere nicht die Bestimmungen über Willensmängel (§§ 116-124 BGB) entsprechende Anwendung finden.

1) Eine Unanfechtbarkeit der Genehmigung nach dem Vorbild der Außenvollmacht kommt schon deshalb nicht in Betracht, weil die Mitteilung von der Zustimmung an den Papierinhaber keine Vertrauensgrundlage für den ja schon längst von Alt mit Falsch abgeschlossenen Begebungsvertrag sein kann.

In dem Beispiel oben hat zwar Schulte die Genehmigung wirksam gegen Alt, Neu und Neuling angefochten. Aber für den dem Neuling verbliebenen Rechtsschein ist Schulte fortan[1] ebenso verantwortlich, als wenn er die Ausstellung des Papiers (des Akzepts) in diesem Zeitpunkt selbst unter dem Einfluß des (hier unbeachtlichen) Irrtums vorgenommen hätte [2]. Begibt also Neuling das Papier an den gutgläubigen Nachmann, so kommt das Recht Nachmanns gegen Schulte kraft guten Glaubens zur Entstehung. Die Zustimmung hat im Zweifel nicht nur den Begebungsvertrag zwischen Falsch und Alt (a), sondern auch die Herstellung des Papiers (des Akzepts) durch Falsch (b) zum Gegenstand: Sie ist daher regelmäßig nicht nur (rückwirksame, aber) willensmängelschwache Willenserklärung, sondern auch willensmängelfeste[3] (aber bloß fortanwirksame) Willensmitteilung. Sie erfolgt gegenüber dem Dritten oder gegenüber einem Papierinhaber, der dadurch einen rechtlichen Vorteil erlangt: also nicht nur gegenüber Falsch, sondern auch gegenüber Neuling, aber - wegen der Möglichkeit des Rückerwerbs als Rückgriffsschuldner - auch gegenüber Alt und Neu. Die Adressateneigenschaft von Falsch und Alt ergibt sich aus der Analogie des § 182 I BGB, die von Neuling aus der Eigenart der Umlaufpapiere[4], die von Neu aus der Besonderheit des Wechsel- (und Scheck-) Rückgriffs. Die Genehmigung kann auch stillschweigend erklärt werden: z.B. indem Schulte auf die Anfrage des Neuling antwortet, die Annahme gehe in Ordnung, oder die Unterschrift sei echt.

---

1) Die Zustimmung zur Herstellung hat als bloße Rechtshandlung keine rückwirkende Kraft. Die Tatsache der Mitveranlassung des Rechtsscheins wirkt nur für die Zukunft. Für die Analogie des § 184 I BGB ist daher kein Platz.

2) Unwirksamkeit der nachträglichen Zustimmung entsprechend § 180[1] BGB kommt schon darum nicht in Frage, weil die Zustimmung keinen Eingriff in einen fremden Rechtskreis enthält, sondern gerade umgekehrt die gutgläubigen Weitererwerber begünstigt.

3) Zweifelhaft kann die Anfechtbarkeit wegen Verlautbarungsirrtums sein. Tatbestandsmäßig ist ein solcher unbewußter Zweispalt zwischen Handlungswille und Erklärung auch bei der schlichten Willensmitteilung möglich. Aber das Bedürfnis für die Analogie des § 119 I F.2 BGB fehlt: Die Verkehrsinteressen verdienen auch hier den Vorzug. Schulte hat es ja in der Hand, eine derartige Abirrung der Erklärung vom Handlungswillen zu vermeiden. - Auch die Analogie des § 123 BGB wird im Umlaufinteresse hier ebenso auszuschließen sein, wie bei der eigenhändigen Herstellung. - Allgemein gegen die Analogie bei Mitteilungen Manigk, Das rechtswirksame Verhalten (1939) S. 521 f.

(c) Liegt freilich keine Zustimmung vor, hat aber der Inanspruchgenommene den Anschein seiner Verpflichtung schuldhaft ermöglicht, so haftet er dem gutgläubigen Erwerber zwar nicht auf Erfüllung, wohl aber für den Schaden, den dieser durch das Vertrauen auf den Schein einer umlaufpapiermäßigen Verpflichtung erlitten hat. An der erforderlichen Sonderbeziehung[1] für diese Schadenersatzpflicht aus sog. culpa in contrahendo fehlt es - auch im Verhältnis zu den Nachmännern des Alt - nicht, da beim Umlaufpapier Schulte zu jedem Erwerber in unmittelbare Beziehungen tritt.[2]

(c) Hilfsweise Vertrauenshaftung aus sog. culpa in contrahendo

Beispiel: Kann der gutgläubige Neuling, gleichviel ob aus rechtlichen oder tatsächlichen Gründen, das im Vertrauen auf Schultes Annahme für den Wechsel bezahlte Geld weder von Neu noch von Alt zurückbekommen, so kann er es, allerdings nicht wechselmäßig, als sein Anzeigeinteresse von Schulte ersetzt verlangen, wenn Schulte die Fälschung durch sorgloses Herumliegenlassen von Geschäftsstempeln und Formularen ermöglichte[3], oder wenn er die Anmaßung der Vertretungsmacht durch angemessene Aufsicht über sein Personal hätte verhindern können. - Desgleichen hat Schulte dem Neuling das Anzeigeinteresse zu ersetzen, wenn er auf dessen Anfrage, ob die Annahme in Ordnung gehe, schweigt, obwohl er um die Fälschung und ihre Erheblichkeit für den Willensentschluß des Neuling wußte[4] oder wissen mußte.

Im einzelnen bedarf der näheren Betrachtung:

a. der Einwand der Fälschung;

b. der Einwand mangelnder Vertretungsmacht;

c. der Einwand fehlender Willenserklärungsfähigkeit.

a. Die FÄLSCHUNG kann durch Herstellung einer unechten Unterzeichnung oder durch Verfälschung einer echten Unterzeichnung vor sich gehen.[5]

a. FÄLSCHUNG

1. Fall: Hat z.B. Alt das Akzept des Schulte fälschlich angefertigt, so kann der gutgläubige Neuling nicht den Schulte, wohl aber im Rückgriffswege den Alt als Wechselaussteller und den Neu als Indossanten in Anspruch nehmen.

Fälschliche Anfertigung

Zu Bl. 50, Anm. 4) Die Begebung von Umlaufpapieren ähnelt einem Vertragsangebot unmittelbar an den jeweiligen Nachmann, das vom Vormann als Bote übermittelt und vom Nachmann ohne Mitteilung davon gemäß § 151 BGB angenommen wird.

1) Hildebrandt, Erklärungshaftung (1931) S. 124 ff.
2) Dazu Bl.50 Anm. 4)(siehe oben) und § 12 III.
3) Dazu Hildebrandt, Erklärungshaftung S. 196 ff.
4) So auch Staub-Stranz Art. 69 Anm. 12 b WG für § 826 BGB.
5) Vgl. § 267 RStGB in der Fassung der Strafrechtsangleichungsverordnung vom 29.5.43 (RGBl.I 341).

Dabei kann sich Neu nicht darauf berufen, er habe nur mit Rücksicht auf die Annahme des Schulte sein Indossament auf den Wechsel gesetzt. Denn beim Wechsel (und Scheck) gilt nicht der Grundsatz der Gesamtnichtigkeit (§ 139 BGB), sondern das Prinzip der Selbständigkeit der einzelnen Unterschriften (Art 7 WG/ 10 SchG).

Verfälschung: Art 69 WG

2. Fall: Hat Alt die durch Schulte angenommene Wechselsumme von 600 RM in 1000 RM verfälscht, so kann Neu von Schulte (trotz seines guten Glaubens) nach wie vor nur 600 RM verlangen. Diese aber, ohne Rücksicht darauf, ob der ursprüngliche Text noch erkennbar (lesbar) ist: Denn die Skriptur ist nicht Voraussetzung des Rechtsfortbestands und Art 69 WG unterscheidet nicht.[1] Die Rückgriffshaftung des Alt geht dagegen auch dann auf 1000 RM, wenn Neu beim Erwerb die Verfälschung erkannte (Art 69 WG)

Besonderer Untersuchung bedarf das Verhältnis des Fälschungseinwands

α zur abredewidrigen Ausfüllung eines Blankowechsels;
β zur Formnichtigkeit mangels eigenhändiger Unterschrift des "Ausstellers" bei Unterzeichnung auf Diktat;
γ zur widerrechtlich erzwungenen Unterschrift.

α. Abgrenzung von Fälschung und abredewidriger Ausfüllung (Art 10 WG)

α Zweifelhaft ist die Abgrenzung der Fälschung gegenüber der abredewidrigen Ausfüllung eines unvollständigen Wechsels.

Nach Art 10 WG kann nämlich die abredewidrige Ausfüllung eines unvollständigen Wechsels, anders als die Fälschung, dem gutgläubigen Erwerber nicht entgegengehalten werden. Hat also Schulte für empfangene Lieferungen dem Alt ein Wechselakzept mit der Ermächtigung gegeben, die offen gelassene Wechselsumme mangels weiterer Lieferungen binnen einer Woche mit 600 RM, sonst entsprechend höher einzusetzen, so kann Schulte dem Neu, der den von Alt auf 1000 RM ausgefüllten Wechsel redlich erworben hat, nicht einwenden, Alt habe nur für 600 RM Waren geliefert und habe daher keinen höheren Betrag als Wechselsumme einsetzen dürfen: Denn Schulte hat mit Hilfe des dazu ermächtigten Alt, der insoweit lediglich als verlängerter Arm des Schulte dessen Annahmeerklärung vollendete, dem Verkehr

---

1) Wie hier Staub-Stranz Art 69[11] WG; Quassowski-Albrecht Art 69[6] WG. - Anders die bisherige, aber vor Inkrafttreten des neuen Art 69 WG ergangene Rechtsprechung des Reichsgerichts: RG 54, 386 ff. (I); 108, 78 ff. (V); 111, 280 ff. (II).

(jedem Nachmann) mitgeteilt, 1000 RM zahlen zu wollen; allerdings hatte Schulte sich vorgestellt, Alt werde mangels weiterer Lieferungen nur 600 RM als Wechselsumme ausschreiben; Schulte kann somit den Begebungsvertrag wegen unbewußten Zwiespalts zwischen seiner Erklärung (1000 RM) und seinem Handlungswillen (600 RM), also wegen Verlautbarungsirrtums (§§ 120, 119 I Fall 2 BGB) in Höhe von 400 RM, anfechten; aber das hilft ihm nichts, weil er durch Vermittlung des Alt den Schein einer 1000 RM-Schuld erweckt hat, und weil ihn deshalb der gutgläubige Neu - ohne Rücksicht auf einen Begebungsvertrag - auf diesen Rechtsschein festlegen kann. Art 10 WG ist insoweit nur ein zur Klarstellung hervorgehobener Anwendungsfall des Art 16 II WG. Die Frage nach der Abgrenzung von abredewidriger Ausfüllung und Fälschung ist also nichts anderes als die für ein Sonderrechtsgebiet wiederholte Frage des allgemeinen bürgerlichen Rechts: Wann ist eine Willenserklärung nur "unrichtig übermittelt" (§ 120 BGB)? Wann ist eine völlig andere Willenserklärung abgegeben worden? Welchen Umfang hat - mit anderen Worten - die vom Erklärenden zu tragende Übermittlungsgefahr? Es liegt auf der Hand, daß der Gefahrenkreis, den der Erklärende sich zurechnen lassen muß, um so größer sein wird, je stärker die Umlaufbedürfnisse sind. Dementsprechend liegt - im Gegensatz zu der bei § 120 BGB entwickelten (objektiven und subjektiven) Übermittlungslehre - abredewidrige Ausfüllung (im Sinn des Wechselrechts) auch dann vor, wenn die Vervollständigungsermächtigung (objektiv) völlig entstellt oder (subjektiv) bewußt mißbraucht wird.

Wie steht es aber, wenn Schulte zwar eine "Wechsel"unterschrift geleistet, jedoch eine Ermächtigung, sei es zur Ausfüllung eines Wechsels (1. Fall), sei es zur Ausfüllung überhaupt (2. Fall), nicht erteilt hat?

1.Fall: Schulte, der nur eine Blankoquittung geben wollte, schreibt versehentlich auf einem Wechselformular quer. Alt setzt darüber einen Wechsel, den er an den redlichen Neu begibt. — Wechselformularfall!

2.Fall: Der Wechsel ist formnichtig, weil die Angabe eines Ausstellungstags vergessen wurde (Art 1 Ziff. 7 WG). Alt holt, vielleicht sogar in dem Glauben, dazu befugt zu sein, nach der Annahme des Schulte, aber vor der Begebung an Neu die Datierung nach. — Fehlwechselfall!

Wie steht es, wenn Schulte umgekehrt zwar eine Ausfüllungsermächtigung erteilt, aber keine "Wechsel"unterschrift geleistet hat?

3.Fall: Schulte händigt dem Alt ein mit seinem Namen eigenhändig gezeichnetes, sonst unbeschriebenes und unbedrucktes Blatt Papier mit der Ermächtigung aus, darüber nach erfolgter Überweisung eines Betrags an Schulte eine Quittung auszuschreiben. — Leerblattfall!

H.M.: Haftung nur im 1.Fall

Die herrschende Meinung behandelt den ersten Fall (Wechselformularfall) nur als abredewidrige Ausfüllung, weil Schulte eine "Wechsel"unterschrift und eine Ausfüllungsermächtigung, diese freilich nicht für einen Wechsel (!), gegeben hat: Schulte haftet also im Wechselformularfall dem gutgläubigen Neu.[1] Dagegen gewährt die herrschende Ansicht dem Schulte den Fälschungseinwand im zweiten (Fehlwechsel!) und im dritten (Leerblatt!) Fall: dort, weil er überhaupt keine Ausfüllungsermächtigung erteilt[2], hier weil er keine "Wechsel"unterschrift abgegeben hat[3]; Schulte ist danach im Fehlwechsel- und Leerblattfall dem gutgläubigen Neu nicht verpflichtet.

Zuzustimmen im 1.u.3. Fall

Die Entscheidungen zugunsten des redlichen Neu im ersten Fall (Wechselformularfall) und zugunsten des Schulte im dritten Fall (Leerblattfall) sind zutreffend. Denn durch die, wenn auch versehentliche, Unterzeichnung des Wechselformulars hat Schulte für spätere Nehmer den Anschein erweckt, daß er sich wechselmäßig verpflichten wollte. Bei der Unterschrift auf dem leeren Blatt aber mußte Schulte mit der Ausfüllung eines Wechsels nicht rechnen, zumal die Ausstellung von Wechseln ohne Benutzung von Wechselvordrucken im Verkehr nicht üblich ist.

Kritik im 2. Fall

Dagegen ist die Ablehnung der Haftung im zweiten Fall (Fehlwechsel!) nicht zu billigen. Zwar entspricht sie dem Wortlaut des Art 10 WG, der einen bei der Begebung unvollständigen "Wechsel" und "getroffene" Ausfüllungsvereinbarungen vorauszusetzen scheint. Aber die Fassung des Art 10 WG geht nur vom Regelfall aus, den das Gesetz dem Fälschungseinwand entzieht und unter das Recht des Gutglaubensschutzes stellt. Da nun der Wortlaut insoweit bestimmte Gebotsvorstellungen nicht zum Ausdruck bringen sollte, auch die Genfer Protokolle ergeben darüber nichts, so ist der Gebotsinhalt aus dem Gesetzeszweck zu bestimmen und abzugrenzen.[4] Dabei ist von folgender Erwägung auszugehen: Neu vermag im Regelfall nicht zu prüfen, ob die Vervollständigung des Wechsels vor oder nach der Annahme des Schulte erfolgte. Schulte hat es aber ohne weiteres in der Hand, vor seiner Unterschrift die Unvollständigkeit des Wechsels festzustellen. Unterzeichnet er den Wechsel, sei es den noch ganz unausgefüllten Wechselvordruck, sei es den im übrigen schon niedergeschriebenen Wechselinhalt, so erweckt er dadurch bei späteren Nehmern, für die die außerhalb des Wechsels liegenden Umstände nicht erkennbar und daher auszuscheiden sind, den Anschein, daß er den Alt

---

1) Staub-Stranz Art 10 Anm. 3 a; Michaelis, WO Art 7[10].

2) Staub-Stranz Art 2[3].

3) Staub-Stranz Art 10[3a]; Michaelis, WO Art 7[10].

4) "Gebotsbestimmung": Hildebrandt, Rechtsfindung (1935) S. 56/58.

zur Vervollständigung ermächtigt habe. Auf das Bewußtsein der Unvollständigkeit, auf das RG 164, 13 (II) abhebt, auf das es aber tatsächlich ohne weiteres aus dem bloßen Kennenmüssen schließt, kommt es hier ebensowenig an, wie sonst bei Willenserklärungen auf das Bewußtsein, etwas oder gar eine Rechtsfolge mitzuteilen.[1] Entscheidend ist vielmehr, ob ein späterer Erwerber aus den Vorgängen, die in der Wechselschrift ihren Niederschlag gefunden haben, ohne grobe Fahrlässigkeit darauf schließen darf, daß der Unterzeichnete (Schulte) sich nicht nur wechselmäßig verpflichten, sondern auch die Ausfüllung (Vervollständigung) des Wechsels gestatten wollte. Das ist in dem Fehlwechselbeispiel ebenso der Fall, wie in dem vom Reichsgericht (RG 164, 13) entschiedenen Sachverhalt: Hier hatte Alt die Wechselsumme mit 1000 RM nur in Ziffern angegeben, die in dem üblichen Formblatt besonders auffällige, große Buchstabenzeile aber freigelassen; das mißbrauchte der Gauner Neu, um in Buchstaben- ohne Veränderung der Ziffernangabe, auf die es bei Abweichungen nicht ankommt (Art 6 I WG) - zehntausend RM einzusetzen; obwohl es sich hier um die Ausfüllung eines nur tatsächlich, aber nicht rechtlich unvollständigen Wechsels handelte, verurteilte das Reichsgericht den Alt auf die Rückgriffsklage des gutgläubigen Neuling mit Recht zu 10000 RM. Die Schutzwürdigkeit hängt indessen nicht vom Unvollständigkeitsbewußtsein des Unterzeichners, sondern allein vom schriftgemäßen Auslegungsstoff und dem Erwerberhorizont ab. Daraus ergibt sich eine für den Verkehr sehr wichtige Folgerung: Unsichtbare Fehlwechsel gibt es nicht. Wer einen rechtlich unvollständigen und deshalb zunächst formungültigen, nachträglich aber vervollständigten Wechsel unterzeichnet, haftet dem gutgläubigen Erwerber.

Maßgeblichkeit nicht des Unvollständigkeitsbewußtseins, sondern des schriftgemäßen Auslegungsstoffs und des Erwerberhorizonts

ß. Zweifelhaft ist ferner, wie die UNTERZEICHNUNG AUF DIKTAT zu behandeln ist.

ß. Die Unterzeichnung auf Diktat als Sonderfall einverständlicher Fälschung

Beispiel: Alt diktiert seinem Angestellten Treu den vollständigen Wechsel einschließlich der Ausstellerunterschrift "Alt", die Treu dementsprechend vollzieht. Im Glauben, es sei die Unterschrift des Alt, nimmt Schulte den Wechsel an, und erwirbt ihn Neu von Alt. Da Treu nicht, wie der Vertreter, eine

1) Das ist zwar in der Rechtslehre sehr bestritten, in der Rechtsprechung, auch der Untergerichte, aber anerkannt. Mit Recht! Der Erklärende hat die Willenswirklichkeit seiner Erklärung in der Hand; der Erklärungsgegner kann sie nur prüfen. Und was dabei für die Bestimmung des Willenserklärungsinhalts rechtens ist (§ 119 I BGB), ist auch für die Bestimmung des Willenserklärungsbestandes billig. Hildebrandt, Erklärungshaftung S. 195 ff.

eigene Willenserklärung abgegeben, sondern nur die Willenserklärung des Alt als dessen verlängerter Arm (als Schreibgehilfe) vollzogen hat, fehlt es an der Unterschrift von der Hand "des Ausstellers" (= des Alt: Art 1 Z.8 WG).

Die herrschende Lehre sieht daher den Wechsel als formnichtig an,[1] so daß dem Neu - ungeachtet seines guten Glaubens - weder Schulte noch Alt wechselmäßig haften. Das ist zwar formal folgerichtig, aber wertmäßig ohne Sinn. Alt hat nach h.L. einen unsichtbaren Fehlwechsel (es fehlt die Unterschrift von der Hand "des Ausstellers") herstellen lassen, den Neu als solchen nicht erkennen konnte. Die Formwidrigkeit des äußerlich vollständigen und daher unsichtbaren Fehlwechsels kann, wenn man zwecklose und verkehrsfeindliche Härten vermeiden will, nur dann die Gesamtnichtigkeit nach sich ziehen, wenn hinsichtlich der Vervollständigung, hier der Ausstellerunterschrift, der Fälschungseinwand durchdringt. Nun rührt zwar die Unterschrift von Treu her, obwohl sie von Alt herzurühren vorgibt: Objektiv liegt also eine Fälschung vor. Aber der Fälschungseinwand soll ja nur dem Interesse des vorgeblichen Urhebers der Zeichnung (des Alt) dienen: Hat dieser daher, sei es vorher, sei es nachher, der Fälschung zugestimmt, so braucht und verdient er hier keinen Schutz. Alt wird daher aus dem Wechsel ebenso verpflichtet wie sonst bei Fälschungen, denen er zugestimmt hat, und bei denen auch die herrschende Meinung die wechselmäßige Haftung anerkennt. Dann aber kann der Wechsel nicht wegen der Unterzeichnung auf Diktat formnichtig sein. Art 1 Ziffer 8 WG fordert ja auch nur "die Unterschrift des Ausstellers": d.h. eigenhändige Unterschrift mit dem Namen des Ausstellers[2], nicht aber Unterschrift von der Hand des Ausstellers.

Formwahrung bei Orderpapieren!

Entsprechendes gilt - gegen die herrschende Meinung - für alle Unterschriften auf allen Orderpapieren[3]. Bei Inhaberpapieren ist die Frage gegenstandslos; denn sie bedürfen nicht der eigenhändigen, sondern (nach oder entsprechend § 793 II² BGB) nur der faksimilierten Unterzeichnung, und auch diese ist entbehrlich bei Inhaberzeichen (§ 807 BGB).[4]

1) Staub-Stranz Art 8 II.
2) Oder mit dem Namen des Vertreters, der ja der Handlung, wenn auch nicht den (als gewollt bezeichneten) Folgen nach "Aussteller" ist. Freilich muß dann die Urkunde aus ihrem übrigen Inhalt, z.B. durch den Zusatz "in Vertretung für Herrn Alt", erkennen lassen, daß der Vertreter nicht sich, sondern einen anderen verpflichten will (§ 164 II BGB).
3) § 15 II 4a
4) § 15 II 4 b.

Entsprechendes wie für Orderakte gilt aber nicht für Fälle, in denen das Gesetz die eigenhändige Unterschrift des Ausstellers zum Schutz vor Übereilung fordert; wie bei der Erteilung des Bürgschaftsversprechens (durch jemand, der nicht Vollkaufmann ist)[1]. Darum bestimmt § 126 BGB, der von dem rechtspolitisch wichtigsten Fall, der Warnungsform, ausgeht, mit Recht, daß "die Urkunde von dem Aussteller eigenhändig durch Namensunterschrift ... unterzeichnet werden" muß. Aber mit Unrecht überträgt die h.M. diese Bestimmung[2] auf die Orderakte, die gesetzlich durch die Wechsel- und Scheckrechtskodifikation verselbständigt und gesetzespolitisch nur wegen des Strebens nach möglichster Sicherheit der Rechtsmobilisierung dem handschriftlichen Zeichnungserfordernis unterworfen werden.

Fälschung durch unwiderstehliche Gewalt

Der (praktisch allerdings bedeutungslose) Einwand der unwiderstehlichen GEWALT ist sachlich nur ein Sonderfall der Fälschung. Führt der bärenstarke Falsch gewaltsam die Hand der zierlichen Frau Schulte bei der Unterschrift, so liegt eine Handlung nur des Falsch, nicht der Schulte vor. Die Verpflichtungserklärung führt daher in Wahrheit von Falsch her, obwohl sie von Frau Schulte herzurühren vorgibt (Fälschung). Falsch hat also den Rechtsschein veranlaßt, nicht Frau Schulte.

Anders bei widerrechtlicher Bestimmung durch Drohung (§ 123 I BGB), mag auch das Nachgeben entschuldbar sein. Hat also die Schulte den Wechsel angenommen, weil Falsch sie mit vorgehaltener Pistole oder durch die Ankündigung, sonst ihre ehewidrigen Beziehungen dem Ehemann oder ihre Steuerhinterziehungen dem Finanzamt mitzuteilen, dazu nötigte, so kann die Schulte deshalb zwar den Begebungsvertrag anfechten. Aber das befreit sie dem Neu gegenüber nicht von der Verpflichtung, die kraft seines guten Glaubens an den von ihr, wenn vielleicht auch schuldlos, veranlaßten Rechtsschein entsteht.

b. VERTRETUNGSMACHTMANGEL

b. Fälle fehlender VERTRETUNGSMACHT sind nicht selten.

Beispiele: (1) Gesamtprokura

Beispiele:
(1) Falsch hat nur zusammen mit Treu Vertretungsmacht. Versehentlich wird ein nur von Falsch namens der Firma indossierter Wechsel weitergegeben, ohne daß Treu oder ein sonstiger Vertreter der Firma etwas davon erfährt. Hier

---

1) §§ 766 BGB/ 350/351 HGB.
2) Nicht aber z.B. die in § 126 BGB vorgesehene Möglichkeit, die eigenhändige Namensunterschrift durch gerichtlich oder notariell beglaubigtes Handzeichen zu ersetzen!

wird die Firma nicht wechselmäßiger Rückgriffsschuldner des gutgläubigen Nachmanns.

Scheinvollmacht

Freilich ist genau zu prüfen, ob Falsch (wenn auch nicht kraft Rechtsgeschäfts, so doch kraft Gesetzesergänzung entsprechend §§ 170-172 BGB und daher irrtumsanfechtungsfest) nicht deshalb allein Vertretungsmacht (sog. Scheinvollmacht[1]) für die Firma hatte, weil er schon längere Zeit für die Firma allein Wechsel zeichnete, und der Firmeninhaber oder einer seiner Vertreter dies nur infolge Fahrlässigkeit nicht merkte.

Insichgeschäfte

Beruht der Mangel der Vertretungsmacht lediglich auf einem unbefugten Insichgeschäft (§ 181 BGB), so berührt das den gutgläubigen Weitererwerber nicht. Hat beispielsweise Neuling als Geschäftsführer der GmbH. Neu den Wechsel zwar in Erfüllung einer Verbindlichkeit, aber ohne Haftungsausschluß (ohne sog. Angstklausel nach Art 15 I WG) an sich selbst indossiert, so wird er zwar nicht Rückgriffsgläubiger der GmbH. Neu; denn insoweit[2] schloß Neuling den Begebungsvertrag für die Firma Neu ohne Vertretungsmacht (die Firma war ja nur zur Indossierung an den Geschäftsführer, nicht zur Zuwendung eines zusätzlichen Rückgriffsanspruchs an ihn verpflichtet!). Aber der Weitererwerber Nachmann, der das nicht ohne weiteres wissen muß, erhält auch den Rückgriffsanspruch gegen die Firma Neu; denn Neuling hat durch seine Zeichnung den Anschein einer Verpflichtung der Firma hervorgerufen, den sich die Firma kraft seiner Alleinvertretungsmacht zurechnen lassen muß.

---

1) Schein ist nur die Vollmacht, nicht die Vertretungsmacht: sie beruht nicht auf Rechtsgeschäft, sondern auf Gesetz oder Gesetzesergänzung entsprechend §§ 170-172 BGB. Sie ist deshalb nicht wegen Irrtums über die Vollmachtsfolgen anfechtbar (RG 117, 164 ff.). Denn, da die Vollmachtsfolgen nicht als gewollt bezeichnet sind, liegt kein (unbewußter) Zwiespalt zwischen (Rechtsfolge-)Willen und Erklärung (§ 119 I Fall 1 BGB) vor. Dazu mit verschiedener Begründung: Manigk, Beiträge zum Wirtschaftsrecht II (1931) S. 590 ff.; Hildebrandt, Rechtsfindung S. 41; derselbe, hier § 6 N 19.

2) Dagegen hatte Neuling zur Übertragung des Wechsels Vertretungsmacht (§ 181 a.E.). Die Übertragungsfolgen werden hier in der Regel (nach BGB § 139 Ausnahmefall) von der Unwirksamkeit der Rückgriffverpflichtung (gegenüber Neuling) unberührt bleiben.

(2) Nach § 1822 Ziffer 9 BGB bedürfen Vormund wie Vater (§ 1643 I) zur Verpflichtung des Mündels oder Kindes durch ein Umlaufpapier der Genehmigung des Vormundschaftsgerichts. Ohne diese Genehmigung handeln sie insoweit als Vertreter ohne Vertretungsmacht. Nimmt also der Vater Schulte den Wechsel namens seines Sohnes, aber ohne die Genehmigung des Vormundschaftsrichters an, so wird Schulte auch dem gutgläubigen Nachmann gegenüber nicht verpflichtet[1]. Indossiert der Vormund Neu namens des wegen Trunksucht entmündigten Alt den Wechsel an Neuling, so hat das Indossament mangels Genehmigung des Vormundschaftsgerichts keine Verpflichtungswirkung (weder gegenüber Neuling noch gegenüber dem gutgläubigen Nachmann), möglicherweise **aber Übertragungswirkung.**[2]

(2) § 1822^9 BGB

(3) Bei Körperschaften des öffentlichen Rechts und ihren Einrichtungen, z.B. bei städtischen Sparkassen, sind die landesrechtlichen Beschränkungen der Vertretungsmacht ihrer Organe aufrechterhalten, weil sie öffentlichrechtlicher Natur sind (Art 55 EG z BGB)[3].

(3) Sparkasse u. dgl.

c. Schließlich wirkt gegen jeden Erwerber, auch gegen den gutgläubigen, der Einwand der WILLENSERKLÄRUNGSUNFÄHIGKEIT. Freilich muß der Inanspruchgenommene dann nachweisen, daß er bei der Zeichnung (oder der Zustimmung zur Zeichnung durch einen Dritten) und bei der etwaigen Begebung

entweder geschäftsunfähig
(§ 104 BGB)

oder vorübergehend geistesgestört,
z.B. bewußtlos, volltrunken, hypnotisiert (§ 105 II BGB),

oder geschäftsbeschränkt und ohne
Zustimmung seines gesetzlichen Vertreters sowie des Vormundschaftsrichters (§ 1822 Z. 9 BGB) war.

c. WILLENSERKLÄRUNGSUNFÄHIGKEIT

---

1) Auch aus sog. culpa in contrahendo kann der gutgläubige Erwerber nicht den Schulte, sondern nur den Vater auf das Anzeigeinteresse in Anspruch nehmen: Hildebrandt, Erklärungshaftung S. 140 f./298 f.
2) Staub-Stranz Art 8 Anm. 3 WG
3) Näheres dazu Staub-Stranz Art 8 Anm. 9 ff. WG.

Genehmigungsfähigkeit der Ausstellung entsprechend § 108 BGB, aber nur mit Genehmigung des Vormundschaftsgerichts (§ 1822 Z.9 BGB)

Die Zeichnung eines Geschäftsbeschränkten ist nach Vertragsgrundsätzen zu behandeln und daher entsprechend § 108 BGB auch dann genehmigungsfähig, wenn ein Begebungsvertrag fehlt. Der Erwerber wird ja durch die Zeichnung nicht betroffen, sondern durch ihre Genehmigung nur begünstigt. Die Genehmigungsunfähigkeit des § 111 Satz 1 BGB paßt daher nicht. Der gesetzliche Vertreter kann indessen ohne die Genehmigung des Vormundschaftsgerichts zwar die Wechselübertragung, aber nicht die Wechselverpflichtung wirksam genehmigen. Denn er hat ohne die vormundschaftsgerichtliche Genehmigung zwar Vertretungsmacht für die Verfügung über das Umlaufpapier, aber nicht für die Verpflichtung aus ihm (§ 1822 Z. 9 BGB). Mangels Genehmigung des Vormundschaftsrichters kann daher der Nehmer (Neuling) zwar Eigentümer des Wechsels und Gläubiger des bereits entstandenen Anspruchs gegen Schulte, aber nicht Rückgriffsgläubiger des geschäftsbeschränkten Alt werden, obwohl der Vormund (Neu) zugestimmt hat. Sogar die Übertragungsfolge hängt nach § 139 BGB davon ab, daß die Vertragsteile die Übertragung auch dann vorgenommen hätten, wenn sie um die Unwirksamkeit der Verpflichtung gewußt hätten. Da indessen die Verpflichtungsfolge meist ausschließlich im Interesse des Nehmers liegen wird, kann sich der Geschäftsbeschränkte, wenn der Nehmer binnen angemessener Frist dem widerspricht, nicht darauf berufen, daß der Nehmer bei Kenntnis der Unwirksamkeit der Verpflichtung den Wechsel nicht genommen hätte.[1] - Hat der gesetzliche Vertreter den Minderjährigen mit Genehmigung des Vormundschaftsgerichts zum selbständigen Betrieb eines Erwerbsgeschäfts ermächtigt (§ 112 BGB), so ist der Minderjährige zwar im Rahmen des Erwerbsgeschäfts voll geschäftsfähig.

---

1) Hildebrandt, Erklärungshaftung S. 181 f.: Die Gesamtnichtigkeitsfolge bei Nichtigkeit eines Teils des Rechtsgeschäfts, hier der Verpflichtung des Indossanten, entfällt nicht nur dann, wenn anzunehmen ist, daß beide Vertragsteile die Übertragung auch ohne die Verpflichtung vorgenommen hätten (§ 139 BGB), sondern - in Gebotsbeschränkung und Gesetzesergänzung zu § 139 BGB (das Reichsgericht a.a.O. spricht von einer Einrede der allgemeinen Arglist) - auch dann, wenn nur der Nehmer an der Verpflichtungsfolge interessiert war (was meist, aber bei Indossierung zahlungshalber wegen der regelmäßig damit verbundenen Stundung der Grundgeschäftsforderung - § 13 D III 2 - nicht immer zutreffen wird), und wenn der Nehmer binnen angemessener Frist dem Indossanten erklärt, er wolle trotz Nichtigkeit der Verpflichtung bei der Übertragung bleiben.

Ausgenommen davon sind aber gerade die Geschäfte, zu denen der Vertreter der Genehmigung des Vormundschaftsgerichts bedarf. Für die Verpflichtung aus einem Inhaber- oder Orderpapier bleibt der Minderjährige daher geschäftsbeschränkt. Sein gesetzlicher Vertreter kann sich aber seinerseits die Genehmigung des Vormundschaftsgerichts allgemein erteilen lassen (§ 1825 BGB). Nur, wenn der gesetzliche Vertreter die (Einzel- oder Allgemein-) Ermächtigung des Vormundschaftsgerichts und damit selbst Vertretungsmacht zur Eingehung umlaufpapiermäßiger Verpflichtungen hat, kann er den Minderjährigen durch Belassung entsprechender Mittel zur rückwirksamen Erfüllung dieser Verbindlichkeiten ermächtigen (str.); denn die Überlassung der Mittel dazu enthält einen beschränkten Generalkonsens (§ 110 BGB).

Bei Dritthherstellung nur Willenserklärungsfähigkeit des Zustimmenden

Bei Zeichnung durch Dritte kommt es, soweit es sich um die Zurechnung des Rechtsscheins und den davon abhängigen gutgläubigen Erwerb des Nachmanns handelt, ausschließlich und nur auf die Willenserklärungsfähigkeit des Inanspruchgenommenen [1] im Zeitpunkt der Zustimmungsabgabe an.
Soweit es sich dagegen um die Genehmigung des vom unberufenen Vertreter oder Fälscher mit dem ersten Nehmer abgeschlossenen Begebungsvertrags und den davon abhängigen vertraglichen Erwerb des ersten Nehmers dreht, müssen der Vertreter und entsprechend der Fälscher bei der Begebung wenigstens geschäftsbeschränkt (§ 165 BGB) gewesen sein.

Zusammen fassung

1/2. Aus den Anforderungen der Rechtsscheingrundlage ergibt sich zusammenfassend der Umfang der Rechtsentstehung kraft guten Glaubens:

(1) der gutglaubensschwachen

(1) Durch Redlichkeit ersetzbar, also gutglaubensschwach, sind

Fehlen oder Fehler des Begebungsvertrags sowie alle Erlöschensgründe.

(2) der gutglaubensfesten Einwände

(2) Durch Redlichkeit nicht ersetzbar und daher auch gegen den gutgläubigen Nachmann wirksam, mithin gutglaubensfest, sind

Mängel der Wertpapierform, der Echtheit, der Vertretungsmacht und der Willenserklärungsfähigkeit.

---

1) Oder des berufenen Vertreters, der für ihn die Zustimmung erteilt.

Vergleich mit dem gutgläubigen Rechtsübergang

Es handelt sich dabei um Mängel, die - abgesehen von der wertpapierrechtlichen Formnichtigkeit - beim Erwerb des bereits bestehenden Rechts vom Nichtberechtigten (§ 6) sämtlich durch guten Glauben heilbar sind. Der engere Umfang des Gutglaubensschutzes bei der Rechtsentstehung hat zwei Gründe:

(a) Der Verkehr überläßt im allgemeinen Umlaufpapiere nicht unberufenen Vertretern, Fälschern oder Geschäftsunfähigen. Aber er kann die Herstellung des Umlaufpapiers durch solche Personen nicht immer hindern.

(b) Sodann beschränkt sich die Minderung der Aktiva durch Verfügung über den vorhandenen Besitz; sie wird daher im allgemeinen sofort fühlbar. Die Mehrung der Passiva durch Verpflichtung aber ist unbeschränkt möglich. Sie geschieht überdies oft in der falschen Hoffnung, schließlich doch nicht in Anspruch genommen zu werden. Dementsprechend stellt das Gesetz auch sonst für die Verpflichtung strengere Erfordernisse auf als für die Verfügung: So kann das Indossament des Geschäftsbeschränkten, der mit Zustimmung seines gesetzlichen Vertreters, aber ohne Genehmigung des Vormundschaftsgerichts gehandelt hat, zwar Übertragungskraft, aber keine Verpflichtungskraft zugunsten des Indossatars und seiner Nachmänner haben. Ähnlich hat das ohne notarielle Beurkundung vollzogene Indossament des Schenkers zwar möglicherweise Begebungswirkung, aber Verpflichtungswirkung nur zugunsten des gutgläubigen Nachmanns (1), nicht zugunsten des Indossatars.

III. RECHTSSCHEIN-AUSSCHLUSS durch Vorsatz oder grobe Fahrlässigkeit

III. Der GUTE GLAUBE an den Bestand des Rechts darf nicht fehlen.

1. Beweislast

1. Die Redlichkeit wird, wie sonst, vermutet.

Den Inanspruchgenommenen trifft daher die Beweislast für die Unredlichkeit des Erwerbers. Der gute Glaube ist also - anders als die Rechtsscheingrundlage - nicht Voraussetzung, sondern sein Fehlen Hindernis der Rechtsentscheidung.

2. Rechtsgeschäftlicher Erwerb

2. Die Redlichkeit wird, wie sonst, nur beim rechtsgeschäftlichen, nicht beim gesetzlichen oder beim Pfändungserwerb geschützt.

Der Eigentumserwerb am Papier durch Aneignung, Fund, Ersitzung, Vermischung oder Eingang beim Sammelverwahrer (§ 6 Depotgesetz vom 4.2.37) rechtfertigt nur den Übergang bereits bestehender Rechte, nicht ihre Entstehung.[1]

Das ergibt sich aus dem gesetzlichen Grundgedanken: dem Rechtsscheinschutz (Redlichkeitstheorie contra Eigentumserwerbstheorie[2]). Das Gesetz unterscheidet zwar in § 794 BGB nicht. Es bestimmt nur, daß der Aussteller einer Inhaberschuldverschreibung auch dann verpflichtet wird, wenn sie ohne seinen Willen in den Verkehr gelangt, insbesondere gestohlen oder verloren gegangen ist. Wie aber der Inhaber eines Umlaufpapiers durch redlichen Erwerb eines Dritten sein Recht am und aus dem Papier verliert,[3] so geht der Unterzeichner eines Inhaberschuldpapiers und entsprechend der eines sonstigen Umlaufpapiers[4] der Schuldenfreiheit verlustig. Der gesetzliche Grundgedanke (Rechtsscheinschutz im Umlaufinteresse) und die Gleichläufigkeit zum gutgläubigen Erwerb bereits bestehender Rechte, die Seltenheit des gesetzlichen Papiererwerbs und nicht zuletzt das Fehlen eines besonderen Schutzbedürfnisses bei ihm rechtfertigen die Gebotsbeschränkung des § 794 BGB auf die Fälle des redlichen Erwerbs durch Rechtsgeschäft.

3. Die Redlichkeit wird, wie sonst (§ 932 II BGB / Art 16 II WG), durch Vorsatz oder <u>grobe Fahrlässigkeit</u> ausgeschlossen.[5] 3.Maßstab

4. Redlich muß der Erwerber, wie sonst (§§ 932 - 934 BGB), noch in dem <u>Zeitpunkt</u> sein, in dem er den Papierbesitz auf Veranlassung und ohne Besitzvorbehalt des Veräußerers erwirbt. 4.Zeitpunkt

Es ist also derselbe Zeitpunkt wie für den gutgläubigen Erwerb des Rechts am Papier (§ 6) maßgebend. Mala fides superveniens schadet nicht.

5. Der gute Glaube bezieht sich hier auf den Bestand des Rechts. 5.Gegenstand

---

1) Und nicht einmal das will Ulmer - allerdings zu Unrecht (§ 23 II) - bei Einzelpapieren (Gegensatz: Massenpapieren) zugeben: Ulmer S. 47/53/81/86. - Die Verarbeitung (z.B. durch eine auf die Rückseite des Wechsels gesetzte Kunstfederzeichnung) hat nur den Eigentumsübergang, nicht auch den Rechtsübergang zur Folge (§ 18 I 3/ II 1).

2) § 17 I 2

3) § 6

4) oben I 3

5) § 6 C

Nach Papiererwerb

War der Veräußerer Eigentümer des Papiers, so genügt der gute Glaube an den Rechtsbestand. War der Veräußerer nicht Eigentümer, so muß der gute Glaube an seine Rechtszuständigkeit hinzukommen: ohne Papiererwerb kein Rechtserwerb!

Auch nach Erlöschen des Rechts

Dabei kann es - was meist übersehen wird - sachlich keinen Unterschied machen, ob das Recht noch nie entstanden ist, oder ob es zwar einmal entstanden, aber durch Erfüllung, Aufrechnung, Erlassvereinbarung oder durch sonstige Endigungsgründe bereits wieder erloschen ist. Die früher vom Reichsgericht vertretene und auch heute noch vereinzelt[1] auftauchende Vorstellung, Erfüllung usw. ohne Papieraushändigung tilge nicht, sondern erzeuge nur ein Leistungsverweigerungsrecht, war und ist eine willkürliche Konstruktion ohne jeden gesetzlichen oder gesetzespolitischen Anhaltspunkt. Die Schuldaufhebungsgründe gelten auch für die Wertpapierschuld. Mit der Zahlung erlischt das Recht. Aber der Rechtsschein (die Legitimation) bleibt dem früheren Gläubiger, wenn sich der Schuldner das Papier nicht aushändigen oder bei Teilzahlungen nicht auf ihm vom Gläubiger quittieren läßt.[2]

IV. RECHTSSCHEIN-FOLGEN

IV. Zurechenbare Herstellung und gutgläubiger Erwerb haben zur Folge:

1. Rechtsentstehung

1. daß das Recht aus dem Papier entsteht.

Gleichviel, ob ein Begebungsvertrag nie zustandegekommen ist.

Gleichviel, ob der Begebungsvertrag unwirksam ist: etwa wegen Willensmängeln (§§ 116 ff. BGB), wegen Wuchers (§ 138 II BGB) oder sonstiger Sittenwidrigkeit (§ 138 I BGB)[2], wegen sog. Klaglosigkeit (§§ 656/762/764/ BGB/ 50 ff. Börsengesetz) oder wegen Fehlens der notariellen Schenkversprechensform (§ 518 BGB).

Gleichviel, ob die Schuld durch Erfüllung, Aufrechnung, Erlaß, Hinterlegung unter Rücknahmeverzicht usw. erloschen, aber die Legitimation dem früheren Gläubiger verblieben ist.

Rechtsübergang bei konfirmatorischen Umlaufpapieren

War das Recht schon vor der Ausstellung des Umlaufpapiers entstanden, wie bei Aktien[3], so hat die Redlichkeit naturgemäß nicht die Rechtsentstehung, sondern den Rechtsübergang zur Folge.[3]

---

1) So von Staub-Stranz Art 17 Anm. 57 e.

2) Dazu Hildebrandt, Rechtsfindung S. 80 ff. (streitig für § 138 I BGB, dagegen gesetzlich entschieden - "gewähren"! - in § 138 II BGB).

3) oben I 3 b/ § 13 D

Kondizierbarkeit

Der gutgläubige Rechtserwerb gibt freilich keinen Freibrief gegenüber der Rückforderung aus ungerechtfertigter Bereicherung. Er schließt nicht aus, daß der Schuldner nach allgemeinen Bereicherungsgrundsätzen von dem gutgläubigen Erwerber die Herausgabe des Erlangten, also den Erlaß der Forderung, verlangen kann. Dann nämlich, wenn Neu von Alt ohne rechtlichen Grund (§ 812 I^1 BGB), z.B. auf Grund ungültigen Kaufs oder zahlungshalber für eine Nichtschuld, oder wenn er ohne Entgelt (§ 816 I^2 BGB), z.B. auf Grund einer Schenkung, die Wechselforderung gegen den Annehmer Schulte erworben hat. Die erforderliche Unmittelbarkeit der Bereicherung ist in beiden Fällen gegeben, da ihr nur Zwischenerwerb eines Dritten am Bereicherungsgegenstand, nicht Zwischenvermittlung schadet, Alt aber in beiden Fällen nicht Gläubiger der Forderung gegen Schulte gewesen ist.

2. Rechtsverbriefung

2. Die Redlichkeit hat weiter zur Folge, daß - auch ohne Begebungsvertrag - das Recht fortan in dem Umlaufpapier verbrieft und damit u.a. der Eigentumstheorie unterworfen wird.[1)]

Soweit das Recht, wie bei Aktien, schon vorher entstanden war, tritt damit kraft Gesetzes eine entsprechende Inhaltsänderung des Rechtes ein.

1) was vielfach übersehen wird (§ 15).

7. EINREDENAUSSCHLUSS

Transportfunktion zugunsten des arglosen Erwerbers.

§ 8

I. GRUNDGEDANKEN

1. Einredenschutz des Schuldners: § 404 BGB. Zweck: Schuldnerschutz gegen Schlechterstellung.

I. GRUNDGEDANKEN.

1. Dem Anspruch (des Alt gegen Schulte) können Gegenrechte (Einreden) entgegenstehen: z.B. Anfechtungs- und Rücktrittsrechte, Wandlungs- und Minderungsansprüche, Bereicherungs- und Deliktsforderungen, Stundungsabreden, aufrechnungsreife Gegenforderungen usw.

Der Erwerber einer gewöhnlichen Forderung (Neu) muß sich die gegen seinen Vormann (Alt) bestehenden Gegenrechte des Schuldners entgegenhalten lassen, wenn sie wenigstens in ihren Grundlagen bereits zur Zeit der Abtretung bestanden (§ 404 BGB).

Mit Forderungen gegen den Altgläubiger kann der Schuldner dem Neugläubiger gegenüber[1] sogar dann aufrechnen, wenn er eine Aufrechnungsmöglichkeit oder eine (sichere) Aufrechnungsanwartschaft vor der Abtretung noch gar nicht hatte, sie aber durch zwischenzeitlichen Erwerb von Gegenforderungen noch vor Kenntnis der Abtretung erlangte (§ 406 BGB).[2]

1) Hinsichtlich der Ausübung der Gegenrechte ist zu unterscheiden:

a. Selbständige Einreden-bloße Hemmungsrechte, z.B. die Stundungseinrede oder nach Verjährung des Gegenanspruchs die Wandlungs-oder Minderungs-, Bereicherungs- oder Deliktseinrede (§§ 478/821/853 BGB), sind durch Erklärung gegenüber Neu auszuüben; denn die Hemmung berührt nur den abgetretenen Anspruch.

b. Unselbständige Einreden (Einreden auf Grund von weitergehenden Gegenrechten) sind grundsätzlich gegen Alt geltend zu machen.

α. Die Anfechtungs-, Rücktritts- oder sonstige derartige Gestaltungsrechtserklärung ist an Alt zu richten (so für die Anfechtung ausdrücklich § 143 II BGB), da die Gestaltungsfolge das ganze Schuldverhältnis, nicht nur die abgetretene Forderung berührt. Anders die Aufrechnung, die deshalb nach Kenntnis der Abtretung gegenüber Neu (§ 406 BGB), vorher gegenüber Alt (407 BGB), abzugeben ist.

β. Wandlungs- und sonstige Ansprüche können angriffsweise nur gegen den dazu Verpflichteten also gegen Alt, erhoben werden.

Grundgedanke der ganzen Regelung ist der Schutz des Schuldners gegen Schlechterstellung durch die ohne sein Zutun erfolgte Abtretung.

2. Hätte der Einredenschutz des Schuldners (der § 404 BGB) auch bei den für den Umlauf geschaffenen Order- und Inhaberpapieren Geltung, so wären diese Papiere ganz ungeeignet, von Hand zu Hand zu wandern. Je mehr Vormänner, umso mehr Einredenmöglichkeiten! Der redliche Nehmer erhielte zwar Eigentum und Forderung; aber eine durch unsichtbare beliebige Einreden aus der Person der Vormänner jederzeit entkräftbare und damit wertlose Forderung. Der wohlausgewogene Schutz des guten Glaubens an die Berechtigung des Veräußerers und an den Bestand der Forderung wäre damit praktisch eine Illusion. Dabei hat der Schuldner ja gerade deshalb das Recht in einem Umlaufpapier verbrieft, damit es unveränderlich mit demselben im Papier niedergelegten Inhalt umlaufen kann. Der Schuldner erweckt damit

2. Einredenausschluß: Art 17 WG usw.

Zweck: Erwerberschutz gemäß Rechtsscheininhalt.

Forts. Anmerkg. 1)

α/β. Solange der Abtretungsschuldner gegenüber Alt ein (rechtsvernichtendes oder rechtsaufhebendes) Gestaltungsrecht oder einen Anspruch geltend machen kann, hat er (entsprechend § 770 BGB) ein Leistungsverweigerungsrecht gegenüber Neu (str.).

2) Insoweit entspricht § 406 dem § 407 BGB, dem Vertrauensschutz gegen Abtretungsunkenntnis. Die Schutzerweiterung gegenüber § 404 geht also von dem Zweckgedanken des § 407 aus; die Richtung der Aufrechnungserklärung an Neu statt an Alt beruht auf der allgemein-gültigen Erwägung, daß die Aufrechnung nicht das Schuldverhältnis, sondern nur die Abtretungsschuld betrifft; beide Besonderheiten des § 406 (Schutzerweiterung und Aufrechnungsadressat) sind also durchaus grundsatzgerecht. Im einzelnen ist zu unterscheiden:

a. Hat der Schuldner bereits vor Abtretungskenntnis die Aufrechnung gegenüber dem Altgläubiger erklärt, so ist er nach § 407 I BGB frei.

b. Hat der Schuldner die Aufrechnung bis dahin nicht erklärt, aber eine Gegenforderung erlangt, die ihm ein Aufrechungsrecht oder doch eine Aufrechnungsanwartschaft gibt, so muß er die Aufrechnung gegenüber dem neuen Gläubiger erklären. Sein Aufrechnungsrecht gegenüber dem Neugläubiger ergibt sich:

α. aus § 404 BGB, wenn der Schuldner die Gegenforderung schon vor der Abtretung erlangt hat.

selbst den Anschein, einheitlich nur nach dem Inhalt der Schrift (schriftgemäß-"skripturrechtlich") haften zu wollen. Darauf darf sich der Nehmer verlassen. Es trifft ihn daher hinsichtlich der Einreden aus der Person des Vormanns keine Prüfungspflicht.
Grobe Fahrlässigkeit schadet ihm daher - ein (rechtspolitisch allerdings angreifbarer) Unterschied gegenüber dem Rechtsübergang und der Rechtsentstehung kraft guten Glaubens- beim Erwerb der Einredenfreiheit nicht. Wohl aber muß sich der Nehmer die gegen seinen unmittelbaren Vormann begründet gewesenen Einreden dann entgegen halten lassen, wenn er nicht nur das Einrederecht kannte, sondern auch wußte, daß der Vormann deshalb trotz der Umlaufbestimmung des Papiers zu einer die Einrede ausschließenden Verfügung dem Schuldner gegenüber nicht berechtigt war (Arglist).

Bezeichnung

Das ist der Sinn des bei Order- und Inhaberpapieren vom Gesetz verfügten Einredenausschlusses der sog. TRANSPORTFUNKTION. Das Recht mit seinem einheitlichen schriftgemäßen Inhalt wird, unberührt von Einreden gegen den Vormann, von diesem auf den Nehmer "transportiert"! Zweckmäßigerweise bleibt der Ausdruck auf den Einredenausschluß beschränkt; seine gelegentliche[3] Ausdehnung auf den gutgläubigen Eigentumserwerb vom Nichtberechtigten oder gar auf die Übertragungsfolgen überhaupt macht das Bild unscharf und verwirrt den Sprachgebrauch.

Forts. Anm. 2)

β. aus § 406 BGB, wenn er sie zwar nach der Abtretung, aber vor Abtretungskenntnis erwarb. Gilt dies auch dann, wenn er die Gegenforderung nicht durch Rechtsgeschäft von einem Dritten, sondern aus unerlaubter Handlung oder aus Haftpflicht des früheren Gläubigers oder durch Erbgang u.dergl. erlangte: wenn also die Abtretungsunkenntnis des Schuldners für den nachträglichen Erwerb der Gegenforderung nicht ursächlich gewesen sein kann? Das ist im Einklang mit dem Wortlaut des § 406 BGB wohl deshalb zu bejahen, weil es dem Sinn des § 406 entspricht, über die Frage, ob mit der Gegenforderung überhaupt aufgerechnet werden kann, nicht den zufälligen Zeitpunkt der Aufrechnungserklärung entscheiden zu lassen (die Aufrechnung vor Abtretungskenntnis ist ja nach § 407 I BGB wirksam).

3) z.B. durch Ulmer S. 215.

3. Die gesetzliche Grundlage findet sich in verschiedenen Gesetzen zerstreut.

3. Gesetzliche Grundlage: Art 17 WG usw.

Die Gesetzesfassung ist nicht einheitlich. Die §§ 796 BGB[4] und 364 II HGB[5] bezeichnen die zugelassenen, die Art 17 WG und 22 SchG die ausgeschlossenen Einwendungen. Die positive Fassung spricht von Einwendungen gegen die Gültigkeit der Verpflichtung, zum andern von Einwendungen, die sich aus dem Inhalt der Urkunde ergeben (schriftgemäßen Inhaltseinwendungen), und schließlich von persönlichen Einwendungen gegen den gegenwärtigen Papierinhaber. Die negative Fassung redet von Einwendungen, die sich auf die "unmittelbaren Beziehungen" des Inanspruchgenommenen zu dem Vormann gründen. Die Stellung in dem Abschnitt "Indossament" ist zwar ungenau[6]; denn nach wie vor können auch dem ersten Wechselnehmer (dem früher so genannten Remittenten) keine Einreden aus der Person des Ausstellers entgegengehalten werden, obwohl der erste Nehmer[7] nicht Indossatar ist. Die Umschreibung der ausgeschlossenen Einreden und der Arglist des Erwerbers ist trotz aller Bemühungen (der Genfer Konferenz) wenig glücklich[8]. Gleichwohl ist die negative Fassung nicht nur kürzer, sondern auch juristisch schärfer. Denn der gemeinsame Sinn aller gesetzlichen Formulierungsversuche ergibt sich aus dem Gesetzeszweck und dem Gesetzeszusammenhang. Er besteht im Ausschluß der Einreden aus der Person des Vormanns, im Ausschluß des § 404 BGB.

---

4) Entsprechend die Fassung von § 784 I BGB für den bürgerlich-rechtlichen Anweisungsbrief, bei dem man aber deshalb von keiner Transportfunktion sprechen kann, weil der Anspruch aus der Annahme ja bestimmungsgemäß überhaupt erst in der Person des Anweisungsempfängers (des Neu) entsteht; für die Nachfolger des Anweisungsempfängers (für Neuling und Nachmann) gilt denn auch § 404 BGB.

5) Für Orderaktien gilt, obwohl § 61 II Aktiengesetz nur den Art 16, aber nicht den Art 17 WG anführt, der § 364 II HGB entsprechend (H.L.).

6) Daher ein Rückschritt gegenüber Art 82 WO.

7) Die Frage ist natürlich gegenstandslos, wenn Aussteller und erster Nehmer in einer Person zusammentreffen, weil der Wechsel (wie üblich) an eigene Order gestellt wird (Art 3 I. WG).

8) Sie wird daher denn auch durch das Erläuterungswerk von Staub-Stranz dazu mißbraucht, um mit mehr oder weniger willkürlichen Unterscheidungen das Festhalten an der überholten reinen Vertragstheorie und an der in den früheren Auflagen erfolgten Bestimmung des Arglistbegriffs im Sinn der Kenntnistheorie zu ermöglichen (Staub-Stranz Art 17 Anm. 4/4a/13).

II. GEGENSTAND

II. Daraus folgt für den GEGENSTAND der Transportfunktion:

1. nur Einreden;

1. Gegenstand des Einredenausschlusses sind nur Einreden: d.h. Gegenrechte; nicht dagegen (rechtsverneinende) Einwendungen.

nicht Einwendungen

Das wird fast durchweg übersehen: schon bei § 404 BGB und dann erst recht beim Einredenausschluß in Art 17 WG usw. Gleichwohl handelt es sich eigentlich um eine Selbstverständlichkeit: Bestand vor der Übertragung keine Forderung, so kann sie nicht übertragen, sondern nur kraft guten Glaubens erworben werden. Mangels gutgläubigen Erwerbs hat der Nehmer kein Recht; daß der Schuldner das geltendmachen kann, versteht sich von selbst und braucht daher nicht erst in § 404 BGB grundsätzlich und in Art 17 WG ausnahmsweise zugelassen zu werden. Alle Gründe für das Nichtzustandekommen oder das nicht wirksame Zustandekommen des Begebungsvertrags (Verpflichtungsvertrags)[9] sowie alle Gründe für das Erlöschen des entstandenen Anspruchs, wie Erfüllung oder Erlaßvertrag,[10] werden daher nicht durch die Transportfunktion, sondern nur durch den gutgläubigen Erwerb ausgeschlossen: Grobe Fahrlässigkeit schadet also. Ein Unterschied, der freilich praktisch deshalb nicht sehr ins Gewicht fällt, weil der Richter, wenn schon bestimmte und glaubhafte Anhaltspunkte für die Nichtberechtigung des Vormanns ohne weiteres erkennbar sind, es dem Nehmer, der keine besonderen Gründe für die Verkennung des "Unverkennbaren" darzulegen vermag, tatsächlich (§ 286 ZPO!) nicht glauben wird, daß er die Nichtberechtigung seines Vormanns verkannt hat.

---

9) Der Gefälligkeitsannehmer Schulte haftet dem Alt, dem zuliebe er angenommen hat, überhaupt nicht: er ist also nicht auf die einredeweise Erhebung seines Befreiungsanspruchs gegen den Aussteller Alt angewiesen, wie man meist annimmt. Aber er haftet dem Neu auch dann, wenn Neu um die Gefälligkeitsabrede wußte: Denn in der Gefälligkeitsannahme liegt ein Begebungsvertrag zugunsten der weiteren Nehmer (des Neu: § 328 BGB). Näheres § 15 II 2 b.

10) Zahlung und Erlaßvertrag wirken auch ohne Aushändigung des Wechsels schuldtilgend, mag das Papiereigentum schon mit der Zahlung (§ 18 II 2 c) oder erst mit der Aushändigung (h.L.) auf den Schuldner übergehen. Aus dem angeblichen Fortbestand des Eigentums des Gläubigers ziehen ältere Entscheidungen des Reichsgerichts und im Anschluß daran noch heute ein Teil des Schrifttums, z.B. Staub-Stranz Art 17 Anm. 57 e, den sachlich willkürlichen und methodisch begriffsjuristischen Schluß, die Zahlung erzeuge bis

a. Gleichgültig ist dagegen der ENTSTEHUNGSGRUND des Gegenrechts. Gegenrechte entstehen häufig: Beispiele

α . durch besondere Abreden, wie Stundungs- und Prolongationsabrede.

β . durch Erwerb von Gegenforderungen, die mit der Wertpapierforderung gleichartig und bereits oder doch nicht später als sie fällig sind.

γ vor allem aus dem der Wechselziehung zugrundeliegenden Rechtsverhältnis: so Bereicherungsrechte wegen Nicht- oder Nichtmehrbestehens der Schuld, für die der Wechsel zahlungshalber gegeben wurde; so Ansprüche auf Rückgabe des sog. Depot- (-Sicherheits-) wechsels, wenn eine zu sichernde Forderung weder besteht noch in Zukunft zu erwarten ist; so Wandlungs- oder Minderungsansprüche, aber auch die Einrede des nicht erfüllten Vertrags aus dem zugrundeliegenden Kauf.[11]

Forts.Anm.10) zur Rückgabe des Papiers nur ein Gegenrecht (das dann allerdings unter Art 17 WG fiele). - Auch Aufrechnung, Anfechtung u.dgl. gehören zu den (rechtsverneinenden) Einwendungen, wenn sie gegenüber Alt entweder vor dem Rechtsübergang auf Neu oder doch vor der Kenntnis Schultes davon (§ 407 I BGB) und vor der Legitimationsübertragung (Anm.17) erklärt worden sind.

11) Unrichtig ist es dagegen, die sog. "Einrede" der rechtskräftig entschiedenen Sache, d.h. das von Amts wegen zu untersuchende Widerspruchsverbot in einem späteren Zivilprozess, unter § 404 BGB oder Art 17 WG zu stellen. Ob das zwischen Alt und Schulte ergangene Urteil im Prozess zwischen Neu und Schulte Rechtskraftwirkung hat, bestimmt sich nach § 325 I/II ZPO in Verbindung mit der entsprechenden Anwendung von § 932 ff.BGB/Art 16 II WG, während § 407 II BGB bei Wertpapieren durch den Vorlegungszwang beschränkt ist (Anm. 17). Danach wirkt die rechtskräftige Abweisung des Alt nur dann gegen Neu, wenn Neu bei seinem Erwerb die Rechtshängigkeit der Forderung nachweislich kannte oder grobfahrlässig verkannte.
Ungenau bemerkt RG 166, 309 (II) ohne Begründung und nur nebenbei, das Urteil schaffe keine Rechtskraft gegen Neu, wenn Schulte die gegen Alt begründeten Einreden dem Neu nicht entgegenhalten könne; aber nicht auf die Transportfunktion hinsichtlich sonstiger (sachlichrechtlicher) Einreden, sondern darauf kommt es hier an, daß Neu beim Erwerb in Ansehung der Rechtshängigkeit (§ 325 II ZPO!) gutgläubig, also nicht grobfahrlässig (Art 16 II WG), war.

b. Gleichgültig ist die ART des Gegenrechts.

α. Es kann ein Anspruch sein, der verteidigungsweise geltend gemacht wird, wie der Wandlungs- oder Bereicherungsanspruch.

β. Es kann ein Gestaltungsrecht sein, sei es ein Vernichtungsrecht wie die Anfechtung oder ein Aufhebungsrecht wie die Kündigung, sei es ein Veränderungsrecht wie der Rücktritt oder ein bloßes Hemmungsrecht wie die Verjährung.

2. nur Gegenrechte des Schuldners

2. Gegenstand des Einredenausschlusses sind nur Gegenrechte des Schuldners. Der Schuldner kann daher dem Neugläubiger nicht Rechte des Altgläubigers gegen den Neugläubiger auf Rückübertragung des Papiers entgegenhalten: Neus Herausgabepflicht besteht nur gegenüber Alt.

Beispiel. Schulte kann dem Neu nicht die Zahlung mit der Begründung verweigern, die Schuld, zu deren Erfüllung (§ 364 II BGB) Alt den Wechsel an Neu indossiert hatte, habe nicht bestanden; denn der Bereicherungsanspruch deshalb steht dem Alt, nicht dem Schulte zu.

Das gilt auch dann, wenn nicht nur dem Alt gegen Neu, sondern auch dem Schulte gegen Alt ein Rückgabeanspruch zusteht. Hat z.B. Schulte aus dem der Wechselannahme zugrundeliegenden Kauf einen Wandlungsanspruch gegen Alt, so kann er die Wandlungseinrede nicht deshalb dem Neu entgegensetzen, weil Neu seinerseits den Wechsel, den er zahlungshalber für eine nicht bestehende Forderung von Alt erhalten hat, aus rechtloser Bereicherung an Alt zurückübertragen hat;[12] denn Neu macht nach wie vor, wenn vielleicht auch pflichtwidrig, die Wechselforderung gegen Schulte im eigenen Interesse geltend.[13]

Einwand der allg. Rechtsbeschränkung bei Untreue

Weiß freilich Schulte, daß Neu nicht nur pflichtwidrig, z.B. nach Erlöschen des Einziehungsauftrags durch Widerruf (§ 671 BGB), sondern darüber hinaus bewußt pflichtwidrig die treuhänderische Übertragung mißbraucht, um den Wechselbetrag statt für Alt für sich einzuziehen, so darf und kann er nicht an Neu leisten.

12) Unrichtig Ulmer S. 144/247. - Hatte Schulte seinerseits den Wechsel ohne Rechtsgrund angenommen, so ist es streitig, ob sein Bereicherungsanspruch sich nur gegen Alt oder (angesichts des Doppelmangels) auch gegen Neu kehrt. M.E. ist wegen der Zwischenerwerberinteressen des Alt an dem Unmittelbarkeitserfordernis für die Bereicherung festzuhalten und daher dem Schulte der Bereicherungsanspruch unmittelbar gegen Neu zu versagen. Aber das ist eine Frage des Bereicherungsrechts, nicht des Einredenausschlusses.

13) Dazu § 11 II 6.

Denn er würde sich dann ja durch die Zahlung an Neu der Teilnahme an der strafbaren Untreue (§ 266 RStGB) des Neu schuldig machen. Das Nichtleistenmüssen des Schulte hier beruht aber nicht darauf, daß Schulte ein Recht des Alt gegen Neu ausüben kann, sondern darauf, daß kraft der allgemeinen Rechtsbeschränkung im Gemeininteresse (Hildebrandt, Erklärungshaftung S. 179 ff.; derselbe, Rechtsfindung S. 67 ff.) Neu insoweit ohne Einziehungsrecht handelt, so daß Schulte zur Leistungsverweigerung nicht nur berechtigt, sondern auch verpflichtet ist.[14]

3. Gegenstand des Einredenausschlusses sind nur Gegenrechte des Schuldners gegen den unmittelbaren Vormann des Berechtigten.

3. nur gegen den unmittelbaren Vormann begründete Gegenrechte

Beispiel. Schulte gab dem Alt sein Wechselakzept in dem irrtümlichen Glauben, aus Kauf den Wechselbetrag dem Alt schuldig zu sein. Neu wußte nichts davon, sein Nachmann Neuling aber war im Bilde. Dann kann Schulte den Bereicherungsanspruch gegen Alt dem Neu nicht entgegensetzen, weil er arglos war, und dem Neuling nicht, weil Neuling vom einredefreien Neu erwarb.

4. Gegenstand des Einredenausschlusses sind nur Gegenrechte des Schuldners gegen den unmittelbaren Vormann, deren Grundlagen vor dem Rechtsübergang[15] bereits vorhanden, in diesem Zeitpunkt also schon "begründet" (§ 404 BGB), waren.

4. nur vor dem Rechtsübergang "begründete" Gegenrechte

Beispiel. Schulte, der zur Bezahlung der gekauften Eier den von Alt auf ihn gezogenen Wechsel angenommen hat, kann dem arglistigen Neu die Wandlungseinrede auch dann entgegenhalten, wenn die Lieferung der faulen Eier erst nach der Übertragung des Wechsels auf Neu erfolgt; denn, obwohl der Wandlungsanspruch (grundsätzlich) erst mit der Übergabe entsteht, war seine Grundlage, der Kauf, bereits vorher gegeben.

Ist dagegen die gesicherte Kaufpreisschuld nach der Veräußerung des Wechsels (versehentlich) getilgt worden, so kann der daraus entstehende Bereicherungsanspruch des Schulte gegen Alt dem Neu in keinem Fall, nicht einmal bei gewöhnlicher Abtretung, entgegengesetzt werden;[16] denn der Wegfall des Rechtsgrundes trat erst nach dem Erwerb des Wechsels durch Neu ein.

14) Näheres § 21 III 1 a ß (2).
15) Entscheidend ist der Abtretungserfolg, nicht die Abtretungshandlung; daher bei Vorbehaltsübertragung der Eintritt der aufschiebenden Bedingung, z.B. der vollen Kaufpreiszahlung.
16) Wolff, Sachenrecht § 154 Anm. 17

Beschränkung des erweiterten Aufrechnungsschutzes (§ 406 BGB) schon durch den Vorlegungszwang

Mit gleichartigen Gegenforderungen, die bereits fällig sind oder spätestens zur gleichen Zeit wie die Wertpapierforderung fällig werden, kann der Schuldner zwar nach § 406 BGB auch dann aufrechnen, wenn er die Gegenforderungen nach der Abtretung, aber vor Kenntnis von der Abtretung, insbes. im Vertrauen auf die Nochberechtigung des Altgläubigers (Grundgedanke des § 407 BGB!), erworben hat. Bei Vorlegungspapieren (mit Befreiungsrechtsbeschränkung - mit Beschränkung des § 407 BGB durch den Vorlegungszwang) aber ist der gute Glaube an die Nochberechtigung des Altgläubigers nur dann gerechtfertigt, wenn der Altgläubiger noch durch den Papierbesitz und den Papierinhalt ausgewiesen ist.[17] Neu braucht sich daher die Aufrechnung mit Forderungen gegen Alt - in Beschränkung des § 406 BGB durch die **Präsentationsfunktion** zugunsten des neuen Gläubigers - nicht gefallen zu lassen, wenn Schulte die Gegenforderungen zwar vor Kenntnis der Übertragung, aber nach Indossierung oder Übergabe des Wechsels von Alt an Neu erworben hat. Das hat indessen nichts mit der Transportfunktion zu tun; sondern es ist eine Auswirkung der Befreiungsrechtsbeschränkung, die für § 406 BGB ebenso gilt wie für sein gesetzespolitisches Vorbild, den § 407 BGB. Die Einschränkung gilt daher nicht nur, wie die Transportfunktion, für Umlaufpapiere, sondern, wie die Befreiungsrechtsbeschränkung, auch für Rektapapiere, die - mit Ausnahme der Rektaschuldverschreibungen des Reichs nach § 9 der Reichsschuldenordnung - den Einredenausschluß überhaupt nicht kennen.[18] Indessen räumt die Transportfunktion (bei Umlaufpapieren) auch mit diesem, praktisch freilich ziemlich bedeutungslosen, Restbestand des erweiterten Aufrechnungsschutzes auf.

III. Kein Einredenausschluß bei ARGLIST des Erwerbers

III. Weiß der Erwerber im Zeitpunkt seiner Erwerbshandlung nachgewiesenermaßen, daß wegen der Einrede die Begebung pflichtwidrig ist, so muß er sich alle Einreden aus der Person seines Vormanns gefallen lassen: Die Transportfunktion entfällt bei Arglist.

1. Gegenstand: Pflichtwidrigkeit der Begebung wegen der Einrede

1. Art 17 WG und 22 SchG lassen nämlich ausdrücklich die Einreden aus der Person des Vormanns dann zu, wenn "der Inhaber bei dem Erwerb des Wechsels/Schecks bewußt zum Nachteil des Schuldners gehandelt hat." Die Gesetzesfassung ist das Ergebnis einer durch Ernst Jacobis Arbeiten bereits vorweggenommenen Kompromisslösung.

---

17) § 2

18) Vgl. § 14 I.

Schon unter der Herrschaft des entsprechenden Art 82 WO stritten nämlich die Kollusionstheorie des Reichsgerichts und die von den unteren Gerichten sowie von der Rechtslehre vielfach vertretene [19] Kenntnistheorie miteinander um die Herrschaft. Die Neufassung bezweckt nun folgendes: Einerseits soll - insoweit in Ablehnung der Kollusionstheorie - ein arglistiges Zusammenwirken von Veräusserer und Erwerber (eine Kollusion) nicht erforderlich, Arglist des Veräußerers also entbehrlich sein. Andrerseits soll - insoweit in Zurückweisung der Kenntnistheorie - die bloße Kenntnis des Erwerbers von der Einrede gegen den Vormann nicht genügen. Der Hinweis des Gesetzes auf das Schädigungsbewußtsein ist freilich nichtssagend: Denn durch jeden Einredenausschluß wird der Schuldner geschädigt. Gemeint ist vielmehr, daß zur Kenntnis des Gegenrechts die Kenntnis der deshalb bestehenden Pflichtwidrigkeit der Begebung (die Kenntnis des deshalb fehlenden "Begebungsrechts") hinzutreten muß.

Beispiele

Beispiel. Wenn Schulte trotz aufrechnungsfähiger Gegenforderungen dem Alt ein Wechselakzept gibt, damit Alt durch Verkauf des Wechsels die ihm von Schulte zu zahlende Kaufpreissumme gleich in die Hand bekommt[20], so veräußert Alt nicht pflichtwidrig. Schulte kann daher die Aufrechnungseinrede dem Neu auch dann nicht entgegenhalten, wenn Neu sie beim Erwerb des Wechsels kannte.

Der Glaube an das Begebungsrecht des Vormanns wird sogar regelmäßig trotz des Wissens um aufrechnungsfähige Gegenforderungen oder um Mängel der mit dem Wechsel bezahlten Ware bestehen[21]. Der Schuldner muß ja nicht aufrechnen, und der Vormann kann den Schuldner wegen der Bemängelung der Ware durch Ersatzlieferung oder anderweit bis zur Fälligkeit des Wechsels zufriedenstellen.

19) z.B. von Staub-Stranz, Art 82 Anm. 15 WO.
20) Der Einwand des Gefälligkeitsakzepts gehört dagegen nicht hierher: oben N. 9 und § 15 II 2 b.
21) Das wurde bei den Genfer Beratungen ausdrücklich hervorgehoben: Staub-Stranz Art 17 Anm. 13 WG.

Glaubte der Erwerber Neuling (irrtümlich) an die Arglosigkeit seines unmittelbaren Vormanns Neu, so glaubte er an dessen (durch Art 17 WG erworbenes) Begebungsrecht. Die Kenntnis Neulings von der Einrede gegen den Vormann des Vormanns (gegen Alt) und von dessen sich daraus ergebender Pflichtwidrigkeit ist daher unschädlich.

2.Maßstab: Vorsatz, nicht grobe Fahrlässigkeit

2. Vorsatz genügt: auch bedingter Vorsatz;[22)] dagegen - anders als beim gutgläubigen Erwerb - nicht grobe Fahrlässigkeit.

Rechtsirrtum ist erheblich, aber bei Kenntnis der Tatsachen auf den ersten Anschein nicht glaubhaft (§ 286 ZPO).[23)]

3.im Zeitpunkt der Erwerberhandlung

3. Maßgebend ist der Zeitpunkt der Erwerbshandlung: also nicht schlechthin der der Indossierung (durch den Vormann),sondern der der Einigung und Übergabe des indossierten Wechsels. Bei aufschiebend) bedingter Übertragung (Vorbehaltsübereignung) von Inhaberpapieren[24)] entscheidet nach allgemeinen Grundsätzen die Übereignungshandlung, nicht der Übereignungserfolg, der abredegemäß erst mit dem vollen Erbringen der Gegenleistung eintritt.

4.Beweislast des Schuldners

4. Der Schuldner hat, wie sonst, die Beweislast für die Arglist des Erwerbers.

5.Kein Ausschluß durch Mitübertragung der Kaufpreisforderung

5. Die Transportfunktion wird, was bisher lebhaft umstritten war, nicht dadurch ausgeschlossen, daß der Nehmer des Wechsels sich vorher oder gleichzeitig die Forderung aus dem zugrundeliegenden Rechtsgeschäft (die Kaufpreisforderung Alts gegen Schulte) mitübertragen läßt. Die abweichende frühere Rechtsprechung des Reichsgerichts war unzutreffend: rechtlich, weil der Zessionar der Kaufpreisforderung (der Neu) nicht Verkäufer wird; ihn treffen die Verkäuferpflichten nicht; wirtschaftlich, weil es widersinnig ist, daß Neu deshalb schlechter fahren soll, weil er sich zur Verstärkung seiner Rechtsstellung außer der Wechselforderung noch die Kaufpreisforderung übertragen läßt, für die vielleicht weitere Sicherheiten bestellt sind. Das Reichsgericht hat daher neuerdings seine bisherige Rechtsprechung aufgegeben.[25)]

---

22) str. A.A. Staub-Stranz Art 17 Anm. 13 WG. - Näheres zum Vorsatzbegriff: § 6 C 1.
23) Staub-Stranz Art 17 Anm. 15
24) Orderpapiere können wegen der Bedingungsfeindlichkeit des Indossaments (Art 12 I WG) nicht bedingt begeben werden. Näheres § 20 V 1.
25) RG 166, 312 ff. (II) und h.L.

Unerheblich Klagermächtigung für Alt

Selbstverständlich wird die Transportfunktion auch nicht dadurch ausgeschlossen, daß Alt, der ausnahmsweise, nämlich kraft besonderer Klagermächtigung(z.B.nach § 1380 BGB oder § 265 ZPO) die auf den Neu übergegangene Forderung noch im eigenen Namen ausklagen kann, es ist, der als Kläger die Zahlung an Neu beantragt;[26] denn die Prozeßstandschaft des Alt ändert an der materiellen Berechtigung des Neu nichts.

IV. Zusammenfassung der Verteidigungsmöglichkeiten

IV. Faßt man unter Berücksichtigung sowohl der gutgläubigen Rechtsentstehung wie des Einredenausschlusses die VERTEIDIGUNGSMÖGLICHKEITEN zusammen, die der Umlaufpapierschuldner aus der Person der Vormänner des Erwerbers hat, so ergibt sich folgende Übersicht.

1. dingliche - gutglaubensfeste Einwendungen

1. Gegen jeden Erwerber, auch den gutgläubigen, wirken Mängel

   der Wertpapierform,

   der Echtheit,

   der Vertretungsmacht

   und der Willenserklärungsfähigkeit.

   Das sind die sog. "dinglichen" - "absoluten" - gutglaubensfesten[27] Einwendungen.

2. persönliche - gutglaubensschwache Einwendungen

2. Alles andere sind "persönliche" - "relative" Einwendungen. Sie können nicht dem gutgläubigen Erwerber entgegengehalten werden; ich nenne sie daher gutglaubensschwach. Innerhalb dieser Gruppe ist, was häufig übersehen wird, zu unterscheiden:

a. transportfest sind (rechtsverneinende) Einwendungen

   a. Nicht nur gegen den arglistigen, sondern schon gegen den grobfahrlässigen Erwerber wirken

      Mängel des Begebungsvertrags (des Schuldbegründungsvertrags)

      sowie Schuldaufhebungsgründe, z.B. Wechselzahlung ohne Wechselaushändigung und (bei Teilzahlung) ohne Teilquittierung auf dem Wechsel.

26) RG 166, 311 (II)

27) wie ich sie bezeichne.

b. transportschwach sind Einreden (Gegenrechte)

b. Nur gegen den arglistigen, nicht auch gegen den grobfahrlässigen Erwerber wirken Gegenrechte aus der Person des Vormanns.

a/b. Dort (a) handelt es sich um das Nichtrecht eines Vormanns, hier (b) um das Gegenrecht des Schuldners. Dort sind die zwar transportfesten, aber gutglaubensschwachen, hier die transportschwachen[28] Einwendungen (im weiteren Sinn) zusammengefaßt. Dort heilt der gute Glaube entsprechend § 794 BGB/ 16 II WG usw., hier schon die Arglosigkeit nach Art 17 WG usw.

28) wie ich sie bezeichne.

8. RÜCKGRIFFSHAFTUNG

Garantiefunktion zugunsten der nachfolgenden Erwerber.

§ 9

I. Rückgriffshaftung nach BÜRGERLICHEM Recht: nur ausnahmsweise.

I. Der Nehmer einer GEWÖHNLICHEN Forderung hat in der Regel wegen Zahlungsunfähigkeit des Schuldners keine Rechte gegen den Veräußerer: weder als Neugläubiger (Zessionar) noch als Käufer.[1)]

Anders nur, wenn der Verkäufer die Zahlungsfähigkeit vertraglich garantiert (§ 438 BGB)[1a)] oder die ihm beim Kaufabschluß bekannten[2)] Anzeichen für die Zahlungsunfähigkeit verschwiegen hat, obwohl er um die diesbezügliche Ahnungslosigkeit des Käufers (und damit um die Wesentlichkeit der Anzeichen für dessen Kaufentschluß) wußte (Arglist: §§ 826/823 II BGB/ 263 RSTGB) oder wissen mußte (sog. Verschulden beim Vertragsschluß).[3)]

II. Rückgriffshaftung beim WECHSEL und SCHECK.

II. Beim WECHSEL und SCHECK (nicht bei den anderen Order- oder sonstigen Wertpapieren) haben der Aussteller und die Unterzeichner von Übertragungsvermerken (die sog. Indossanten)[4)] die Geldsumme (dazu Zinsen, Auslagen und Provision[5)]) als Gesamtschuldner[6)] zu entrichten, wenn der

---

1) Denn die Sachgewährleistung (§§ 459 ff. BGB) erstreckt sich nicht auf Rechte; die gesetzliche Rechtsgewährleistung nur auf den Bestand, nicht auf die Güte, nur auf die Verität, nicht auf die Bonität der Forderung (§§ 437 f.BGB). Eigenschaftsirrtum nach § 119 II BGB scheidet aus, weil die Zahlungsunfähigkeit des Schuldners mangels unmittelbarer (!) Beziehung zur Berechtigung keine "Eigenschaft" der Forderung ist: entsprechend RG 149,238.

1a) Auch dann haftet er im Zweifel nur für Zahlungsfähigkeit zur Zeit der Abtretung (§ 438 BGB), nicht für die zur Zeit der Fälligkeit!

2) Eine Untersuchungspflicht besteht insoweit nicht (§ 242 BGB).

3) Darüber eingehend Hildebrandt, Erklärungshaftung (1931) S.

4) Jener für die Zahlung (contra Wechselannahme) unausschließbar (Art 9 WG/12 Scheck G), diese nachgiebig (Art 15 WG/18 Scheck G).

5) Art 48 f.WG/ 45 f.Scheck G.

6) Art 47 WG/ 44 Scheck G.

zur Zahlung Angewiesene (der Bezogene) trotz ordnungsgemäßer, insbesondere rechtzeitiger, Vorlegung nicht zahlt.[7] Kraft der sog. GARANTIEFUNKTION ist daher der Erwerber insbesondere vor der Gefahr der Zahlungsunfähigkeit des Bezogenen geschützt.

Beispiel. Der von Schulte angenommene, von Alt am 1.2. ausgestellte, von Neu blankoindossierte und von Neuling an Nachmann ohne eigenes Indossament[8] käuflich gegen Zahlung von 990 RM weiterbegebene, am Montag, dem 1.5., fällige Wechsel über 1000 RM wird am 2. oder 3.5. vom Postbeamten dem Schulte zur Zahlung vorgelegt. Wenn Schulte die Zahlung verweigert, so stellt das der Postbeamte urkundlich fest (sog. Protest mangels Zahlung). Nachmann kann nunmehr auf Grund der Wechsel- und Protesturkunde Zahlung der 1000 RM, ferner von (was er vorher nicht konnte) 6 % Zins daraus ab 1.5., Protestkosten und 1/3 % Provision aus 1000 RM,[9] nicht nur von Schulte, sondern auch von Alt und Neu, dagegen nicht von Neuling verlangen, da dieser den Wechsel ohne eigene Unterschrift weiterübertrug. Nachmann kann darauf alle drei oder Alt und Neu oder nur Alt (Sprungübergriff) oder nur Neu (Reihenübergriff) bis zu seiner Befriedigung belangen[10]. Löst Neu den Wechsel ein, so kann er seinerseits auf Grund der Papiere von Alt (und Schulte) die von ihm am 1.6. bezahlten 1010 RM, 6 % Zins daraus (aus 1010, nicht nur aus 1000 RM) ab 1.6., seine Auslagen sowie 1/3 % Provision aus 1000 (nicht 1010) RM erstattet verlangen (Einlösungsrückgriff).[11]

III. Verhältnis zueinander:

1. Vorteile

III. Gegenüber etwaigen bürgerlichen Rückgriffsrechten aus Delikt oder sog. Verschulden beim Vertragsschluß, aus besonderer Garantie (I) oder dem von den Banken auf Grund ihrer Geschäftsbedingungen vereinbarten "Zurückberechnungsrecht"[12] bietet der wechselmäßige Rückgriff folgende VORTEILE:

7) Näheres Art 43 ff. WG/ 40 ff. Scheck G.
8) Art 14 II Z. 3 WG.
9) Erstrückgriff nach Art 48 WG.
10) Gesamtschuldnerschaft nach Art 47 WG.
11) Art 49 WG.-Schließlich kann sogar Alt in entsprechend erweitertem Umfang Zahlung von Schulte verlangen (Art 28 II WG), obwohl das bei Zahlungsunfähigkeit Schultes praktisch kaum Bedeutung hat.

a. Gesamtschuldnerische Haftung aller unterzeichneten Vormänner, nicht nur des unmittelbaren Vormannes (des Verkäufers).

b. Erlangung eines Vollstreckungstitels im Wechsel- (oder Scheck-)Prozess.[13]

c. Erweiterte Rückgriffssumme (Bsp. 1010 RM usw.) im Gegensatz zu dem bloßen Ersatz des Anzeigeinteresses (§ 249^{I} BGB: Bsp. 990 RM)[14] bei Haftung nur aus unerlaubter Handlung oder aus sog. Verschulden beim Vertragsschluß.

2. ANDERSEITS ist der etwaige bürgerliche Rückgriff a. unabhängig von rechtzeitiger Vorlegung und Protesterhebung,[15] b. frei von der kurzfristigen Verjährung des Wechsel- und Scheckrückgriffs[16], c. nicht gebunden an die Unterzeichnung des Papiers durch den unmittelbaren Vormann (durch Neuling). 2. Nachteile.

---

12) Das "Zurückberechnungs-" oder "Zurückbelastungsrecht" ist ein vertragliches Rücktrittsrecht, dessen Besonderheit darin besteht, daß die Bank - in Abweichung von der gesetzlichen Regelung (§§ 346 ff.-987 ff. BGB) - dem Kunden den Betrag berechnen darf, den sie jetzt bei einem Rückverkauf an ihn unter Zugrundelegung der dafür üblichen (Zins- und Provisions-) Sätze erzielte. Praktisch also das typische Erfüllungsinteresse, ähnlich wie bei vertraglicher Garantie nach §§ 438-440 I-325 f. BGB.

13) §§ 592 ff./602 ff. ZPO

14) Zuzüglich der etwa anderweit entgangenen Kundenzinsen. Näheres Hildebrandt, Erklärungshaftung S.

15) Keine Rückgriffsverwirkung durch Fristversäumung, wie nach Art 53 WG/40 Scheck G.

16) Art 70 WG/52 Scheck G gegenüber § 195 oder doch (für den Deliktsanspruch) § 852 BGB; dazu Hildebrandt, Erklärungshaftung.

II. ZUSAMMENFASSUNG DER ACHT FUNKTIONEN.

1. DIE VIER LEISTUNGSFUNKTIONEN.

§ 10.

Beispiel

Ein BEISPIEL mag das Zusammenwirken der acht wertpapierrechtlichen Sonderregeln veranschaulichen: Schulte hat von Alt am 1.2. Eier für 972 RM gekauft und erhalten. Zahlungshalber[1] nimmt er den von Alt auf ihn gezogenen, am 1.5. fälligen Wechsel über 1000 RM[2] an; denn er erwartet mit Recht, aus den Weiterverkaufserlösen bis 1.5. die 1000 RM ohne weiteres bezahlen zu können. Alt, der sich bei der Ausstellung des Wechsels (wie üblich) selbst als ersten Nehmer bezeichnet hat, indossiert ihn zahlungshalber an seinen Lieferanten Neu.

1. Befreiungsrechtsbeschränkung - Präsentationsfunktion zugunsten des neuen Gläubigers

1. Schulte wird trotz Unkenntnis des Rechtsübergangs von Alt auf Neu nicht frei, wenn er an Alt zahlt. Denn Alt ist nicht mehr durch den Papierbesitz und jedenfalls (wegen des undurchstrichenen Indossaments an Neu) nicht mehr durch den Papierinhalt als Gläubiger ausgewiesen. Infolgedessen ist Neu dann, wenn er das Papier in Händen hat, sicher davor, durch Zahlung Schultes an Alt sein Recht zu verlieren. Die Sicherung des Erwerbers vor Rechtsverlust nach § 407 BGB ist der Zweck, die Beschränkung des Befreiungsrechts aus § 407 BGB durch das Legitimationserfordernis ist das Mittel der Präsentationsfunktion zugunsten des neuen Gläubigers.

2. Vorlegungszwang - Präsentationsfunktion zugunsten des Schuldners

2. Schulte kann nicht nur, sondern muß auch nur dann an Neu (den Gläubiger) leisten, wenn Neu sich durch das Papier ausweisen kann: Wenn er also den auf ihn oder in blanko indossierten Wechsel vorlegt. Der Nachweis des Papierverlustes ersetzt die Vorlage nicht. Durch den sich daraus ergebenden Vorlegungszwang[3]

---

1) § 364 II BGB.

2) = über den Kaufpreis (von 972 RM) zuzüglich der Zinsen für die drei Monate (vom 1.2. bis 1.5.).

3) Man kann die Befreiungsrechtsbeschränkung (1) als Vorlegungszwang zu Lasten des Schuldners bezeichnen und sie sprachlich der Betreibungserschwerung durch den Vorlegungszwang zu Lasten des Gläubigers (2) gegenüberstellen. Doch empfiehlt es sich, von "Vorlegungszwang" schlechthin (ohne Zusatz) nur im zweiten Fall zu sprechen. Einmal, weil nur hier die Vorlegung selbst erforderlich ist, die Vorlegungsmöglichkeit also nicht genügt. Sodann, weil man bei Vorlegungszwang in erster Linie an den denkt, der vorlegen muß, nicht an den, der (wenn er sicher gehen will) sich vorlegen lassen muß. Immerhin kann man die beiden ersten Grundregeln als Vorlegungsregeln oder Präsentationsfunktionen, wie ich sie nennen will, zusammenfassen.

wird der Schuldner vor der Gefahr der Doppelleistung geschützt, die ihm sonst infolge der Beschränkung seines Befreiungsrechts aufgezwungen werden könnte. Das ist die Aufgabe der Präsentationsfunktion zugunsten des Schuldners.

3. Schulte muß stets an (den durch das Papier ausgewiesen) Neu zahlen, es sei denn, daß er das Fehlen des - vollen oder behaupteten abgeleiteten - Einziehungsrechts nachzuweisen vermag. Die Einziehungsrechtsvermutung überhebt den legitimierten Neu der Behauptungs- und Beweislast für den regelmäßigen Erwerbstatbestand: Sache des Schulte ist es daher, darzutun, daß Neu das Papier gestohlen oder sonst eine Einigung mit Alt über den Wechsel nicht erzielt hat. Zweck dieser Legitimationsfunktion zugunsten des Gläubigers ist es, die Einziehung im Interesse des Umlaufs oder doch der beschleunigten Leistungsabwicklung zu erleichtern.

3. Einziehungsrechtsvermutung - Legitimationsfunktion zugunsten des Gläubigers

4. Schulte kann stets an den ausgewiesenen Neu zahlen, es sei denn, daß er schlechtgläubig, oder der Wechsel noch nicht fällig ist. Schulte wird daher z.B. auch dann frei, wenn Neu den Wechsel gestohlen und den Begebungsvermerk des Alt täuschend gefälscht hat. Der Ausweisvorbehalt nimmt dem Schulte die Last umständlicher Prüfungen vor der Zahlung ab. Damit dient die Legitimationsfunktion zugunsten des Schuldners nicht nur dem Schulte, sondern mittelbar auch dem Gläubiger und damit zugleich der Steigerung der Umlaufsfähigkeit.

4. Ausweisvorbehalt - Legitimationsfunktion zugunsten des Schuldners

Die vier ersten Funktionen[4] haben sämtlich Rechtshandlungen zum Gegenstand, die sich zwischen dem - wirklichen oder vorgeblichen - Gläubiger und dem Schuldner, also zwischen Alt oder Neu und Schulte, abspielen. Alle vier Grundregeln beziehen sich somit auf die Leistung. Ich nenne sie daher "Leistungsfunktionen".

1.-4. Gegenstand

Befreiungsrechtsbeschränkung (1) und Ausweisvorbehalt (4) handeln von der Befreiung des Schuldners: dort (1) kann er "nur", hier (4) kann er "stets" an den Legitimierten leisten. Dort (1) Befreiungserschwerung, hier (4) Befreiungserleichterung durch die Legitimation.

4) Die im folgenden in Klammern gesetzten Ziffern weisen auf die entsprechend bezifferte Funktion hin.

Vorlegungszwang (2) und Einziehungsrechtsvermutung (3) betreffen die Betreibung durch den wirklichen oder vorgeblichen Gläubiger: Dort muß der Schuldner "nur" gegen den Ausweis durch den Papierbesitz (2), hier muß er "stets" gegen die Legitimation durch Papierbesitz und Papierinhalt (3) leisten. Dort Betreibungserschwerung durch den Vorlegungszwang (2), hier Betreibungserleichterung durch die Einziehungsrechtsvermutung (3).

Befreiungsrechtsbeschränkung (1) und Einziehungsrechtsvermutung (3) schützen den Gläubiger: Jene (1) den neuen, diese (3) jeden Gläubiger. Vorlegungszwang (2) und Ausweisvorbehalt (4) dienen dem Schuldner: Der Vorlegungszwang ermöglicht, und der Ausweisvorbehalt erleichtert ihm die Kontrolle.

Drei Fragen:

I. Verhältnis zueinander

I. Wie verhalten sich die vier Funktionen rechtlich ZUEINANDER?

1. Verhältnis der Präsentationsfunktionen zueinander

1. Sind die beiden Vorlegungsregeln (1/2) rechtlich voneinander abhängig?

a. Ausnahmsloser Schluß auf den Vorlegungszwang

a. Ausnahmslos gilt der Schluß von der Befreiungrechtsbeschränkung (1) auf den Vorlegungszwang (2).

Er ist ein unabweisbares Gebot des ausgleichenden Schuldnerschutzes. Der Schuldner darf nicht der Gefahr der Doppelzahlung ausgesetzt werden: Schulte soll nicht zur Leistung an Alt gezwungen sein, weil er die Abtretung an Neu nicht kennt und noch weniger beweisen kann, und gleichwohl nochmals an Neu zahlen müssen, weil Alt durch das Papier nicht mehr ausgewiesen war, und Schulte daher nicht frei geworden ist.

b. Grundsätzlicher Schluß auf die Befreiungsrechtsbeschränkung

b. Umgekehrt gilt zwar nicht ausnahmslos, aber im Zweifel der Schluß vom Vorlegungszwang (2) auf die Befreiungsrechtsbeschränkung (1).

Gründe

Das hat zwei Gründe:

Schutzbedürfnis

Einmal ist nicht schutzbedürftig, wer sich das Papier nicht vorlegen läßt, obwohl er ein Recht darauf hat.

Zweckzusammenhang

Sodann und vor allem ist es im allgemeinen nur dann zweckvoll, den Gläubiger trotz nachgewiesenen Papierverlustes an der Vorlage (der Urkunde oder des unter Umständen an ihre Stelle tretenden Ausschlußurteils) festzuhalten, wenn die Vorlage nicht nur den Kontroll- und Beweisinteressen des Schuldners, sondern daneben auch der Sicherung des Erwerbers (vor Rechtsverlust durch Leistung an den früheren Berechtigten) dienen soll. Entscheidend sind in erster Linie der Gesetzeszweck oder der erkennbare Geschäftszweck, hilfsweise die übliche Verkehrsdeutung. Im Zweifel berücksichtigt der gesetzliche oder vertragliche Vorlegungsvorbehalt billigerweise nicht einseitig die Interessen des Schuldners, sondern daneben auch das Sicherungsbedürfnis des Erwerbers.

Daher im Zweifel Befreiungsrechtsbeschränkung und Vorlegungszwang

Daher wird beispielsweise die Sparkasse durch Zahlung an Alt nicht frei, wenn Alt sein Guthaben an Neu unter Übergabe des Sparkassenbuchs abgetreten hat.[5] Zwar heißt es in den allgemeinen Geschäftsbedingungen für den Sparkassenverkehr typisch: "Wird die Vernichtung eines Sparkassenbuchs dem Vorstand überzeugend nachgewiesen, so kann ein neues Sparkassenbuch ausgestellt werden". Aber der Hinweis auf den (den Schuldner) "überzeugenden Nachweis" stellt die Ausnahme vom Vorlegungsvorbehalt letzten Endes in das Ermessen des Schuldners. Die angeführte Bestimmung der Sparkassensatzung enthält mithin gar keine echte Ausnahme vom Vorlegungszwang.

Ähnlich wie beim Sparkassenbuch führt der Vorlegungsvorbehalt bei anderen Ausweispapieren, wie dem Versicherungsschein, dem Depotschein oder dem Pfandschein, nicht nur zum Vorlegungszwang (§ 808 II BGB), sondern mittelbar auch zur Befreiungsrechtsbeschränkung durch den Vorlegungszwang.

Denselben Sinn hat die Vorlegungsklausel im Zweifel in Lagerscheinen, Kreditbriefen und anderen Vorlegungspapieren.

Ausnahme: Bei ausschließlichem Schuldnerinteresse keine Befreiungsrechtsbeschränkung u. kein Vorlegungszwang bei Einzelpapieren

α. Besteht der Vorlegungsvorbehalt dagegen s i c h t l i c h n u r um der Kontroll- und Beweisinteressen des Schuldners willen, ohne daß dabei der Schutz des Erwerbers nach dem Gesetzeszweck, der erkennbaren Absicht der Parteien oder der üblichen Verkehrsdeutung irgendeine Rolle spielt,[6] dann sind die Befreiungsrechtsbeschränkung und damit grundsätzlich auch der Vorlegungszwang sinnlos. Deshalb ist dann in gebotsbeschränkender Auslegung und daher auch ohne besondere Hervorhebung der gesetzliche wie der vertragliche Vorlegungsvorbehalt entsprechend seinem Zweck durch den Nachweis oder sogar schon durch die bloße Behauptung (Bsp. § 371 BGB) des Papierverlustes

---

5) Hueck § 1 IV.
6) Es entscheiden also keineswegs allein die offensichtlichen Schuldnerwünsche!

beschränkt. Der Nachweis oder gar schon die Behauptung des Papierverlustes ersetzt hier die Vorlage des Papiers. Der nur im Schuldnerinteresse bestehende Vorlegungsvorbehalt belastet also weder den Schuldner mit der Befreiungsrechtsbeschränkung noch grundsätzlich den Gläubiger mit dem Vorlegungszwang.

So wird bei Garderoben- oder Gepäckscheinen Schulte durch Herausgabe des hinterlegten Pelzmantels oder Handkoffers an Alt auch dann frei, wenn Alt inzwischen den Mantel oder Koffer unter Übergabe des Scheines an Neu "verklopft" hat (§ 931 BGB), und er daher dem Schulte den Schein nicht mehr vorlegen kann: Das Befreiungsrecht des Schulte aus § 407 BGB ist hier nicht beschränkt. Andererseits muß Schulte aber den Mantel oder Koffer an Alt auch ohne Rückgabe der Urkunde herausgeben, wenn Alt die durch ihn erfolgte Hinterlegung nachweist und den Verlust des Scheines behauptet (§ 371[2] BGB): Garderoben- und Gepäckscheine sind keine Vorlegungspapiere. - Entsprechendes gilt im allgemeinen bei Reparaturscheinen.

Für die einseitige Berücksichtigung der Schuldnerinteressen spricht es noch nicht:

Daß der Schuldner sich zur Leistung ohne Vorlage des Papiers bei (ihn) "überzeugendem" Nachweis des Papierverlustes "verpflichtet".

Daß der Schuldner auf Fahrkarten oder Eintrittskarten, die den Berechtigten nicht namentlich bezeichnen, den Vermerk aufdruckt "nicht übertragbar"; denn damit wird, wie bei Eisenbahnfahrkarten nach § 10 IV der Eisenbahnverkehrsordnung vom 8.9.38, so auch sonst entsprechend den tatsächlichen Weiterverwertungsmöglichkeiten und den Verkehrsgepflogenheiten nur die Übertragung nach Antritt der Reise oder nach Eintritt in die Vorstellung ausgeschlossen.[7]

Daß der Schuldner an Stelle des umständlichen gerichtlichen Aufgebotsverfahrens der ZPO eine vereinfachte private Kraftloserklärung vereinbart hat.

---

7) Wenn mir mein Freund kurz vor seiner Abreise ein Straßenbahnfahrscheinheft schenkt und überläßt, darf ich es benutzen, selbst wenn auf die Scheine gedruckt ist "gültig nur für den, für den gelöst". Auch kann mir die Straßenbahnschaffnerin nicht entgegenhalten, sie habe meinen Freund gerade vorhin noch einmal lediglich gegen das Versprechen späterer Entwertung eines der mir überlassenen Scheine ohne Bezahlung mitfahren lassen; denn die Befreiungsrechtsbeschränkung endet erst mit dem Lochen oder Einreißen meines Fahrscheines. - Dazu § 13 Anm. 11.

Daß dem Gläubiger das Recht eingeräumt ist, auch ohne Vorlage des Papiers den Schuldner gegen volle Sicherungsleistung in Anspruch zu nehmen.[8]

D a g e g e n scheiden die Erwerberinteressen damit die Befreiungsrechtsbeschränkung erkennbar aus, wenn nach gesetzlicher Bestimmung oder vertraglicher Abrede die Vorlage der Urkunde bei (objektivem) Nachweis des Papierverlustes entbehrlich oder die Übertragbarkeit (ohne Zustimmung des Schuldners) eindeutig und von vornherein ausgeschlossen ist.

ß. Gleichwohl kommt ausnahmsweise der V o r l e g u n g s z w a n g auch o h n e die B e f r e i u n g s r e c h t s b e s c h r ä n k u n g vor.

ß. Ausnahme: keine Befreiungsrechtsbeschränkung, aber Vorlegungszwang bei unübertragbaren Massenpapieren

Dann nämlich, wenn die Vorlage der schnellen Massenabfertigung dient, und das verbriefte Recht nicht oder nicht mehr übertragbar ist.

So bei den von Großbetrieben mit Massenverkehr ausgegebenen "unübertragbaren" Fahrscheinen und Eintrittskarten, wenn die Übertragung von vornherein eindeutig ausgeschlossen, oder die Karte bereits entwertet (gelocht oder abgerissen) ist. Wer z.B. in der Bahn seine Fahrkarte oder im Theater seine Eintrittskarte verliert, muß nachzahlen, ohne daß sich der (überdies meist wechselnde) Kontrolleur auf lange Darlegungen über Erwerb und Abhandenkommen der Karte einlassen muß. Derartige u n ü b e r t r a g b a r e M a s s e n p a p i e r e sind zwar Vorlegungspapiere. Aber das Befreiungsrecht aus § 407 BGB und daher auch seine Beschränkung ist angesichts ihrer Unübertragbarkeit gegenstandslos.

a/b. Bezeichnet man die Papiere mit Befreiungsrechtsbeschränkung als "Rektapapiere" und die mit Vorlegungszwang als "Vorlegungspapiere", so kann man zusammenfassend sagen:

Zusammenfassung

Rektapapiere sind stets Vorlegungspapiere, und umgekehrt sind Vorlegungspapiere mit Ausnahme der unübertragbaren Massenpapiere Rektapapiere.

---

8) Jacobi in Ehrenbergs Handbuch des gesamten Handelsrechts Bd IV 1 S. 236.

2. Verhältnis der Legitimationsfunktion zueinander:

Einziehungsrechtsvermutung u. Ausweisvorbehalt bei Umlauf- u. Massenpapieren

2. Dagegen sind die BEIDEN AUSWEISREGELN, die Einziehungsrechtsvermutung (3) und der Ausweisvorbehalt (4), rechtlich voneinander völlig unabhängig. Typisch kommt freilich das Nebeneinander von Einziehungsrechtsvermutung und Ausweisvorbehalt gesetzlich[9] bei den Umlaufpapieren und verkehrsüblich[10] bei den Massenpapieren vor: Im Interesse dort der erhöhten Umlaufsfähigkeit und hier der raschen Massenabfertigung soll weder der Gläubiger zu zeitraubenden Nachweisen noch der Schuldner zu umständlichen Prüfungen gezwungen sein. Eine innere Notwendigkeit für das Nebeneinander von Einziehungsrechtsvermutung und Ausweisvorbehalt besteht indessen nicht.

a. Einziehungsrechtsvermutung ohne Ausweisvorbehalt: selten

a. Möglich, wenn auch unpraktisch ist die Geltung der Einziehungsrechtsvermutung ohne den Ausweisvorbehalt. Schulte kann das mit Alt vereinbaren, ohne sich der Gefahr auszusetzen, aus Beweisnot doppelt (an den vermutungsweise berechtigten Neu und an den wirklich berechtigten Alt) zahlen zu müssen. Denn mangels Ausweisvorbehalts kann Schulte nach § 410 BGB von Neu außer der Schuldurkunde (dem Wertpapier) noch die Aushändigung einer Abtretungsurkunde des Alt verlangen, um nach § 409 BGB auch bei Unwirksamkeit der Übertragung von seiner Schuld an Alt befreit zu werden.

b. Ausweisvorbehalt ohne Einziehungsrechtsvermutung: bei Einzelpapieren

b. Häufig besteht der Ausweisvorbehalt ohne Einziehungsrechtsvermutung. Sparkassenbücher, Pfandscheine der Pfandleihhäuser, Depotscheine der Banken (über die bei ihnen hinterlegten Wertpapiere oder Wertsachen) und die anderen (durch den Vorlegungszwang) "qualifizierten Legitimationspapiere" des § 808 BGB tragen, soweit sie nicht Massen-, sondern Einzelpapiere sind, die Inhaberklausel nur im Befreiungsinteresse des Schuldners, nicht auch im Beweisinteresse des Gläubigers.

---

9) Art 16 I/40 III WG; Art 19/35 SchG; § 365 I HGB; §§ 793 I und 807 BGB usw.

10) § 13 Anm. 13

a/b. Bezeichnet man die Papiere mit Ausweisvorbehalt als "Legitimationspapiere", so kann man zusammenfassend sagen:

Papiere mit Legitimationsfunktion zugunsten des Gläubigers sind nicht notwendig, aber regelmäßig Legitimationspapiere.
Umgekehrt haben Legitimationspapiere weder notwendig noch - außer bei den Umlaufs- und den Massenpapieren - regelmäßig Legitimationsfunktion zugunsten des Gläubigers.

3. Verhältnis der Präsentationsfunktionen zu den Legitimationsfunktionen

3. Die beiden V o r l e g u n g s r e g e l n (1/2) beruhen auf dem Anschein, daß der Ausgewiesene Rechtsinhaber geblieben ist, die beiden angeführten A u s w e i s r e g e l n (3/4) auf dem Anschein, daß der Ausgewiesene auch Rechtsinhaber geworden ist. Dort (1/2) ist der Schein nur des Rechtsfortbestandes (der sog. "Nochberechtigung"), hier (3/4) auch der Schein des Rechtserwerbs (der "Schonberechtigung") der tragende Gedanke.

Freie Verbindungsmöglichkeit

Angesichts der Verschiedenheit der Vorlegungs- und Ausweisregeln kann sich jede Vorlegungsregel mit jeder Ausweisregel verbinden.

In Betracht kommt im wesentlichen:

a. Verbindung von Befreiungsrechtsbeschränkung und Ausweisvorbehalt

a. Die Verbindung von B e f r e i u n g s - r e c h t s b e s c h r ä n k u n g (mit Vorlegungszwang) und A u s w e i s v o r b e - h a l t (mit oder ohne Einziehungsrechtsvermutung). Hierher gehören die Umlaufspapiere und die qualifizierten Legitimationspapiere des § 808 BGB.

Alle Umlaufspapiere sind also in Wahrheit zugleich Ausweispapiere. Aber sie sind auch Rektapapiere, sofern man darunter, wie hier, die Papiere mit Beschränkung des Befreiungsrechts (1) versteht. Der Nehmer eines Umlaufpapiers wird also nicht nur vor den Gefahren des Rechtserwerbs (durch Gutglaubensschutz, Einredenausschluß und die etwaige Rückgriffshaftung), sondern auch vor der Gefahr des Rechtsverlustes (mittels der

Befreiungsrechtsbeschränkung) geschützt. Gleichwohl bezeichnet man um der sprachlichen Gegenüberstellung willen im allgemeinen als Ausweis- und Rektapapiere nur die Ausweis- und Rektapapiere, die nicht zugleich Umlaufpapiere sind. Da es sich indessen hier lediglich um die Gegenüberstellung von Befreiungsrechtsbeschränkung und Ausweisvorbehalt handelt, ist diesem Paragraphen von Ausweis- und Rektapapieren in dem weiteren (auch die Umlaufpapiere umfassenden) Sinne die Rede.

Angleichung der Befreiungsrechtsbeschränkung an den Ausweisvorbehalt

Es stimmen nämlich die Anforderungen, unter denen der Rektapapierschuldner (1) und Ausweispapierschuldner (4) frei werden, nicht völlig miteinander überein.

Der Rektapapierschuldner (1) wird nämlich durch Zahlung an Alt, der nicht mehr Gläubiger, aber noch Papierinhaber ist, auch bei grobfahrlässiger oder vorzeitiger Erfüllung frei, nicht dagegen bei einer Zahlung in Kenntnis des Rechtsüberganges, die lediglich aus Beweisnot an Alt erfolgte.

Der Ausweispapierschuldner (4) andererseits wird durch Zahlung an den Papierinhaber bei grobfahrlässiger oder vorzeitiger Erfüllung nicht frei, wohl aber bei einer Zahlung, die er aus Beweisnot, wenn auch in Kenntnis des Nichtrechts des Legitimierten, vornahm.

Ist nun der Schuldner zugleich Rektapapier- und Ausweispapierschuldner, so könnte man daran denken, den Grund der Nichtberechtigung des Legitimierten darüber entscheiden zu lassen, ob die Regeln der Rektapapierschuld (1) oder die der Ausweispapierschuld (4) zur Anwendung kommen.
Ist der Legitimierte nicht berechtigt, weil er das Recht weiter übertragen hat, so wären die Regeln der Rektapapierschuld anzuwenden. Ist der Ausgewiesene dagegen nicht berechtigt, weil er das Recht nicht erworben hat, so kämen die Sätze der Ausweispapierschuld zum Zuge.

Das ist indessen abzulehnen. Denn einmal unterscheiden die gesetzlichen Bestimmungen, die die Befreiung durch Leistung an den Legitimierten verfügen,[11] nicht nach dem Grund der Nichtberechtigung, also zwischen nicht mehr oder noch nicht berechtigten Legitimierten. Sodann komplizieren derartige Unterscheidungen die Rechtslage ohne inneren Grund (Vereinfachungsinteressen). Schließlich werden die Regeln des Ausweisvorbehalts als das neuere und feiner entwickelte Recht dem heutigen Rechtsempfinden mehr gerecht als die älteren und einfacheren Sätze der Befreiungsrechtsbeschränkung (Fortbildungsinteressen).

---

11) Art 40 III WG/ 35 SchG/ §§ 365 I HGB/ 62 II AktG/ 793 I^2 / 807/808 I^2 BGB.

Das rechtfertigt es, die Beschränkungen des Befreiungsrechts (§ 407 BGB) beim Rektapapier den Erweiterungen des Befreiungsrechts beim Ausweispapier dann anzupassen, wenn Befreiungsrechtsbeschränkung und Ausweisvorbehalt zusammentreffen.[12] Daraus folgt:

Der Schuldner, der zugleich Rektapapierschuldner (1) und Ausweispapierschuldner (4) ist, wird s t e t s (4), aber auch n u r (1) dann frei, wenn er den Anforderungen des Ausweisvorbehalts genügt.

Damit wird bei den Umlaufpapieren und bei den qualifizierten Legitimationspapieren des § 808 BGB die Befreiungsrechtsbeschränkung (1) zur Schattenseite des Ausweisvorbehalts (4). Das ist für Schulte teils günstiger, teils ungünstiger:

Günstiger, weil er trotz Kenntnis des Rechtsübergangs bei Beweisnot frei wird (Art 40 III WG).

Ungünstiger, weil er trotz Unkenntnis des Rechtsübergangs nicht frei wird
bei grober Fahrlässigkeit (Art 40 III WG)
oder bei vorzeitiger Erfüllung (Art 40 II WG).

In Betracht kommt weiter:

b. Die Verbindung von V o r l e g u n g s z w a n g (ohne Befreiungsrechtsbeschränkung) u n d A u s w e i s v o r b e h a l t (mit Einziehungsrechtsvermutung). Sie begegnet bei den nicht oder nicht mehr übertragbaren Massenpapieren mit Ausweisvorbehalt, z.B. gelochten Fahrkarten oder eingerissenen Eintrittskarten.

b. Verbindung des bloßen Vorlegungszwangs mit dem Ausweisvorbehalt

a/b. Übersichtstafel:

	Schein des Rechtsfortbestands - Rechtsschein der Nochberechtigung	Schein des Rechtserwerbs und des Rechtsfortbestands - Rechtsschein der Jetztberechtigung
zugunsten des Gläubigers	Befreiungsrechtsbeschränkung (1)	Einziehungsrechtsvermutung (3)
zugunsten des Schuldners	Vorlegungszwang (2)	Ausweisvorbehalt (4)

12) Nicht bei Ausweisvorbehalt ohne Befreiungsrechtsbeschränkung, also nicht bei schlichten Rektapapieren. Die Angleichung des § 407 BGB an den Ausweisvorbehalt ist hier angesichts der jetzigen Gesetzeslage nicht möglich: das Beschränkungsbedürfnis fehlt insoweit. De lege ferenda ist indessen die Abänderung des § 407 BGB im Sinne der Anforderungen des Ausweisvorbehalts ganz allgemein, auch bei gewöhnlichen Forderungen, wünschenswert.

Verhältnis des Wertpapierschutzes zum Erbscheinschutz: nebeneinander der Rechtsscheinfolgen

Die vier Leistungsfunktionen des Wertpapierrechts können mit sonstigen Rechtsscheinsätzen zusammentreffen. Dann gelten die beiden Arten von Rechtsscheinregelung grundsätzlich unabhängig von einander.

So beim E R B S C H E I N. Wird beispielsweise der Rechtsinhaber Alt von Neu beerbt, ist aber Neuling Inhaber des Erbscheines und Nachmann Inhaber des Wertpapiers, so kann Schulte an Neu oder Neuling und bei Ausweispapieren auch an Nachmann zahlen:

(1) An Neu. Denn Neu ist der Berechtigte.

(2) An Neuling. Denn Neuling ist der Erbscheinbesitzer. Er hat daher nach § 2367 BGB zugunsten des redlichen Schuldners die Rechtsstellung des Erben. Mag das Wertpapier nur Rektapapier oder zugleich Ausweispapier sein; mag es also nur den Schein begründen, daß der Papierinhaber Nachmann Gläubiger geblieben ist, oder mag es auch den Schein erwecken, daß er Gläubiger geworden ist.

(3) An Nachmann bei Ausweispapieren. Denn der Ausweisvorbehalt ermächtigt bei Gutgläubigkeit und Fälligkeit des Schulte zur Zahlung an den legitimierten Nachmann.

(1-3) Der Erbe Neu läuft also bei Wertpapierforderungen genau so wie bei sonstigen Forderungen Gefahr, durch Zahlung des Schuldners an den Erbscheinbesitzer sein Recht zu verlieren. Gleichviel, ob der Erbe zugleich Papierbesitzer ist oder nicht. Gleichviel, ob es sich nur um ein Rektapapier oder zugleich um ein Ausweis- (oder gar Umlauf-) Papier handelt.[13]

Anders ist das Verhältnis zum Abtretungsrecht, also zur Allgemeinregelung. Hier entsteht die Frage:

II. VERHÄLTNIS ZUM ABTRETUNGSRECHT

II. Wie verhalten sich die vier Sonderregeln des Wertpapierrechts z u den allgemeinen Rechtsscheinsätzen des A B T R E T U N G S R E C H T S, die den Schuldner vor Schlechterstellung durch Unkenntnis wirksamer (§§ 407/408 BGB) oder durch Unwirksamkeit ihm bekannter (§§ 409/410 BGB)[14] Abtretungen schützen sollen?

---

13) A.A. Jacobi, Handbuch S. 241 für Umlaufpapiere: "Nur" der Papierinhaber habe den Schein. Aber das ist gerade die Frage.

14) § 411 BGB kommt praktisch nicht in Betracht. Denn Gehaltsansprüche von Beamten werden, auch soweit sie pfändbar und daher übertragbar sind, nicht durch Wertpapier mobilisiert.

Hier gilt der GRUNDSATZ: Soweit die Funktionen des Wertpapierrechts dieselben Schuldnerinteressen schützen wie die Sätze des Abtretungsrechts, treten sie als Sondersätze an deren Stelle.

Grundsatz: Verdrängung des Abtretungsrechts durch die zweckentsprechenden Sondersätze

Das rechtfertigt sich formal aus dem Vorrang des Sondersatzes gegenüber der Allgemeinregelung und materiell aus der Erwägung,[15] daß die aus dem Gegensatz zum Abtretungsrecht entwickelten Sonderregeln des Wertpapierrechts nicht durch ein Nebeneinander mit den Parallelsätzen des Abtretungsrechts um die beabsichtigten Auswirkungen gebracht werden dürfen.

Aus dem Grundsatz folgt:

1. R E K T A papiere (als solche) b e s c h r ä n k e n nur den Schuldnerschutz gegen unbekannte (§§ 407/408 BGB), nicht den gegen unwirksame (§§ 409/410 BGB) Abtretungen.

1. Beschränkung nur von §§ 407/408 durch den Vorlegungszwang

   a. Das "Recht" des abtretungsunkundigen Schuldners zur Leistung an den früheren Gläubiger (§ 407 BGB) oder an den, der bei Nochberechtigung des früheren Gläubigers jetzt berechtigt wäre (§ 408 BGB), wird durch den Vorlegungszwang beschränkt. Diese Beschränkung des Befreiungsrechts ist ja gerade der Inhalt des ersten Sondersatzes, der Präsentationsfunktion zugunsten des neuen Gläubigers.

   a. Beschränkung von §§ 407/8 BGB

   b. Dagegen berührt der Vorlegungszwang den Schutz gegen unwirksame Abtretungen (§§ 409/410 BGB) nicht. Veräußert z.B. Alt die bei Schulte eingelagerten Güter unter Übergabe des von Schulte ausgestellten Rektalagerscheins an Neu, so wird Schulte bei Unwirksamkeit der Abtretung durch Herausgabe der Güter an Neu trotz Aushändigung des Rektalagerscheines nicht ohne weiteres, sondern nur dann frei, wenn Alt die Veräußerung dem Schulte mitgeteilt hat (§409); Schulte muß daher auch nur gegen Aushändigung des Rektalagerscheins und (!) Empfang einer von Alt ausgestellten Abtretungsurkunde[16] an Neu leisten (§ 410 BGB).

   b. aber kein Ausschluß von §§ 409/410 BGB

---

15) Die freilich letzten Endes auch der Grund für den formalen Satz vom Vorrang ist.

16) Mag die Abtretungsurkunde dem Schulte unmittelbar von Alt (§ 410 II BGB) oder mittelbar durch Neu (§ 410 I BGB) vorgelegt werden.

2. Ausschluß nur von §§ 409/410 durch den Ausweisvorbehalt

2. AUSWEISPAPIERE (als solche) ersetz umgekehrt bei Aushändigung des Papiers (!) zwar den Schuldnerschutz gegen unwirksame (§§ 409/410 aber nicht den gegen unbekannte (§§ 407/408) Abtretungen.

a. Verdrängung von §§ 409/410 BGB durch das Ausweispapier, das wie eine Abtretungsurkunde wirkt

a. Kraft des Ausweisvorbehalts wird Schulte frei wenn er den von Alt hinterlegten Pelzmantel an den durch den Garderobenschein ausgewiesen Dieb Neu ausfolgt; einer besonderen Mitteilun des Alt an Schulte, daß Neu zum Abholen des Mantels berechtigt sei (§ 409), bedarf es nic Schulte kann daher bei Aushändigung des Garde benscheins nicht außerdem noch eine "Abtretun urkunde" des Alt (§ 410) verlangen: das Auswe papier wirkt zugleich als Abtretungsurkunde. "Weist" aber Neu (etwa durch die mit ihm im Bunde stehenden Hausangestellte des Alt) sein vorgetäuschte Rechtsnachfolge "nach", und behauptet er den vorgeblichen "Verlust" des Gar robenscheins (§ 371² BGB), so kann er die Her ausgabe des Pelzmantels zwar ohne Garderobenschein (dieser ist kein Vorlegungspapier) ver langen; Schulte kann dann aber - außer dem öf fentlich beglaubigten Anerkenntnis, daß die Schuld erloschen sei (§ 371² BGB) - die Ausha digung einer "Abtretungsurkunde" des Alt verlangen (§ 410), um mangels Ausweispapiers wenigstens nach § 409 BGB sicher leisten und das durch Vorzeigen der Abtretungsurkunde (§ 410) dem Alt sicher beweisen zu können.[17]

b. aber keine Beschränkung von §§ 407/408 BGB

b. Umgekehrt kann Schulte bei wirksamer, aber ihm unbekannter Abtretung des Herausgabeanspruchs (§§ 931/868 BGB) den Pelzmantel nach wie vor an Alt ausfolgen, selbst wenn Alt den vorgeblich "verlorenen" Garderobenschein nicht mehr besitzt: Der Garderobenschein ist nur Ausweispapier, er beschränkt daher den § 407 BGB nicht.

3. Bei Befreiungsrechtsbeschränkung und Ausweisvorbehalt

3. Papiere, die sowohl REKTA- WIE AUSWEISpapiere sind, also Order-,[18] Inhaber- und qualifizierte Legitimationspapiere (§ 808 BGB),

---

17) Wenn Neu der Garderobenfrau nicht den Erwerb des Pelzmantels, sondern nur seine "Abholeberech tigung" (-seine Einziehungsvollmacht) vortäusch so tritt (entsprechend § 174 BGB) an die Stelle der Abtretungsurkunde die Vollmachtsurkunde.

18) Auch Orderpapiere sind Ausweispapiere (Art 40 I WG/ 35 SchG/ 365 I HGB/ 62 II AktG); der Auswei braucht nicht Inhaber-, sondern kann auch Order ausweis sein. Daß hier nicht jeder Inhaber, son dern nur der durch den Urkundeninhalt und die Indossamentenkette ausgewiesenen Inhaber zum Em der Leistung legitimiert ist, ist kein Anlaß, d Bezeichnung "Ausweispapiere" nur auf Inhaberaus papiere zu beschränken, wie es die herrschende T minologie tut.

beschränken somit als Vorlegungspapiere den Schuldnerschutz gegen unbekannte (§§ 407/408 BGB) und verdrängen als Ausweispapiere den gegen unwirksame (§§ 409/410) Abtretungen.

III. Wie verhalten sich schließlich die vier Funktionen Z U R G E S T A L T U N G S F R E I - H E I T ?

III. Kein numerus clausus

Alle vier Funktionen k ö n n e n durch Vertrag begründet werden. Sie sind also nicht auf eine gesetzlich geschlossene Zahl von Papieren beschränkt.[19]

Dies gilt auch für die Beweiserleichterung. Die Zulässigkeit von Verträgen über die Verteilung der Beweislast (und ihre Unterstellung unter die Rechtsgeschäftsvorschriften des BGB) ist heute anerkannt.[20]

---

19) Anders die Erwerbsfunktionen: § 11 III.

20) Wenn auch die Rechtsnatur der Beweislastverteilung und der Beweisverträge umstritten ist.

5-8. DIE VIER ERWERBSFUNKTIONEN.

§ 11.

FORTSETZUNG DES AUSGANGSBEISPIELS

Bei der Untersuchung der von Alt gelieferten Eier stellt Schulte an Hand von Stichproben fest, daß ein großer Teil faul ist. Er teilt das unverzüglich (§ 377 HGB) dem Alt mit und verlangt Rückgabe des Wechsels (Wandlung). Alt verweist ihn an Neu, an den Alt den Wechsel verkauft (diskontiert) und indossiert hat. Neu braucht sich den Wandlungsanspruch des Schulte nicht einredeweise entgegenhalten zu lassen: Transportfunktion = Einredenausschluß (7).

Alt---Neu...Neuling----Nachmann
|
Schulte

Die Verzögerung durch die darüber geführten Verhandlungen benutzt Neuling, der Angestellte des Neu, den von Neu zwecks Weiterverkaufs an die Reichsbank (Rediskontierung) bereits mit seinem Blankoindossament versehenen Wechsel zu stehlen. Er diskontiert ihn bei dem gutgläubigen Bankier Nachmann und bringt den Kaufpreis mit seiner Freundin durch. Kraft des gutgläubigen Rechtsübergangs, der Legitimationsfunktion zugunsten des gutgläubigen Zweit- (Papier-) Erwerbers (5), erhält Nachmann das Papiereigentum und damit den Hauptanspruch gegen Schulte und den Rückgriffsanspruch gegen Alt.

Kraft gutgläubiger Rechtsentstehung, der Legitimationsfunktion zugunsten des gutgläubigen Erst-(Rechts-) Erwerbers (6), entsteht für Nachmann aber auch der Rückgriffsanspruch gegen Neu, obwohl Neu den Wechsel nicht (vertraglich) weiterbegeben hatte. - Wenn dagegen Neuling das Indossament des Neu nur täuschend gefälscht hat, so erwirbt zwar Nachmann keinen Rückgriffsanspruch gegen Neu (7), wohl aber die Ansprüche gegen Schulte und Alt (6). War auch die Unterschrift des Schulte gefälscht, so erhält Nachmann nur den Anspruch gegen Alt (6).

Selbständigkeit der einzelnen Wechselerklärungen

Die gutglaubensfeste Ungültigkeit der gefälschten Unterschriften hindert das nicht. Denn die einzelnen Wechselverpflichtungen sind - Formgültigkeit vorausgesetzt - von dem Bestand der anderen völlig unabhängig: Selbständigkeit der einzelnen Wechselerklärungen (Art 7/32 II WG). Die Ungültigkeit der einen Wechselerklärung zieht die der anderen selbst dann nicht nach sich, wenn die zweite Wechselzeichnung bei Kenntnis der Ungültigkeit der ersten Wechselverpflichtung nicht erfolgt wäre: § 139 BGB gilt also nicht. Jede einzelne Wechselzeichnung ist daher gesonderter Prüfungsgegenstand der Funktionenlehre.

Die Rückgriffsansprüche Nachmanns gegen Neu und Alt sowie der Einlösungsrückgriff Neus gegen Alt machen den Inhalt der Garantiefunktion, der Rückgriffshaftung (8), aus.

So wird der Erwerber im Umlaufinteresse geschützt vor den Gefahren, denen der Nehmer einer gewöhnlichen Forderung ausgesetzt ist, wenn das Recht dem Veräußerer nicht zusteht (5), oder es überhaupt nicht besteht (6), wenn es durch Einreden entkräftet (7) oder durch Zahlungsunfähigkeit des Schuldners entwertet ist (8).

I. Wie verhalten sich die vier Erwerbsfunktionen ZUEINANDER ? Bei welchen Papieren haben sie Geltung ?

I. GEMEINSAMER GELTUNGSBEREICH

1. Gutglaubensschutz (5/6) und Einredenausschluß stehen zueinander in innerem Zusammenhang.

1. Gutglaubensschutz und Einredenausschluß bei allen Umlaufpapieren

RECHTSPOLITISCH beruhen alle drei Funktionen auf dem Rechtsschein, daß das Recht dem ausgewiesenen Besitzer zusteht (5), daß es besteht (6), und daß es frei von Einreden ist, die dem Begebendürfen im Wege stehen (7).

RECHTSPRAKTISCH hilft es dem Erwerber nichts, wenn er zwar das Eigentum am Wechsel (5), aber womöglich keine Forderung aus dem Wechsel (6), oder wenn er zwar auch die Forderung erhält, sie aber nicht durchzusetzen vermag, weil die Einrede aus der Person des Vormanns ihm entgegengehalten werden kann (7).

Deshalb gelten bei Inhaber- und Orderpapieren alle drei Funktionen nebeneinander.

Für Orderaktien führt § 61 II AktG als entsprechend anwendbar zwar den Art 16 WG (über gutgläubigen Rechtsübergang), aber nicht den Art 17 WG (über den Einredenausschluß) an. Doch wollte damit der Gesetzgeber die Einredenfreiheit nicht ausschließen, was ja auch sinnlos gewesen wäre. Daher ist man sich darüber einig, daß auch für Orderaktien der Einredenausschluß gilt. Die herrschende Meinung begründet das mit der entsprechenden Anwendung des § 364 II HGB, der sachlich dem Art 17 WG entspricht.

Für Rektapapiere gelten dagegen die Erwerbsfunktionen nicht. Einzige Ausnahme:[1] § 9 I^2 der Reichsschuldenordnung vom 13.2.24 verfügt für Rektaschuldverschreibungen des Reichs zwar den Einredenausschluß, aber nicht den Gutglaubensschutz.

---

1) Dagegen gehört § 784 I BGB, der die zulässigen Einwendungen gegenüber dem ersten (!) Anweisungsgläubiger betrifft, nicht hierher.

2. Rückgriffshaftung als gesetzliche Nebenfolge der Begebung durch Indossament bei Wechsel und Scheck

2. Die Rückgriffshaftung schließlich ist eine gesetzliche Nebenfolge der Begebung des Wechsels oder Schecks durch Indossament.

Sie tritt daher mangels Erwerbs des Rechts am Papier nicht ein. Da der Erwerb sich aber kraft guten Glaubens vollziehen kann (5), so ist insoweit die Rückgriffshaftung von dem gutgläubigen Papiererwerb (5) abhängig.

II. Gemeinsame ERFORDERNISSE

II. Es gibt eine Reihe von E R F O R D E R N I S S E N, die für den Gutglaubensschutz und den Einredenausschluß sowie grundsätzlich auch für die Rückgriffshaftung gemeinsam gelten.

Die wechsel- und scheckrechtliche Rückgriffshaftung kann allerdings vertraglich besonders vereinbart sein, auch wenn es an der Eigennützigkeit (6), der Verkehrsmäßigkeit (8) oder der Unentgeltlichkeit (9) fehlt.

1. Redlicher Erwerb

1. Nur der r e d l i c h e Erwerb wird durch Gutglaubensschutz und Einredenausschluß geschützt.

Dagegen ist die Entstehung der Rückgriffshaftung beim Wechsel und Scheck nur an die Rechtswirksamkeit der Begebung, nicht (unmittelbar) an die Gutgläubigkeit des Indossatars gebunden.

Die Redlichkeit wird beim Gutglaubensschutz schon durch grobe Fahrlässigkeit, beim Einredenausschluß nur durch Arglist ausgeschlossen. Das Redlichkeitserfordernis ist indessen nichts, was den Funktionen oder gar nur den Erwerbsfunktionen (mit Ausnahme der Rückgriffshaftung) eigentümlich ist. Insbesondere wird auch der Schuldner, der an den Nichtmehr- oder Nochnichtgläubiger leistet, nur dann frei, wenn er redlich ist: Er muß ja bei bloßer Befreiungsrechtsbeschränkung arglos und darf beim Ausweisvorbehalt nicht grobfahrlässig sein.[2)]

2. Erwerb vom Legitimierten

2. Nur der Erwerb von dem durch Besitz und Inhalt des Wertpapiers L e g i t i m i e r t e n wird durch Gutglaubensschutz und Einredenausschluß geschützt.

---

2) § 10 I 3 a

Aber die Legitimation durch den Papierbesitz ist allen Funktionen gemeinsam: auch der Rückgriffshaftung; denn ohne Besitzverschaffung an dem Papier vermag auch die Rückgriffshaftung nicht zu entstehen.

Auch die Legitimation durch den Papierinhalt ist allen Funktionen außer (str.) dem Vorlegungszwang[3] und der Rückgriffshaftung[4] eigen.

3.Begebungserwerb (Rechts- und Legitimationsübertragung)

3. Nur der B e g e b u n g s erwerb, also der Erwerb nach Wertpapierrecht (der wertpapiermäßige Erwerb), wird durch die vier Erwerbsfunktionen geschützt; nicht der Abtretungserwerb oder der sonstige Erwerb nach bürgerlichem und Handelsrecht.[5] Das heißt: Zur Rechtsübertragung muß (bei allen Erwerbsfunktionen) die Legitimationsübertragung hinzukommen. Zur Einigung über den Rechtsübergang muß also die Übergabe des Papiers (oder ihr Ersatz) und bei namensindossierten Orderpapieren außerdem die Indossierung hinzutreten.[6]

Der gesetzliche Zahlungserwerb des Rückgriffsschuldners beim Wechsel und Scheck (Art 49 WG/ 46 SchG), des Wechsel- und Scheckbürgen (Art 32 III WG/ 27 III SchG), des Ehrenzahlers eines Wechsels (Art 63 I WG) sowie des unberufenen Wechsel- oder Scheckvertreters (Art 8 WG/ 11 SchG) ist zwar wertpapiermäßig. Aber seine Besonderheiten beruhen nach richtiger Ansicht nicht auf den Erwerbsfunktionen, sondern teils auf dem Ausweisvorbehalt, teils auf Besonderheiten des Rückerwerbs oder doch der rückerwerbsähnlichen Stellung.[7]

4.Rechtsgeschäftlicher Erwerb

4. Nur der r e c h t s g e s c h ä f t l i c h e, nicht der gesetzliche oder Pfändungserwerb,[8] wird durch Gutglaubensschutz und Einredenausschluß geschützt.

---

3) § 24 D IV 2.
4) Vgl. § 20 IV 1.
5) Wie der gesetzliche Pfandrechtserwerb durch den Kommissionär usw.: unten 4.
6) Darüber eingehend § 19, insbes. I 2 b dort. - Wertapiermäßig kann man auch vom Nichtlegitimierten erwerben (dazu § 20 VI I). Erwerb durch Begebung und Erwerb vom Legitimierten sind also voneinander völlig unabhängige Anforderungen.
7) Unten 4 + 7 sowie § 23 I 2; ferner über den unberufenen Wechsel- und Scheckvertreter § 16 I 2.
8) Wer eine gepfändete und nach § 822 ZPO auf ihn umgeschriebene Orderaktie vom Gerichtsvollzieher erwirbt, ist "rechtsgeschäftlicher" Indossatar. Er erwirbt daher nicht nur - kraft der staatlichen Verfügungsmacht des Gerichtsvollziehers, nicht etwa kraft seines guten Glaubens - das Mitgliedschaftsrecht, sondern - bei Arglosigkeit - auch die Einredenfreiheit.

a. Wie im gemeinbürgerlichen Recht muß der gutgläubige Erwerb auf Rechtsgeschäft beruhen. Denn im allgemeinen vermag nur dann der schlechte Glaube vom Erwerb abzuhalten.

b. Derselbe Grund trifft aber auch für den Erwerb der Einredenfreiheit durch Arglosigkeit zu. Dementsprechend werden Einreden aus der Person des Vormanns nur durch rechtsgeschäftlichen Erwerb ausgeschlossen.

c. Schließlich setzt auch die Garantiefunktion als gesetzliche Nebenfolge der Begebung durch Indossament rechtsgeschäftlichen Erwerb voraus.

a-c. Ein Beispiel: Bezahlt der bürgerlichrechtliche Bürge den Wechsel, so gehen die Wechselrechte des Inhabers auf ihn nach § 774 BGB über, ohne daß es der Aushändigung des Wechsels (str.)[9] oder gar seiner Indossierung bedarf. Er wird aber nur Wechselgläubiger, wenn sein Vormann es war. Er muß sich die Aufrechnung von Forderungen gegen den Vormann nach § 406 BGB gefallen lassen. Er erhält keinen Rückgriffsanspruch gegen seinen (unmittelbaren) Vormann.

Anders aber, wenn sich der gesetzliche Erwerber (hier der Bürge) den Wechsel übergeben und indossieren läßt: wenn also zum gesetzlichen und nicht wertpapiermäßigen die Voraussetzungen des rechtsgeschäftlichen Begebungserwerbs hinzutreten. Sicher ist das, wenn sich der Bürge den Wechsel vor seiner Zahlung begeben läßt. Aber es besteht kein innerer Grund, ihn bei zusätzlicher Begebung erst bei oder nach der Zahlung schlechter zu stellen. Die angebliche Unmöglichkeit bürgerlichrechtlicher Doppelwirkungen ist ein begriffsjuristischer Trugschluß,[10] kein Gegengrund.

Dagegen greifen die Erwerbsfunktionen beim gesetzlichen Erwerb auch dann nicht ein, wenn es sich handelt:

α. Um wertpapiermäßigen Zahlungserwerb. Denn dieser Erwerb wird teils durch den Ausweisvorbehalt, teils durch Besonderheiten des wertpapiermäßigen Rückerwerbs geschützt[11]

---

9) Vgl. § 18 I 2 b/ II 2 c.

10) Hildebrandt, Mitschuldklage S. 63; derselbe, Rechtsfindung S. 95 f.

11) Oben 3 und unten 7.

β. Um die handelsrechtlichen Besitzpfandrechte des Kommissionärs, Spediteurs, Lagerhalters, Frachtführers oder Verfrachters, für die § 366 III HGB den (nicht wertpapierrechtlichen) Gutglaubensschutz nicht anordnet, sondern voraussetzt,[12] indem er verfügt, daß auch der gute Glaube an die Verfügungsmacht oder die Vertretungsmacht des übergebenden Kaufmanns geschützt wird. Doch ist dieser Erwerb nicht wertpapiermäßig.[13]

Ein weiteres Beispiel: Wer sich ein herrenloses Inhaber- oder blankoindossiertes Orderpapier aneignet (§ 958 BGB), muß sich die Einreden aus der Person des letzten Berechtigten, der das Eigentum am Papier durch Wegwerfen aufgegeben hat (§ 959 BGB), entsprechend [14] §§ 404/412 BGB entgegenhalten lassen.

5. Nur der "Sachenrechts"erwerb, also der Vollrechts-, Pfandrechts- oder Nießbraucherwerb, wird geschützt; dagegen, wie auch sonst, nicht der Erwerber eines sonstigen Rechts. 5. Sachenrechtserwerb

Gleichviel, ob das sonstige Recht ein Recht auf die Sache ist, wie das des Käufers vor der Übereignung.
Gleichviel, ob es ein Recht zum Besitz der Sache gibt, wie das bürgerlichrechtliche oder kaufmännische Zurückbehaltungsrecht.
Gleichviel, ob es eine bloße Machtbefugnis hinsichtlich der Sache enthält, wie die Inkassovollmacht oder die Einziehungsermächtigung.

---

12) Für die entsprechende Anwendung auf alle gesetzlichen Besitzpfandrechte, auch das des Werkunternehmers nach § 647 BGB, spricht nämlich:
a. daß die Rechtsscheingrundlage, die Übergabe, auch hier gegeben ist.
b. daß die gesetzlichen Besitzpfandrechte sämtlich mittelbar auf Vertrag, dem Kommissionsvertrag usw., beruhen.
c. daß die Fassung des § 366 III HGB den Gutglaubensschutz voraussetzt, indem sie nur seinen Schutzgegenstand erweitert.
a-c. Wie hier (allerdings nur aus den Gründen a + c) Wolff, Sachenrecht § 163 III 2; Gierke, Handelsrecht § 53 II 1 u.a.
A.A. die h.M. in Wortauslegung des § 1257 BGB ("entstandenes" Pfandrecht). - Doch hat die Streitfrage für das Wertpapierrecht kaum praktische Bedeutung, da ein gesetzliches Pfand des Werkunternehmers nur selten, etwa beim Umdruck von Massenpapieren, in Betracht kommen wird.

13) Oben 3.

14) "Rechtsnachfolge" im Sinne des BGB, hier des § 412 BGB, liegt nicht vor, da das Papier herrenlos war. Aber der Schuldner ist deshalb nicht weniger schutzbedürftig (§ 404 BGB), und der unentgeltliche Aneignungserwerber ist nicht erhöht schutzwürdig. Der Wortlaut der §§ 404/412 BGB steht dem nicht entgegen; denn bei der Gesetzesfassung hatte man derart abliegende Grenzfälle nicht im Auge (Beschränkungsfähigkeit).

6. Eigennütziger Erwerb

6. Nur der e i g e n n ü t z i g e Erwerb wird geschützt; nicht dagegen der Erwerb, der im Interesse des Veräußerers erfolgt: der bloße Treuhanderwerb (die sog. Verwaltungstreuhand). Wie die Widerspruchsklage des Nehmers in der Einzelvollstrekkung (§ 771 ZPO) und sein Aus- oder Absonderungsrecht im Konkurs (§§ 43/48 KO), so hängt das Inkrafttreten der vier Erwerbsfunktionen nicht von der rechtlichen Form, sondern von der wirtschaftlichen Zweckbestimmung ab. Nicht nur die formale Rechtszuständigkeit, sondern auch die wirtschaftliche Vermögenszugehörigkeit muß ganz oder teilweise vom Veräußerer auf den Nehmer übergehen. Die vier Erwerbsfunktionen kommen daher, soweit es zur Befriedigung der gesicherten Forderung erforderlich ist, dem Erwerber bei der Sicherungsübertragung genau so zugute wie bei der Faustpfandbestellung; umgekehrt lassen sie den bloßen Treuhänder (den sog. Verwaltungstreuhänder) ebenso im Stich wie etwa den nur Einziehungsermächtigten (§ 185 I BGB) oder gar den bloßen Inkassobevollmächtigten (§ 167 BGB/ Art 18 WG/ 23 SchG).[15)]

Gutglaubensschutz

Ein Beispiel zur Frage des GUTGLAUBENSSCHUTZES: Hat Neu den von Alt ausgestellten und in Erwartung der Weiterbegebung auf Neu vollindossierten, von Schulte als Annehmer gezeichneten Wechsel auf Neuling vollindossiert und zu vollem Recht übergeben, soll aber Neuling den Wechsel lediglich für Rechnung des Neu, der seinen Namen heraushalten will, protestieren und einklagen, so kann der Annehmer Schulte dem Neuling ohne Rücksicht auf dessen guten Glauben entgegenhalten, daß Neu nicht Gläubiger geworden ist: Sei es, daß Schulte noch dem Alt verpflichtet ist, weil Neu den Wechsel dem Alt eigenmächtig genommen hat; sei es, daß Schulte überhaupt nicht verpflichtet ist, weil Alt sich den Wechsel hinterrücks holte, und Neu dies beim Erwerb von Alt wußte. Im ersten Fall kein gutgläubiger Rechtsübergang von Alt auf Nachmann; im zweiten Fall keine gutgläubige Rechtsentstehung für Nachmann.

15) Näheres § 21 II/III; Hildebrandt, Rechtsfindung S. 72 ff.

Hatte dagegen Neu den über 1000 RM lautenden Wechsel zur Sicherung seiner 600 RM - Schuld an Neuling begeben (Sicherungsübertragung), so kann Neuling den Schulte bis zu 600 RM auch dann belangen, wenn Neu nicht Gläubiger war: War Alt der Berechtigte, so ist sein Recht, soweit es zur Sicherung des Neuling für seine 600 RM - Forderung gegen Neu erforderlich ist, somit (wenn Schulte nicht in Konkurs geraten ist) nur in Höhe von 600 RM auf den gutgläubigen Neuling übergegangen; hinsichtlich des von Neuling dazu nicht benötigten Restbetrages von 400 RM ist Alt somit Gläubiger geblieben. War auch Alt nicht Gläubiger, so ist die Forderung durch den guten Glauben des Neuling in Höhe von 600 RM, im Konkursfall nötigenfalls in Höhe bis zu 1000 RM, zur Entstehung gelangt.[16])

Entsprechend steht es hinsichtlich der EINREDEN. Dafür ein Beispiel: Einreden

Hat der arglose Neuling den Wechsel von dem Gläubiger Neu zwar zu vollem Recht, aber nur zwecks Einziehung und Einklagung indossiert erhalten, so kann Schulte mit einer fälligen Forderung gegen Neu dem Neuling gegenüber aufrechnen (h.M.: §§ 404/406 BGB, nicht Art 17 WG). Denn wirtschaftlich gehört die Forderung noch dem Neu; auf die formale Gläubigerstellung des Neuling kommt es nicht an. Folgerichtig kann Schulte umgekehrt mit einer Forderung gegen Neuling nicht aufrechnen, obwohl dieser im eigenen Namen vorgeht (str.)[17]).

Hat dagegen der arglose Neuling als Sicherheit für seine 600 RM - Forderung gegen Neu das Vollrecht oder Pfandrecht an dem ihm übergebenen und vollindossierten Wechsel über 1000 RM erhalten, so kann Schulte, soweit Neuling die Wechselforderung im eigenen Interesse geltend macht, also im Regelfall in Höhe von 600 RM, nur mit Forderungen gegen Neuling, nicht mit Forderungen gegen Neu, in Höhe der restlichen 400 RM aber umgekehrt nur mit Ansprüchen gegen Neu, nicht mit Ansprüchen gegen Neuling aufrechnen. Im Konkurs des Schulte freilich vermag der Konkursverwalter, soweit und solange nicht die Befriedigung des Neuling für seine 600 RM sicher ist, auch hinsichtlich der restlichen 400 RM nur mit Forderungen gegen Neuling, nicht mit Forderungen gegen Neu aufzurechnen. - Von der Tilgung der gesicherten Forderung des Neuling gegen Neu an verwandelt sich die eigennützige in uneigennützige Treuhand, das Sicherungseigentum also in schlichtes Treuhandeigentum.[18])

---

16) Solche Rechtsspaltungen mit der Folge verhältnismäßigen Bruchteilseigentums am Papier sind auch sonst nicht zu vermeiden. Ihre Regelung bietet auch keine unüberwindlichen Schwierigkeiten. Dazu § 16 I 3 c.

17) § 21 N 11.

18) Ein dinglicher Rückfall kraft auflösender Bedingung (§ 158 II BGB) ist im Zweifel nicht anzunehmen (h.M.) und bei der Begebung von Orderpapieren sogar unmöglich: Bedingungen gelten hier als nicht geschrieben (Art 12 I WG); dazu § 20 V 1.

Daher kann Schulte hier in Höhe der 600 RM zwar nach wie vor mit Forderungen gegen Neuling aufrechnen: Die Verwandlung in Verwaltungstreuhand hat nämlich keine rückwirkende Kraft, nimmt also die einmal erworbenen Gegenrechte nicht. Schulte kann nunmehr aber auch in Höhe der 600 RM mit Forderungen gegen Neu aufrechnen: Das beruht aber nicht auf der Herausgabepflicht des Neuling gegenüber Neu, sondern auf der Treuguteigenschaft des Papiers.[19]

Rückgriffshaftung

Schließlich löst, wenn nichts anderes vereinbart ist, auch das Indossament an den Sicherungseigentümer oder Pfandindossatar[20], nicht aber das an den Verwaltungstreuhänder, die RÜCKGRIFFSHAFTUNG aus: Freilich ist die Rückgriffshaftung (des Neu) gegenüber dem unmittelbaren Nachmann (gegenüber Neuling) durch den Sicherungszweck, im Regelfall also durch den Betrag der gesicherten Forderung (600 RM), beschränkt (Bestimmungsfunktion des § 157 BGB)[21]. Dagegen kann die Rückgriffshaftung Neus gegenüber Nachmann auch dann auf die volle Summe (1000 RM) gehen, wenn Nachmann wußte, daß Neuling nur zur Befriedigung seiner Schuld von 600 RM den Wechsel verwertete (§ 328 BGB)[22].

7. Neuerwerb

7. Nur der N e u erwerb, nicht der Rückerwerb, wird durch die vier Erwerbsfunktionen geschützt.

a. Keine unverdiente Besserstellung des Veräußerers gegenüber dem Vorberechtigten durch den Rückerwerb: daher Wiedereintritt des früheren Zustandes hinsichtlich Rechtszuständigkeit, Rechtsbestand und Einreden

a. Das entspricht einem in Gesetzesergänzung entwickelten Grundsatz des gemeinbürgerlichen Rechts: Scheiden die Verwertungsinteressen des gutgläubi- Erwerbers (des Nachmann) aus, weil es sich wirtschaftlich nicht um weiteren Umsatz, sondern um Rückgängigmachung des voraufgegangenen Umsatzes handelt, so tritt zwingend mit der Rückübertragung auf den Veräußerer (Neuling) die frühere Rechtslage wieder ein. Der Veräußerer (Neuling) verdient keine Besserstellung durch Rückgängigmachung des gutgläubigen Erwerbs (des Nachmann).

---

19) Die bloße Herausgabepflicht gegenüber Neu genügt zur Ausschaltung des Einredenausschlusses nicht (str.): dazu § 8 N 12.

20) Streitig.

21) Hildebrandt, Erklärungshaftung S.201 sowie hier § 20 V 3.

22) Die Rückgriffshaftung auf die 1000 RM kann somit sogar aus einem (allerdings seltenen) offenen Pfandindossament von Neu an Neuling eintreten (Auslegungsfrage), bei dem Art 19 WG die Entstehung der vollen Rückgriffshaftung durch den guten Glauben des Nachmann ausschließt: Denn das Indossament des offenen Pfandindossatars hat nur die Folgen eines Vollmachtsindossaments.

Daher der Wiedereintritt des früheren Zustandes hinsichtlich Rechtszuständigkeit, Rechtsbestand und Einreden.

Beispiele

Hat also z.B. Neuling auf Grund eines Wandlungs- oder Rücktrittsrechts des Nachmanns, insbesondere auf Grund des in den allgemeinen Bankbedingungen vorgesehenen "Zurückberechnungsrechts" bei schlechter Auskunft über einen Wechselverpflichteten oder auf Grund einer Sicherungsabrede, auf Grund des Bereicherungs- oder Deliktrechts, auf Grund von Schadenersatz aus sog. culpa in contrahendo oder auf Grund eines sonstigen Rückgewährrechts den Wechsel zurückgenommen, so tritt (kraft zwingenden Rechtssatzes) der frühere Rechtszustand wieder ein, obwohl Neuling vom Berechtigten, dem gutgläubigen Bankier Nachmann, den Wechsel zurückerworben hat. Gleichviel, ob er sich dabei mit Nachmann darüber geeinigt hat, daß Neuling, nicht etwa der vor Nachmann berechtigt gewesene Neu, die Wechselrechte erhalten sollte.

Frühere Rechtszuständigkeit

War Neu, nicht Neuling, der frühere Eigentümer des Wechsels, weil sein ungetreuer Angestellter Neuling ihm den Wechsel entwendet hat, so stehen die Wechselrechte jetzt wieder dem Neu zu.

Früherer Rechtsbestand

War ein Wechselanspruch, z.B. der Rückgriffsanspruch Neuling gegen Neu, vorher nicht entstanden, so erlischt er wieder mit dem Rückerwerb des Neuling.

Frühere Einreden

Hatte Schulte seinerzeit eine Einrede gegen Neu, z.B. weil Neu beim Erwerb von Alt wußte, daß die Eier, zu deren Bezahlung Schulte den Wechsel annahm, schlecht und (!)[23] deshalb von Schulte zur Verfügung gestellt waren (§ 462 BGB/ Art 17 WG Ausnahmefall[24]/ § 404 BGB), so kann er jetzt die Wandlungseinrede dem Neu wieder entgegensetzen.

b. Rechte des Schuldners gegenüber dem Vorberechtigten auf Grund des Zwischenerwerbs der Nachmänner

b. Der Wiedereintritt des früheren Rechtszustandes (eine Art restitutio in integrum) betrifft das Verhältnis des Rückerwerbers (des Neuling) zum früheren Berechtigten (zu Neu). Eine andere Frage ist es, ob und inwieweit die Rechtsstellung des Schuldners (des Schulte) zum früheren Berechtigten (hier zu Neu) dadurch berührt wird, daß die Nachmänner des Schulte (der Nachmann) bis zum Rückerwerb berechtigt waren. Hier ist zu unterscheiden:

23) § 9 N 12.
24) Vgl. § 8 N 21.

α. Keine unverdiente Schlechterstellung des Schuldners bei freiwilligem Rückerwerb

α. Mußte Schulte, wie bei freiwilliger Rücknahme, nicht von vornherein nach der Art seiner Schuld mit dem Rückerwerb (durch Neu) rechnen, so verdient er keine Schlechterstellung durch den Rückerwerb (Neus). Daraus ergibt sich zweierlei:

(1) Einreden des Schuldners aus der Person des Nachmanns

(1) Schulte kann dem Neu Einreden aus der Person des Nachmanns in demselben Umfange entgegensetzen, wie er es bei einem Neuerwerb des Neu von Nachmann könnte. Bei Rücknahme nach Versäumung der Protestfrist kann er daher nach wie vor mit einer Forderung gegen Nachmann auch dem Neu gegenüber aufrechnen.

(2) Kein Aufrechnungsrecht des Rückerwerbers im Konkurs des Schuldners

(2) Ist Schulte nach dem Erwerb des Nachmann, aber vor dem Rückerwerb des Neu in Konkurs geraten, so hat Neu im Konkurs des Schulte kein Aufrechnungsrecht (§ 55 I Z. 2 KO). Neu bekommt also nur die gewöhnliche Konkursdividende.

β. Keine unverdiente Besserstellung des Schuldners bei Rückerwerb auf Grund der Rückgriffshaftung

β. Mußte Schulte aber von vornherein nach der Art seiner Wertpapierschuld mit dem Rückerwerb des Neu rechnen, erfolgte dementsprechend der Rückerwerb auf Grund der wechsel- oder scheckmäßigen Rückgriffshaftung, so verdient Schulte eine Besserstellung infolge des zwischenzeitlichen Weitererwerbs durch Nachmann nicht.

(1) Keine Einreden des Schuldners aus der Person des Nachmann

(1) Deshalb kann Schulte bei Einlösung auf Grund der wechsel- oder scheckrechtlichen Rückgriffsverpflichtung niemals Einreden (z.B. aufrechnungsreife Forderungen) gegen Nachmann dem Neu entgegensetzen.

Deshalb darf der einlösende Rückgriffsschuldner, und nur er, nicht sonstige Rückerwerber, sein Indossament und das seiner Nachmänner streichen (Art 50 II WG/ 47/II SchG).

(2) Aufrechnungsrecht des wertpapiermäßigen Rückerwerbers im Konkurs des Schuldners

(2) Deshalb kann Neu hier in dem nach der Weiterbegebung, aber vor dem Rückerwerb eröffneten Konkurs des Schulte gegen Forderungen Schultes an Neu aufrechnen (§ 54 KO).

Neu war hier schon vor dem Rückerwerb kraft der wechsel- oder scheckrechtlichen Rückerwerbsanwartschaft (Art 49 WG/ 46 SchG) "bedingt" im Sinne des § 54 KO Gläubiger des Schulte.[25)]

Das erkennt auch die h.M. an[26)]. Die konstruktive Einkleidung ist zwar streitig. Das ist indessen nur eine Darstellungsfrage und daher ohne Erkenntniswert.

Mag man sich vorstellen, das Eigentum Neus sei nie "verloren", sondern nur durch das Eigentum (und die Legitimation) des Nachmann verdeckt worden (die "Verdeckungstheorie[27)] des Reichsgerichts).

Mag man davon reden, der gutgläubige Nachmann sei kraft Gesetzes nur auflösend "bedingt" durch den Rückerwerb Gläubiger geworden, und daher der Vorberechtigte (hier Neu) aufschiebend "bedingt" Gläubiger geblieben (die "Bedingungstheorie",[28)] der die im Wechselrecht h.L. folgt).

Oder mag man das als "Anwartschaft" des früheren Berechtigten umschreiben ("Anwartschaftstheorie"[29)]).

Aus keinem dieser Bilder, über deren Anschauungswert man verschiedener Meinung sein kann[30)], darf man indessen praktische Folgerungen ziehen. Sonst macht man sich eines Trugschlusses durch Vertauschung von Darstellungs- und Erkenntnisfragen (des von Heck sog. Inversionsschlusses) schuldig.[31)] Die Konstruktion ist eben nie die Ursache, sondern nur eine Beschreibung des Ergebnisses, das seinerseits ausschließlich durch Untersuchung und Bewertung der Interessenlage gefunden werden kann und gefunden wurde.

c. Schutz des wertpapiermäßigen, nicht des freiwilligen Rückerwerbers gegenüber dem Nachmann durch den Ausweisvorbehalt

c. Schließlich unterscheiden sich freiwilliger und wertpapiermäßiger Rückerwerb in einer dritten Frage, die das Verhältnis des Rückerwerbers zu seinem Nachmann betrifft. Nicht der freiwillige, sondern nur der wertpapiermäßige Rückerwerber wird durch den Ausweisvorbehalt (Art 40 II/III WG) geschützt, wenn er an den zwar legitimierten, aber nicht berechtigten Nachmann zahlt.

---

25) "Bedingt" nicht durch Rechtsgeschäft, also nicht im Sinne des § 158 BGB; aber bedingt durch den wechsel- oder scheckgesetzlichen Pflichtrückerwerb, also bedingt durch das Gesetz und bedingt im Sinne des § 54 KO.- Dagegen kommt § 55 II KO nicht in Betracht; denn diese Bestimmung bezieht sich nur auf den hier nicht gegebenen Tatbestand des § 55 I Ziff. 3 KO.-
26) RG 117, 75; Hueck 52 f.; Ulmer 263 f.
27) Wie ich sie nenne.
28) Wie ich sie bezeichne.
29) So Ulmer 264.
30) Zur Konstruktionsfrage § 19 I 3.
31) Dazu Hildebrandt, Rechtsfindung 94 ff.

Beispiel: Hat Neuling den Wechsel mit seinem Blankoindossament dem Nachmann übergeben, dem der Endlich den Wechsel stahl, so ist zu unterscheiden:

(1) Hat Endlich die rechtzeitige Protestierung des Wechsels versäumt, so hat Nachmann seine Rückgriffsansprüche verloren (Art 53 WG). Zahlt Neuling gleichwohl an Endlich, so braucht das Nachmann für den etwaigen bürgerlichrechtlichen Rückgriff aus dem Grundgeschäft nicht gegen sich gelten zu lassen.[32]

(2) Hat Endlich dagegen den Wechsel rechtzeitig zu Protest gehen lassen und dann Zahlung von dem gutgläubigen Neuling erlangt (Art 48 WG), so wird Neuling von seiner wechselmäßigen (und entsprechend von einer etwa damit konkurrierenden bürgerlichrechtlichen) Rückgriffsschuld gegenüber Nachmann nach Art 40 III WG frei. Daher und damit[33] wird Neu nach Art 49 WG, nicht etwa Neuling nach Art 16 II WG[34], gesetzlicher Rückerwerber des Wechsels.

b/c. Besserstellund des wertpapiermäßigen gegenüber dem freiwilligen Rückerwerber

b/c. Der wertpapiermäßige Rückerwerber stellt sich gegenüber dem freiwilligen Rückerwerber somit in dreifacher Hinsicht besser:

Erstens braucht er sich nicht Einreden aus der Person eines Nachmanns entgegenhalten zu lassen.

Zweitens hat er trotz Rückerwerbs erst nach Konkurseröffnung über das Vermögen seines Schuldners ein Aufrechnungsrecht (§ 54 KO), wenn er selbst dem Schuldner schon bei Konkurseröffnung etwas schuldig war.

Drittens erwirbt er den Wechsel oder Scheck auch dann zurück, wenn er gutgläubig an den nur legitimierten, aber nicht berechtigten Nachmann (hier an Endlich) zahlt (Art 40 III/ 49 WG / 46 SchG).

Rückerwerbsgleiche wertpapiermäßige Zahlungserwerber

Der wertpapiermäßige Zahlungserwerb des Wechsel- oder Scheckbürgen (Art 32 III WG/ 27 III SchG), des Ehrenzahlers eines Wechsel (Art 63 I WG) sowie des unberufenen Wechsel- oder Scheckvertreters (Art 8 WG/ 11 SchG) ist kein Rückerwerb: Denn diese Zahlungserwerber waren vorher nicht Wechsel- oder Scheckeigentümer. Aber ihr Zahlungserwerb hat, wenn er (was beim Ehrenzahler stets der Fall ist) für einen Rückgriffsschuldner zahlt, kraft Gesetzes dieselben Folgen wie die Einlösung durch den Rückgriffsschuldner selbst.

---

32) Entsprechend § 5 III 3 b.
33) Sogar ohne Rückgabe des Wechselpapiers: § 18 I 2 b/ II 2 c.
34) Wie manche glauben.

8. Nur der V e r k e h r s erwerb, nicht die bloße Änderung der Rechtsform, wird geschützt. Diesen Grundsatz haben Rechtsprechung und Rechtswissenschaft in gebotsbeschränkender Auslegung des § 892 BGB für den gutgläubigen Grundstücksrechtserwerb mit Recht entwickelt. Er ist entsprechend auf den gutgläubigen Fahrnisrechts- und den Wertpapierrechtserwerb zu erstrecken. Folgerichtig gilt die Beschränkung auch für den Einredenausschluß. Auch die Rückgriffshaftung ist im Zweifel gegenüber dem nächsten Nachmann (nicht gegenüber den entfernteren Nachmännern: § 328 BGB) abbedungen. — 8. Verkehrserwerb

Gutgläubiger Erwerb und Einredenausschluß bezwecken den Schutz des gutgläubigen Verkehrs. Der Erwerber muß daher (nicht nur formell, sondern auch materiell) dem Wechsel bisher ferngestanden und daher auf den Rechtsscheinschutz angewiesen sein. Darum darf der Erwerber mit dem Veräußerer oder dessen Strohmann nicht personengleich sein.

Die aus Alt, Neu und Neuling bestehende OHG oder GmbH kann daher von Alt den Wechsel gutgläubig erwerben. Nicht aber die Einmann-GmbH des Alt oder die von Alt und seinen Strohmännern gegründete AG (RG 130^{392}) oder Alt selbst von der OHG Alt, Neu und Neuling (RG 129^{121}). Ebensowenig bei Veräußerung durch Insichgeschäft (§ 181 BGB) oder zur Vorwegnahme der Erbfolge im Kreis der Familie (RG 129^{121}).

9. Nur der e n t g e l t l i c h e , nicht der ohne Gegenleistung folgende Erwerb, z.B. der Erwerb auf Grund einer Handschenkung, eines Schenkungsversprechens[35] oder eines Vermächtnisses, wird voll geschützt. Wer ohne Gegenleistung vom Nichtberechtigten (Neuling) kraft guten Glaubens erwirbt, muß nach Bereicherungsrecht (§ 816 I^2 BGB) den Erwerb dem Entreicherten zurückerstatten. Entreichert ist bei gutgläubigem Papiererwerb der bisherige Gläubiger (Neu), — 9. Entgeltlicher Erwerb

35) Die Schenkungsverpflichtung bedarf der notariellen Form (§ 518 BGB), die Handschenkung ist formfrei. Verschenkt daher Alt den Wechsel ohne notarielle Form an Neu, so wird Neu Eigentümer des Wechsels und Gläubiger der Wechselforderung gegen Schulte, aber nicht Gläubiger der Rückgriffsforderung gegen Alt: § 7 II 1.

bei gutgläubiger Rechtsentstehung der Schuldner (Schulte). Hat also Neuling den von ihm seinem Prinzipal Neu gestohlenen Wechsel seinem gutgläubigen Freund Nachmann geschenkt, so erwirbt zwar Nachmann nicht nur das Wechseleigentum, sondern auch die Rückgriffsforderung aus dem Blankoindossament des Neu; aber Neu kann von Nachmann die Rückübertragung des Wechsels und die Befreiung von der Rückgriffsschuld verlangen, weil Nachmann beides unverdient, wenn auch mit rechtlichem Grund (auf Grund der Schenkung), erlangt hat.[36]

Der Ausgleich durch das Bereicherungsrecht (§ 816 I^2 BGB) ist für den Rechtsübergang und die Rechtsentstehung kraft guten Glaubens ebenso unzweifelhaft, wie es umgekehrt unbestreitbar ist, daß die Rückgriffshaftung mangels entgegenstehenden Vermerks auf dem Wechsel oder Scheck auch durch (notarielles) Indossament des Beschenkten ausgelöst wird.

Streitig aber ist es, ob der Einredenausschluß auch dem unentgeltlichen Erwerber zugutekommt: Ob also Schulte die gegen Alt begründete Wandlungseinrede dem Neu auch dann entgegenhalten kann, wenn er beim Wechselerwerb nichts von der Wandlung wegen des schlechten Zustandes der von Alt dafür gelieferten Eier wußte? Alt war trotz des Gegenrechts des Schulte ja dessen Gläubiger; der Rechtsform nach hat somit der Berechtigte verfügt: § 816 I^2 BGB ist daher nicht unmittelbar anwendbar. Aber das Gläubigerrecht des Alt war jederzeit durch Berufung auf das Gegenrecht entkräftbar; dem Interessengehalt nach hat daher Alt insoweit als "Nichtberechtigter" verfügt; § 816 I^2 BGB ist daher entsprechend anwendbar.[37]

36) Ebenso bei Unwirksamkeit des etwaigen Verkaufs von Neuling an Nachmann nach § 812 I^1 BGB. Denn ein Zwischenerwerb Neulings am Wechsel liegt nicht vor (Unmittelbarkeit der Bereicherung), und einen rechtlichen Grund zum Behaltendürfen hat Nachmann weder gegenüber dem bisherigen Berechtigten (Neu) noch - mangels Wirksamkeit des Verkaufs - gegenüber dem Veräußerer (Neuling). Die Voraussetzungen des § 812 I^1 BGB sind daher hier erfüllt.

37) H.M. contra Stranz WG Art 17 Anm. 16a.

Daß das vernüftigerweise so sein muß, zeigt sich bei folgerichtiger Durchdenkung der Aufrechnungseinrede. Hat Schulte mit einer Forderung gegen Alt vor der Wechselbegebung an Neu aufgerechnet, so war bei der Übertragung die Wechselforderung erloschen; Alt verfügte also als Nichtberechtigter; § 816 I^2 BGB ist unmittelbar anwendbar. Schulte kann daher von Neu die Aushändigung des Wechsels und den Erlaß der kraft des guten Glaubens des Neu wiederentstandenen Forderung verlangen. Hat Schulte aber von dem ihm zustehenden Aufrechnungsrecht vor der Übertragung des Wechsels an Neu keinen Gebrauch gemacht, so wäre ihm das Aufrechnungsrecht trotz Schenkungserwerbs des Neu und etwaiger Zahlungsunfähigkeit des Alt genommen. Ein unsinniger Rechtsformalismus!

III. Numerus clausus der Umlaufpapiere

III. Wie verhalten sich die vier Erwerbsfunktionen zur G E S T A L T U N G S F R E I H E I T ? Wenn man früher vielfach mit höchst gekünstelten Unterstellungen die gesetzlichen Folgen vertraglich herbeizuführen versuchte, geht heute die Entwicklung dahin, die Gestaltungsfreiheit der Parteien zugunsten der hoheitlichen Lenkung einzuschränken, insbesondere sie weitgehender als bisher dem Genehmigungsvorbehalt zu unterstellen. So treten zu dem Erlaubnisvorbehalt für das Inverkehrbringen von geldähnlichen Inhaberschuldverschreibungen (§ 795 BGB) und von Inhabergrundschuldbriefen (§ 1195 BGB) sowie zu dem reichsgesetzkräftigen Verbot der Ausgabe von Inhaberpapieren mit Prämien 38) eine Reihe weiterer Verbotsgesetze mit Erlaubnisvorbehalt für die Ausgabe bestimmter Wertpapiere: so für "Notgeld" (§ 807 verweist nicht auf § 795 BGB; die Lücke schließt das Reichsgesetz vom 17.7.22); für wertbeständige Inhaberschuldverschreibungen (Reichsgesetz vom 26.6.23 RGBl I 407 mit NotVO vom 8.12.31 I. Teil III § 6 II); für junge Aktien, Genußscheine und ähnliche Rechte, z.B. Gewinnschuldverschreibungen (Art 4 IV der VO zur Durchführung und Ergänzung des Anleihestockgesetzes vom 17.2.35); ferner für Wandelschuldverschreibungen (§ 174 II AktG). Selbst die Ausgabe von

38) Nach dem Reichsgesetz vom 8.6.71 dürfen Inhaberpapiere mit Prämien nur auf Grund des Reichsgesetzes und nur zum Zwecke von Anleihen des Reichs oder eines Landes ausgegeben werden.

kaufmännischen Orderschuldverschreibungen (§ 363 HGB), die gesetzlich genehmigungsfrei ist, wenn sie weder Wandel- noch Gewinnschuldverschreibungen sind, pflegen die Banken einem "Ersuchen" des Reichswirtschaftsministers entsprechend nur mit dessen Genehmigung (blankoindossiert) in den Verkehr zu setzen.[39] Schließlich ist die Ausgabe von Orderlagerscheinen auf die staatlich dazu ermächtigten Anstalten (§ 363 II HGB) und die in der Ermächtigung aufgeführten Lagerräume (§ 5 I der Orderlagerscheinverordnung vom 16.12.31) beschränkt.

Vertragliche Notbehelfe

Vertraglich ist es zwar möglich, dem gutgläubigen oder doch arglosen späteren Papiererwerber die Leistung unabhängig von der Berechtigung und/oder Einredefreiheit seines Vormanns zu versprechen: sei es durch berechtigenden (Gutglaubenserwerb) oder verfügenden (Einredenausschluß) Vertrag mit dem ersten Nehmer zugunsten der Nachmänner nach oder entsprechend § 328 BGB; sei es durch Vertragsangebot unmittelbar an den jeweiligen künftigen Nachmann (sog. Angebot ad incertas personas), das vom Vormann als Bote übermittelt und vom Nachmann ohne Mitteilung davon gemäß § 151 BGB angenommen wird.

Doch bleibt beides hinter dem gesetzlich zugelassenen Orderpapier zurück: denn der Einwand der Ungültigkeit des Versprechens, z.B. wegen rechtzeitig geltendgemachten Geschäftsirrtums oder widerrechtlicher Bestimmung durch Drohung, wegen Hingabe für eine Spielschuld oder für ein Wuchergeschäft, ist vertraglich nicht ausschließbar; dort (§§ 119/123 BGB), weil selbst ein etwaiger (mit dem ersten Nehmer abgeschlossener), das Anfechtungsrecht ausschließender Geschäftsverbindungsvertrag selbst wieder wegen der Willensmängel angefochten werden kann; hier (§§ 138 II/ 762 BGB), weil die Vorschriften zwingend sind. Überdies

39) Ulmer 109.

ist die Verpflichtung jederzeit beim Vertrag zugunsten Dritter durch mündliche Gegenabrede mit dem jeweils Berechtigten, bei der Offerte ad incertas personas durch einseitigen Vermerk auf der Urkunde, mit Wirkung gegen sämtliche Nachmänner aufhebbar.

Zivile Orderpapiere

Die Orderklausel in gesetzlich nicht zugelassenen Orderpapieren enthält im Zweifel nur einen Hinweis auf die Übertragbarkeit des Rechts (h.M.): keine Förderung sog. ziviler Orderpapiere.[40] Dafür läßt das Gesetz (§§ 793/795 BGB) Inhaberschuldpapiere, die nicht auf eine bestimmte Geldsumme gehen, z.B. Inhaberlagerscheine (RG 142, 151), ohne weiteres zu.

---

40) Näheres § 13 A II 2

§ 12

2. Kapitel

Die ARTEN der Wertpapiere

Funktionale Einteilung der Wertpapiere.

§ 12.

Die acht Funktionen sind das Kernstück des Wertpapierrechts. Sie beherrschen praktisch wie theoretisch das Sondergebiet der verbrieften Rechte. Daher vermittelt die Einteilung nach dem Anwendungsbereich der Funktionen den schärfsten Einblick in das Wesen der einzelnen Papiere.

A.

A. Der Anwendungsbereich der Funktionen

Aus dem Bereich des Sonderrechts scheiden ohne weiteres aus Papiere, für die keine Funktion gilt. Mögen sie nur dem Beweis dienen, wie der Schuldschein (§ 371 BGB) - sogenannte schlichte Beweisurkunden. Mögen sie zugleich eine Willenserklärung (z.B. einen Vertragsantrag, eine Kündigung oder ein Zahlungsversprechen) enthalten, wie die sogenannten Geschäftsurkunden - konstitutive - dispositive Urkunden).

Dabei ist es für den Begriff der Geschäftsurkunde gleichgültig, ob die Verbriefung zur Gültigkeit der Willenserklärung erforderlich ist, oder ob die Willenserklärung formfrei ist. Die schriftliche Erteilung des Bürgschaftsversprechens oder eines selbständigen Schuldversprechens ist somit eine Geschäftsurkunde, mag das Versprechen von einem gewöhnlichen Schuldner ausgehen und daher formbedürftig sein (§§ 766/780 BGB), oder mag es von einem Vollkaufmann abgegeben werden und daher (nach §§ 350/351 HGB) einer Form nicht bedürfen.

Wertpapierartige Urkunden

W e r t p a p i e r a r t i g sind dagegen die Papiere, für die wenigstens eine der Grundregeln gilt. Unter ihnen sind nach der Interessenlage und dem entsprechenden Anwendungsgebiet der Grundregeln folgende Gruppen zu unterscheiden:

I. Umlaufpapiere

I. U M L A U F P A P I E R E sind die Papiere m i t v o l l e m E r w e r b e r s c h u t z . Sie sollen von Hand zu Hand umlaufen können. Die Erwerberinteressen werden daher vollberücksichtigt. Der Nehmer soll nicht nur, wie bei Rektapapieren, vor der Gefahr des Rechtsverlustes (mittels Beschränkung des Befreiungsrechts), sondern auch vor den

Gefahren des Rechtserwerbs sicher sein. Darum gelten bei den Umlaufpapieren nicht nur die vier Leistungsfunktionen (1-4), sondern auch die Erwerbsfunktionen (5-8).

1. Wechsel und Scheck kennen sogar die Rückgriffshaftung (8). 1.Wechsel und Scheck

2. Alle Umlaufpapiere, mögen sie Inhaber- oder Orderpapiere sein, haben Gutglaubensschutz (5/6) und Einredenausschluß (7). 2.sonstige Umlaufpapiere

1/2. Die Umlaufpapiere - "Zirkulations"Papiere[1] - "negotiable"[2] Wertpapiere sind "vollkommene" Wertpapiere. Sie sind Papiere "öffentlichen Glaubens", weil bei ihnen der Rechtsschein ähnliche, ja sogar noch weitergehende Folgen auslöst, wie es beim öffentlichen Glauben des Grundbuchs (nach den §§ 891-893 BGB) der Fall ist. Sie sind "schriftgemäße" = "skripturrechtliche" Wertpapiere, weil bei ihnen der Schuldner nach dem Inhalt der im Papier niedergelegten Erklärung (der "Schrift" - "Skriptur") ohne Rücksicht auf daraus nicht ersichtliche Einreden aus der Person des Vormanns haftet, der "Skripturglaube"[4] also geschützt wird. Sie sind schließlich "Eigentumspapiere", weil bei ihnen - im Gegensatz zu allen anderen Papieren (§ 952 BGB) - aus rechtstechnischen Gründen grundsätzlich die Rechtsinhaberschaft dem Papiereigentum folgt (sog.Eigentumstheorie).[5] 1/2.Terminologie

II. R E K T A P A P I E R E sind Papiere mit b e - s c h r ä n k t e m E r w e r b e r s c h u t z. II.Rektapapiere

Sie dienen in erster Linie den Wünschen des Schuldners, daneben aber auch den Interessen des Erwerbers. Die Erwerberinteressen werden daher nur mitberücksichtigt. Der Nehmer wird nicht vor den Gefahren des Rechtserwerbs, sondern nur vor der Gefahr des Rechtsverlustes durch redliche Leistung an den früheren Berechtigten (1) geschützt. Den Rektapapieren sind dementsprechend eigentümlich die Befreiungsrechtsbeschränkung (1) und folgeweise auch der Vorlegungszwang (2). Dagegen gelten bei ihnen gutgläubiger Erwerb und Einredenausschluß nicht;[6] erst recht nicht die Rückgriffshaftung.

1) Heck, Schuldrecht 401.
2) Raiser ZHR 101 (1935) S. 32/64.
3) Brunner, Wertpapiere 168 ff.
4) Ausdruck Hecks, Schuldrecht 401
5) § 18 I.
6) Übergang: § 14 I.

Rektapapiere sind insofern "unvollkommene" Wertpapiere.

Die nur in der Wissenschaft, nicht im Geschäftsleben übliche Bezeichnung als "Rektapapier" rührt daher, daß die Leistung "direkt" an den in der Urkunde namentlich bezeichneten Berechtigten erfolgen soll.

Da alle Papiere mit Befreiungsrechtsbeschränkung unter dem Gesetz des Vorlegungszwangs stehen,[7] sind alle Rektapapiere auch Vorlegungspapiere: Der Nachweis des Papierverlustes ersetzt daher bei der Geltendmachung des Rechts ihre Vorlage nicht.

1. qualifizierte Legitimationspapiere

1. Rektapapiere können <u>zugleich Ausweispapiere</u> sein. Dann spricht man von "qualifizierten Legitimationspapieren": Also von Ausweispapieren, die durch die Befreiungsrechtsbeschränkung und den Vorlegungszwang ausgezeichnet ("qualifiziert") sind.

   Mit demselben Recht kann man freilich von qualifizierten Rektapapieren sprechen, weil Befreiungsrechtsbeschränkung (und Vorlegungszwang) durch den Ausweisvorbehalt qualifiziert sind.

   Die gesetzliche Regelung enthält § 808 BGB.

   Hierher gehören in der Regel: Sparkassenbücher, Pfandscheine der Pfandleihanstalten (Art 94 EG z. BGB), Depotscheine der Banken über die ihnen zur Aufbewahrung übergebenen Wertgegenstände, Leihhausscheine, Versicherungsscheine (§ 4 I VVG) und Rabattmarken.

   a. Die Einziehungsrechtsvermutung (3) kann vereinbart und bei Massenpapieren zu ergänzen sein. Doch kommt das hier verhältnismäßig selten vor.

   b. Regelmäßig gelten vielmehr nur die Befreiungsrechtsbeschränkung (1) samt Vorlegungszwang (2) und der Ausweisvorbehalt (4).

2. Einfache Rektapapiere

2. Rektapapiere <u>ohne Ausweisvorbehalt</u> (schlichte Rektapapiere) sind häufig.

   Beispiele: Der Rektawechsel und Rektascheck für die weiteren (nicht für den ersten) Nehmer (Art 11 II WG/ 5 I SchG); der Wechsel und Scheck nach Verfall für die weiteren Erwerber (Art 20 WG/ 24 SchG); die Anweisung des bürgerlichen Rechts (§§ 783 ff BGB); der Hypothekenbrief (§ 1160 BGB);[8] der Rektaladeschein (§ 448 HGB),

---

7) § 10 I 1 a.

8) Die Legitimation des § 1155 BGB beruht nicht auf dem Brief allein: näheres § 14 I 4.

der Rektalagerschein, das Rektakonnossement; ferner die Rektaschuldverschreibungen des Reiches und der Länder; aber auch die Rektaaktie, der Rektazwischenschein, der Kux und der Reichsbankanteilschein.

Bloße Rektapapiere sind meist auch die sogenannten "einfachen" oder "zivilen Orderpapiere": z.B. der Orderlagerschein staatlich dazu nicht ermächtigter Anstalten, der Reichsbankanteilschein (§ 3 Reichsbanksatzung), der Hinterlegungsschein und der nicht kaufmännische Verpflichtungsschein mit Orderklausel.[9]

III. Wertpapierähnliche Urkunden - einfache Legitimationspapiere

III. W E R T P A P I E R Ä H N L I C H sind die Ausweispapiere (4) o h n e jeden E r w e r b e r s c h u t z . Sie stehen ausschließlich im Dienst der Schuldnerbelange; die Erwerberinteressen sind nicht berücksichtigt. Der Nehmer wird daher nicht vor der Gefahr des Rechtsverlustes (durch § 407 BGB) und erst recht nicht vor den Gefahren des Rechtserwerbs geschützt. Es gilt weder die Befreiungsrechtsbeschränkung wie bei den Rektapapieren, noch gibt es Gutglaubensschutz und Einredenausschluß, wie bei den Umlaufpapieren. Man spricht daher hier von einfachen (= schlichten) Ausweispapieren (= Legitimationspapieren).

1. mit Vorlegungszwang

1. Möglich ist freilich die Verbindung des Ausweisvorbehalts (4) mit dem Vorlegungszwang (2) und der Einziehungsrechtsvermutung (3).

Sie ist üblich bei den nicht oder nicht mehr übertragbaren Massenpapieren mit Ausweisvorbehalt, insbesondere bei gelochten Fahrkarten oder abgerissenen Eintrittskarten.[10]

2. ohne Vorlegungszwang

2. Häufiger sind Ausweispapiere ohne Vorlegungszwang.

a. mit Einziehungsrechtsvermutung

a. Beim Massenpapier, z.B. dem Gepäckschein und meist der Garderobenmarke, tritt zu dem Ausweisvorbehalt die Einziehungsrechtsvermutung (3).[11]

b. ohne Einziehungsrechtsvermutung

b. Beim Einzelpapier, wie vielfach beim Reparaturschein und gelegentlich auch bei der Garderobenmarke, gilt der Ausweisvorbehalt (4) allein.

---

9) Näheres §§ 11 III/13 A 2/ 14 I 2.
10) § 10 I 3 b.
11) § 13 B III 3.

B. Der Wertpapierbegriff

B.

Es gibt somit drei Gruppen von wertpapierartigen Urkunden:

I. **Umlaufpapiere** - Zirkulationspapiere - negotiable Papiere - Inhaber- und Orderpapiere - Wertpapiere öffentlichen Glaubens - schriftgemäße (schriftrechtliche) Papiere - Eigentumspapiere.

II. **Rektapapiere**:
1. mit Ausweisvorbehalt - sog. qualifizierte Legitimationspapiere.
2. ohne Ausweisvorbehalt - einfache Rektapapiere.

III. Einfache **Legitimationspapiere** - schlichte Ausweispapiere:
1. mit Vorlegungszwang.
2. ohne Vorlegungszwang.

I-III. Im Schrifttum ist es streitig, ob die Rektapapiere Wertpapiere sind (h.L.) oder nur "wertpapierähnliche Urkunden" (Ulmer). Dieser Streit ist ein Streit um Worte.

Uneinheitlichkeit des gesetzlichen Wertpapierbegriffs

Sicher und anerkannt ist, daß das GESETZ einen einheitlichen Wertpapierbegriff nicht kennt. Wo das Gesetz von "Wertpapieren" spricht, kommt es jeweils auf den Sinn und Zweck der einzelnen Gesetzesvorschrift an.

So umfaßt der Wertpapierbegriff im Sinne der Hinterlegungsfähigkeit nach § 372 BGB und der im Sinne der beschränkten Haftung des Gastwirtes (§ 702 BGB) oder des Frachtführers/Verfrachters (§§ 429 II/607 HGB) alle wertvollen Urkunden, auch bloße Beweis- oder Geschäftsurkunden.

Enger ist der Wertpapierbegriff in §§ 808 II/821/831 ZPO, wonach alle Wertpapiere wie Sachen (durch Wegnahme des Gerichtsvollziehers, nicht durch Beschluß des Vollstreckungsgerichts) zu pfänden und mit Ausnahme der Orderpapiere, die vom Vollstreckungsrichter zur Einziehung überwiesen werden, auch wie Sachen (durch den Gerichtsvollzieher bei etwaigem Tageskurs freihändig, sonst mittels öffentlicher Versteigerung) zu verwerten sind: Nach der h.M. fallen darunter nicht nur Inhaber- und Order-, sondern auch Rektapapiere mit Ausnahme der qualifizierten Ausweispapiere, insbesondere des Sparkassenbuchs (obwohl diese gerade durch den Ausweisvorbehalt qualifizierte Rektapapiere sind!);

nach richtiger Ansicht werden nur Wertpapiere, die wie Sachen übertragen werden (Eigentumstheorie), also nur Order- und Inhaberpapiere, auch wie Sachen (nicht wie Rechte) gepfändet und verwertet.[12]

Ein Handelsgewerbe (§ 1 II Z. 1 HGB), einen Handelsverkauf (§ 381 HGB) oder ein eigentliches Kommissionsgeschäft (§ 383 HGB) begründen nur "Wertpapiere", die für den Handels(!)verkehr bestimmt sind (h.L.), bei denen also Einreden aus der Person des Vormanns rechtlich (Order- und Inhaberpapiere) oder (str.) "tatsächlich" (Massenpapiere: z.B. Rektateilschuldverschreibungen, Kuxe) ausgeschlossen sind, die also rechtlich oder doch tatsächlich umlaufsfähig sind.

Nur "vertretbare", also Massenpapiere behandelt das Depotgesetz vom 4.2.37 (arg. § 1 I dort).

Für die Bestimmungen des BGB, wonach sich das Pfandrecht an der Stammurkunde nicht ohne Übergabe auf die Nebenpapiere (Zins-, Renten- oder Gewinnanteilscheine) erstreckt (§ 1296), und wonach Mündelgeld nur in bestimmten, hoheitlich für geeignet erklärten Wertpapieren angelegt werden soll (§ 1807 I Z. 4), schließlich kommen praktisch nur die der Vermögensanlage dienenden, börsengängigen Papiere des Kapitalmarktes, vor allem Pfandbriefe und Kommunal-Obligationen, in Betracht.

Darstellungsstreit um den wissenschaftlichen Wertpapierbegriff

Der <u>WISSENSCHAFTLICHE ORDNUNGSBEGRIFF</u> des Wertpapiers wird in verschiedenem Sinne gebraucht.

Bahnbrechend war die Begriffsbestimmung Brunners: Wertpapiere sind danach Urkunden, deren Innehabung zur Ausübung des in ihnen verbrieften Rechts notwendig ist. Mithin alle Papiere mit Vorlegungszwang (2) - alle Vorlegungspapiere. Der Brunnerschen Definition folgt im wesentlichen Art 965 des Schweizer-Obligationenrechts in seiner Neufassung vom 18.12.36: "Wertpapier ist jede Urkunde, mit der ein Recht derart verknüpft ist, daß es ohne die Urkunde weder geltend gemacht, noch auf andere übertragen werden kann". Freilich ist der Hinweis auf das Übergabeerfordernis für das deutsche Recht sachlich nicht immer zutreffend und für den wissenschaftlichen Ordnungsbegriff des Wertpapiers unwesentlich.

Den noch zweckfremden Brunnerschen Wertpapierbegriff hat <u>Jakobi</u> durch die Betrachtung der Interessenlage vertieft. Er bezeichnet als Wertpapiere alle Urkunden über private Vermögensrechte, bei denen der durch das Papier ausgewiesene Berechtigte Rechtshandlungen zwischen dem übertragungsunkundigen Schuldner und dem früheren Gläubiger nicht gegen sich gelten zu lassen braucht (1), und bei denen sich der Verpflichtete mit dem durch das Papier ausgewiesenen Berechtigten einlassen muß (2). Danach sind Wertpapiere zwar

12) Richtig Raiser ZHR 101, 44 ff. - Dazu hier § 22.

nicht alle Vorlegungspapiere, aber alle Rektapapiere; denn allen Rektapapieren ist die Befreiungsrechtsbeschränkung (1) und der sich daraus ergebende Vorlegungszwang (2) eigentümlich. Jakobis Wertpapierbegriff beherrscht heute die Rechtslehre.

Freilich beschränken neuerdings einige Schriftsteller (Raiser/Ulmer) den Wertpapierbegriff auf die Umlaufpapiere. In der Tat heben sich die Umlaufpapiere von allen anderen Wertpapieren durch den Gutglaubensschutz und den Einredenausschluß ab. Trotzdem halte ich es für zweckmäßig, an dem Jakobischen Wertpapierbegriff festzuhalten. Nicht wie, sondern ob der Erwerber besonders geschützt wird, ist das für den Begriff Entscheidende. Dann aber gehören die Rektapapiere nicht zu den wertpapierähnlichen Urkunden; vielmehr sind sie "Wertpapiere", wenn auch unvollkommene Wertpapiere.

Dreiteilung

Dementsprechend gibt die auf dem Anwendungsbereich der Funktionen aufgebaute Dreiteilung den besten Einblick in die Rechts- und Interessenlage:

I. Vollkommene Wertpapiere - Umlaufpapiere - Vollberücksichtigung der Erwerberinteressen.

II. Unvollkommene Wertpapiere - Rektapapiere - Mitberücksichtigung der Erwerberinteressen.

III. Wertpapierähnliche Urkunden - einfache Ausweispapiere - Nichtberücksichtigung der Erwerberinteressen.

Sonstige Einteilungen.

§ 13.

Neben der Gruppierung nach der rechtlichen Bedeutung der Verbriefung (dem Anwendungsbereich der Grundregeln) sind noch folgende Unterscheidungen aufschlußreich:

A. Nach der Art der Bezeichnung des Berechtigten im Wertpapier unterscheidet man:

A. Nach der Bezeichnung des Berechtigten

I. REKTApapiere - schlichte Namenspapiere - Namenspapiere schlechthin

bezeichnen eine (oder mehrere) namentlich bestimmte Personen als den Berechtigten.

I. REKTAPAPIERE

Der Ausdruck stammt aus den Wechselordnungen des ausgehenden 17. und beginnenden 18. Jahrhunderts, in denen die Rede ist von "Wechselbriefen, so direkte, und nicht an Order, an jemand zu zahlen lauten".[1] Im 19. Jahrhundert wird dafür in Deutschland der Ausdruck "Rektawechsel" gebräuchlich, den das handelsrechtliche Schrifttum des 19. Jahrhunderts zum "Rektapapier" verallgemeinert. Gleichwohl ist der Ausdruck "Rektapapier", nicht zuletzt infolge seiner anfänglich unscharfen Abgrenzung dem Geschäftsleben wie der Gesetzessprache fremd geblieben.

Ausdruck

Bspe. Rektawechsel, Rektascheck.
Rektalagerschein, Rektaladeschein, Rektakonnossement.
Rektaaktie, Rektazwischenschein, Kux, Reichsbankanteilschein
Hypothekenbrief, Rektagrundschuld- oder Rentenschuldbrief.
Anweisungsbrief des BGB., insbesondere Kreditbriefe für Reisende, Effektenschecks für sammelverwahrte Aktien u.dgl. sowie Lieferscheine über die Ausführung gattungsmäßig bestimmter Waren.
Sparkassenbuch, Versicherungsschein, Depotschein, Pfandschein.

Bspe.

---

1) Nachweisung bei Raiser, ZHR 101, 13 N 1.

II. ORDERPAPIERE

II. ORDERpapiere bezeichnen eine namentlich bestimmte Person (insofern sind sie Namenspapiere im weiteren Sinne) als den Berechtigten oder deren Order, d.h. den als den Berechtigten, an den der namentlich bestimmte zu leisten befiehlt (anweist).

Ausdruck

Die Ordererteilung geschieht durch schriftlichen, auf das Papier, seit der französischen Praxis des 17. Jahrhunderts[2] regelmäßig auf die Rückseite gesetzten Begebungsvermerk: daher die Bezeichnung "Indossament" ("in dorso"); auch "Giro" (ital. giro - Kreis, weil das Papier durch wiederholte Übertragungsvermerke zum Aussteller zurückkehren und damit den Kreis schließen kann).

Üblich: "für mich" (gemeint ist: statt an mich) "an die Order des Herrn Neu.

Berlin, 1.3.43
Alt".

Oder: "Herrn Neu". Unterschrift: "Alt".

Oder einfach nur Unterschrift "Alt" auf der Rückseite des Papiers (Blankoindossament).

1. technische Orderpapiere

1. Formell und materiell sind Orderpapiere die sogenannten <u>technischen Orderpapiere</u>, bei denen das Gesetz zur Übertragung durch Indossament ermächtigt. Nur sie sind rechtlich Orderpapiere, also echte Orderpapiere. Zweckmäßig werden daher nur sie als Orderpapiere bezeichnet.

a. gekorene

a. G e k o r e n e Orderpapiere sind nur Orderpapiere, wenn der Aussteller die Orderklausel in sie aufgenommen hat.

Bspe. Die handelsrechtlichen Orderpapiere des § 363 HGB. Die Orderschuldverschreibungen des Reiches und der Länder nach Maßgabe der Schuldenordnungen, insbesondere nach § 8 der Reichsschuldenordnung vom 13.2.24 und nach § 8 der preuß. Staatsschuldordnung vom 12.3.24.

---

2) Ulmer 211

b. **Geborene** Orderpapiere sind Orderpapiere, bei denen sich die Übertragbarkeit durch Indossament auch ohne Orderklausel von selbst versteht, sofern der Aussteller nicht durch einen Gegenvermerk, z.B. "nicht an Order" oder dergleichen (Rektaklausel), die Begebung durch Indossament ausgeschlossen hat. — b. geborene

Bspe. Wechsel (Art. 11 I/II WG) und Scheck (Art. 14 I/II SchG).
Namensaktien (§ 61 II AktG) und
Zwischenschein (§ 61 IV/II AktG).[3]

2. Dagegen sind nur formell, nicht materiell Orderpapiere, die an Order gestellten Wertpapiere, bei denen das Gesetz die Orderpapiereigenschaft nicht vorsieht: - "einfach indossable" - "zivile Orderpapiere". Sie sind rechtlich höchstens Rektapapiere; ja, im Zweifel enthält die Anorderstellung sogar nur einen Hinweis auf die Übertragbarkeit des Rechts.[4] — 2. zivile sog. Orderpapiere

Bspe. "Orderlagerschein" staatlich dazu überhaupt nicht oder nicht für diese Lagerräume ermächtigter Anstalten.[5] An Order gestellte Teilschuldverschreibungen (RG 106, 157) oder Depotscheine (RG 118, 35).
Reichbankanteilscheine (§3 Reichsbanksatzung).
Wechsel nach Protest oder nach Ablauf der Protestfrist (Art. 20 I WG).

III. INHABERpapiere bezeichnen den "Inhaber" der Urkunde als den Berechtigten. — III. INHABERPAPIERE

Gleichgültig ist die Fassung der Inhaberklausel: genügend z.B. "an den Vorleger", "an den Überbringer", "an den Inhaber oder dessen Order", an "Herrn Alt oder Überbringer" (sog. alternative Inhaberklausel). — Fassung

1. Formell und materiell sind Inhaberpapiere: — 1. echte Inhaberpapiere

---

3) Die Zulässigkeit der Aktienklausel ist hier bestritten, weil § 61 II den Art. 11 WG nicht mit anführt.
Da aber Rektapapiere allgemein durch Vertrag geschaffen werden können, besteht kein innerer Grund, die Verbriefung der Mitgliedschaftsrechte des Aktärs durch Rektaaktie auszuschließen.

4) H.M.; z.B. RG 71, 33; 101, 299 f.

5) §§ 363 II HGB/5 I Orderlagerschein-VO. vom 16.12.31.

a. vollständige IP.

a. Wertpapiere mit Inhaberklausel, bei denen die Inhaberklausel, wie im Zweifel, nicht nur einen Ausweisvorbehalt für den Verpflichteten, sondern auch eine Rechtsvermutung für den Berechtigten begründen soll: vollständige Inhaberpapiere.

Hauptfälle:
Inhaberschuldverschreibungen (§§ 793 ff. BGB), insbesondere Staatsobligationen:
Die Teilschuldverschreibungen des Reiches oder des Landes über bestimmte Geldsummen bedürfen keiner staatlichen Genehmigung (§ 795 IV); so vor allem die Reichsschatzanweisungen, mögen sie bei einer Laufzeit von höchstens 1 Jahr dem kurzfristigen Kreditbedarf dienen und unverzinslich sein (der Verkehr bezeichnet sie ungenau häufig als "Reichsschatzwechsel", weil sie wie Wechsel diskontiert werden) oder mögen sie bei einer längeren Laufzeit mit Zinsscheinen versehen den langfristigen Kreditbedarf ("fundierte" Staatsschuld) decken.

Ferner Inhaberlagerscheine, die weder der staatlichen Genehmigung nach § 795 bedürfen, weil sie eine Warenschuld verbriefen, noch von staatlich ermächtigten Anstalten ausgestellt sein müssen, weil sie keine Orderpapiere sind (RG 142, 151 (I)); sie sind allerdings selten.

Oder Dividendenscheine (die auf keine "bestimmte" Geldsumme gehen und daher nicht der staatlichen Genehmigung unterliegen) und Zinsscheine (für die das Genehmigungserfordernis mit Rücksicht auf ihren Charakter als Nebenpapier streitig ist),[6] auch wenn das Hauptpapier Orderpapier ist.

Lotterielose, die zwar mangels Geldähnlichkeit nicht der staatlichen Genehmigung nach § 795, aber der nach § 763 BGB bedürfen.

Inhabergrundschuldbriefe, die freilich nur mit staatlicher Genehmigung ausgegeben werden können (§§ 1195 - 795 BGB).

Inhaberaktien (Art. 10 I AktG): sie sind im Verkehr die Regel.

---

6) RG 74, 339 verlangt die Genehmigung. Dazu unten G II 1.

Inhaberschecks: sie bedürfen nicht der Genehmigung nach § 795 BGB: Da sie nicht angenommen werden können, die Rückgriffsansprüche aber nach Ablauf einer kurzen Vorlegungsfrist erlöschen, treten sie nicht im Wettbewerb zu den Staatsanleihen. Das Scheckgesetz und die VO über bestätigte Reichsbankschecks (die Reichsbank kann die auf sie bezogenen Schecks annehmen, aber die Annahmeschuld erlischt, wenn der Scheck nicht binnen 8 Tagen zur Zahlung vorgelegt wird) vom 31.8.1916[7] gehen als Sondersatz dem § 795 BGB vor.

b. Inhaberzeichen: § 807 BGB.

b. Formell und materiell, also der Fassung wie den Rechtsfolgen nach, sind Inhaberpapiere ferner die Wertpapiere ohne Inhaberklausel und ohne namentliche Bezeichnung des Berechtigten, die nach der Verkehrssitte nicht nur einen Ausweisvorbehalt zugunsten des Verpflichteten (Legitimationszeichen), sondern auch eine Rechtsvermutung zugunsten des Inhabers begründen sollen: sogenannte Inhaberzeichen, vielfach auch Inhaberkarten oder Inhabermarken genannt (§ 807 BGB). Sie sind echte Inhaberpapiere und werden hinsichtlich der Grundregeln auch als Inhaberpapiere behandelt. Sie unterstehen als Kleinwerte aber nicht allen sonstigen Bestimmungen über Inhaberpapiere: insbesondere gibt es bei ihnen keinen Umtauschanspruch bei Beschädigung (§ 798), keine Kraftloserklärung bei Verlust (§§ 799 ff.)[8] und keine Vorlegungsfrist (§§ 801 f.). Auch ist bei ihnen die (faksimilierte) Namensunterschrift (§ 793 II[2]) entbehrlich und nicht üblich.

§ 807 führt überdies den § 795 nicht unter den anwendbaren Vorschriften auf. Inhaberzeichen über eine bestimmte Geldsumme (Notgeldscheine) wurden daher in der Inflationszeit vielfach ohne staatliche Genehmigung in den Verkehr gebracht. Deshalb hat das Reichsgesetz vom 17.7.22 das Ausgabeverbot mit Erlaubnisvorbehalt auch auf Inhaberkarten ausgedehnt.

---

7) Abgeändert durch Art. 6 des Einführungsgesetzes zum SchG vom 14.8.33 .

8) Vorbehaltlich abweichenden Landesrechts: Art 102 I EGBGB.

Bspe. Inhaberzeichen sind die gewöhnlichen Fahrkarten der Reichsbahn: der Vermerk "nicht übertragbar" schließt bei ihnen nur die Übertragung nach Antritt der Reise aus (§ 10 IV Eisenbahnverkehrsordnung vom 8.9.38)[9]. Im Zweifel[10] gehören hierher ferner Straßen-, bahnfahrscheine und Eintrittskarten: etwa Konzert-, Theater-, Kino-, Bade-, Bahnsteigkarten, Speise- und Biermarken von Gastwirten (sog. Gutscheine).

2. Ausweispapiere
- Legitimationspapiere

2. Formell, aber nicht materiell sind Inhaberpapiere die Papiere, die sichtlich nur zugunsten des Schuldners den Inhaber als den Berechtigten bezeichnen; die also nur den Ausweisvorbehalt, nicht aber den Gutglaubensschutz und den Einredenausschluß kennen: die bloßen Legitimationspapiere (Ausweispapiere), mögen sie vollständige LEGITIMATIONSPAPIERE oder nur LEGITIMATIONSZEICHEN, mögen sie zugleich Rektapapiere (Vorlegungspapiere: § 808 BGB) oder nur Legitimationszeichen (Ausweiskarten) sein. Die früher übliche Bezeichnung der durch den Vorlegungszwang qualifizierten vollständigen Legitimationspapiere als "hinkende Inhaberpapiere" ist irreführend.

Die Abgrenzung wird, wenn sich die Urkunde nicht auf die Ausweisklausel beschränkt, zuweilen durch das Gesetz, regelmäßig aber durch die Verkehrssitte bestimmt.

§ 808 BGB

So sind Versicherungsscheine, wenn sie auf den Inhaber lauten, nach § 4 I VVG gleichwohl nicht Inhaberpapiere, sondern nur Ausweis- und Vorlegungspapiere (§ 808 BGB).

---

9) § 10 IV EisVerIKO vom 8.9.38 (RGBl.II 663) entspricht dem § 13 IV der alten Eisenbahnverkehrsordnung. - Ulmer hält die Eisenbahnfahrkarten vom Antritt der Reise an für bloße "Vorlegungspapiere" (Rektakarten). Aber das trifft nicht zu: Ist die Fahrkarte gelocht, so ist die Übertragung des Rechts auf Beförderung freilich ausgeschlossen (§ 399 BGB). Ist sie aber noch nicht gelocht, so muß der gutgläubige Erwerber entsprechend §§ 932 ff BGB auch dann geschützt werden, wenn die Reise bereits angetreten war: das wäre bei einer bloßen Rektakarte nicht möglich.

10) Hueck S.130 spricht sich gegen eine Rechtsvermutung für die eine oder andere Art aus. Aber die verkehrstypische Bedeutung weist auf den Verpflichtungswillen gegenüber dem "Inhaber" und damit auf § 807 BGB hin (unten 2).

So sind Garderobenmarken und Gepäckscheine, meist auch Reparaturmarken, nur Ausweiskarten, aber nicht Vorlegungszeichen und erst recht keine Inhabermarken.

Ein Beispiel Hecks beleuchtet einprägsam die Bedeutung des Unterschieds: Als die berühmte Schauspielerin Eleonore Duse in Berlin ein Schauspiel gab, war das Theater ausverkauft. Alt, der seine Eintrittskarte vor dem Theater verloren hatte, der aber die Platznummer auswendig wußte, wurde von dem Personal, das ihn als guten Stammgast kannte, auf den Platz gewiesen. Kurz darauf erschien Neuling, der vor dem Theater die Eintrittskarte des Alt von dem vorgeblichen Aufkäufer Neu gutgläubig erworben hatte. Wer kann hier vom Theater die Überlassung des Platzes verlangen? Die Entscheidung hängt davon ab, ob die Eintrittskarte Inhaberzeichen ist und daher gutgläubig erworben werden kann (§ 935 II BGB), oder ob sie nur Legitimationsmarke und daher der gute Glaube nicht geschützt ist. Mangels anderweitiger Bestimmung auf der Karte ist sie Inhaberzeichen, und dann war Neuling im Recht. Daß der Theaterunternehmer mit der Ausgabe der Eintrittskarten nur die Kontrolle und nicht den Handel damit erleichtern wollte, zwingt nicht ohne weiteres zur Annahme eines schlichten Legitimationszeichens. Denn nach der Verkehrssitte ist jeder Durchschnittserwerber zu der Annahme berechtigt, daß nicht nur der Schuldner sich durch Leistung an den Inhaber befreien kann, sondern daß der Inhaber des Nachweises seines Rechtserwerbs durch den Papierbesitz überhoben ist (Einziehungsrechtsvermutung). Soll aber der Schuldner zur Leistung an den Inhaber nicht nur berechtigt, sondern auch (mangels Nachweises des Nichtrechts) verpflichtet sein, so ist das Papier nach der gesetzlichen Ergänzungsregel des § 807 BGB Inhaberzeichen. Will der Unternehmer das ausschließen, so muß er das durch einen eindeutigen [11] Vermerk auf der Eintrittskarte tun. Nur dann ist die Übertragbarkeit des Rechts ausgeschlossen (§ 399 F. 2 BGB) und damit

Duse - Bsp.

---

11) Zweifelhaft ist angesichts der tatsächlichen Weiterverwertungsmöglichkeit und der naheliegenden Analogie des § 13 IV der alten EVO ob der bloße Vermerk "nicht übertragbar" oder "gültig nur für die Person, für die gelöst", wie er sich häufig auf Eintrittskarten und Straßenbahnfahrscheinen findet, die Übertragbarkeit schon vor dem Lochen oder Abreißen der Karte mit hinreichender Deutlichkeit ausschließt. Bei dem grundsätzlichen Vorzug der Verkehrs- vor den Kontrollinteressen genügt m.E. ein derartiger Vermerk allein noch nicht, um den § 807 BGB außer Kraft zu setzen. Dementsprechend bewertet auch die h.M., z.B. v. Staudinger-Kober § 807 Anm. 4 BGB, Eintrittskarten und Straßenbahnfahrscheine regelmäßig als Inhaberzeichen.

das Papier zwar nach wie vor ein Ausweispapier, aber kein Inhaberpapier und nicht einmal ein Rektapapier. Es hat zwar die Kraft des Ausweisvorbehalts und der Rechtsvermutung, aber es gelten nicht Gutglaubensschutz und Einredeausschluß, nicht einmal die Sicherung des Weitererwerbers durch Beschränkung des § 407 BGB und folgerichtig auch nicht der (unbedingte) Vorlegungszwang: Die Vorlage des Papiers kann dementsprechend im Zweifel durch den Nachweis des unfreiwilligen Papierverlustes oder des ordnungsmäßigen Rechtserwerbs ersetzt werden. Alt war also im Recht, wenn die Eintrittskarte einen derartigen Vermerk trug.[12]

B. Nach der Vollständigkeit

B. Nach der Vollständigkeit des endgültigen Urkundeninhalts unterscheidet man vollständige Papiere und KARTEN - Marken - Zeichen.

Karten bezeichnen den Leistungsgegenstand unvollkommen. Sie nennen den Berechtigten oft gar nicht und sind meist ohne (faksimilierte) Unterschrift.

I. Keine Orderkarten

I. ORDERkarten sind ausgeschlossen. Möglich aber sind vorläufig unvollständige Papiere:

Bsp. Blankowechsel.

II. Inhaberzeichen

II. INHABERkarten (§ 807 BGB) sind häufig.

Bspe.: Gewöhnliche Fahrkarten der Reichsbahn, im Zweifel auch Straßenbahnfahrscheine, Eintrittskarten, Speise- und Biermarken.

III. Rektazeichen

III. REKTAkarten enthalten regelmäßig den Namen des Berechtigten.

Mangels gegenteiligen Vorbehalts können sie aber auch vor oder ohne Namensausfüllung gültig sein. Ist freilich für die Einschreibung des Namens kein Platz freigelassen, so sind sie im Zweifel Inhaber- oder Legitimationszeichen.

Rektamarken können sein:

1. nur RZ

1. Einfache Rektazeichen - schlichte Vorlegungspapiere.

Bspe.: Eisenbahnmonatskarten; Ferienrückfahrkarten; Eintrittskarten von Bühnenvereinen.

---

12) H.L. A.A. Heck, Schuldrecht S. 409, der Fahr- und Eintrittskarten ohne weiteres den Legitimationskarten zurechnet.

2. <u>Qualifizierte Legitimationszeichen</u> - Vorlegungs- und Ausweispapiere (entsprechend § 808 BGB). — 2. auch LZ

Bsp. Rabattmarken.

3. <u>Einfache Legitimationszeichen</u> - Ausweispapiere mit oder ohne Rechtsvermutung zugunsten des Inhabers. — 3. nur LZ

Bspe.: Gepäckscheine der Reichsbahn. Ferner Straßenbahnfahrscheine und Eintrittskarten, wenn sie durch einen Vermerk die Übertragung der Karte von vornherein ausschließen. Vor allem Garderoben- und Reparaturmarken.

I-III. Je unübersehbarer der Personenkreis, umso stärker das Bedürfnis nach Legitimationsfolgen nicht nur zugunsten des Schuldners, sondern auch zugunsten des Inhabers (nach einer Einziehungsrechtsvermutung). Daher wird der Schuldner vom Inhaber eines Massenpapiers, z.B. eines Gepäckscheines, eines eindeutig unübertragbaren Straßenbahnfahrscheines, einer schlechthin unübertragbaren Eintrittskarte den Nachweis der Rechtsentstehung nicht verlangen können; wohl aber im allgemeinen bei Einzelpapieren, z.B. vom Vorleger eines Reparaturscheines. Die Vermutung spricht jedenfalls bei Massenpapieren gegen die einseitige Bevorzugung des Schuldners.[13]

C. <u>Nach der Art des verbrieften Rechts</u> unterscheidet man: — C. Nach der Art des verbrieften Rechts

I. <u>FORDERUNGS</u>papiere - Schuldpapiere, mögen sie gerichtet sein auf Leistung: — I. Forderungspapiere

von Geld. Bsp. Wechsel und Scheck.
von Sachen. Bsp. Lagerschein oder Erneuerungsschein (§ 808 BGB).
von Diensten. Bsp. Theaterkarten.

II. <u>ANWEISUNGS</u>papiere. — II. Anweisungspapiere

Sie können zugleich eine Verpflichtung verbriefen und daher Schuldpapiere sein.
Bspe.: Gezogener Wechsel und Scheck.
Sie müssen aber (noch) nicht Träger einer Forderung sein. Bspe.: Rektaanweisung des BGB (§§ 783 ff.) und Orderanweisung auf einen Kaufmann nach § 363 HGB. vor der Annahme.

---

13) A.A.Hueck 129, der gegen eine Zweifelsregel ist.

Ein Fall: Alt übergibt dem Neu ein Schreiben, in dem Alt seinen Lieferanten Schulte um Lieferung von 1000 Eiern einer bestimmten Sorte unmittelbar an seinen Abnehmer Neu ersucht (sog. Lieferschein, der bei Bestimmung der Ware nach Gattungsmerkmalen, wie hier, Rektaanweisung nach § 783 BGB ist). Die Anweisung verbrieft die Ermächtigung des Alt an Neu, durch Übergabe und Übereignung der Sachen von Schulte an Neu den Lieferungsanspruch Alts gegen Schulte einzuziehen (§§ 362 II/185 I BGB - "Verfügungs"-Ermächtigung = Empfangsermächtigung).

Ein zweiter Fall: Der Bankier Alt händigt dem Reisenden Neu ein Schreiben aus, in dem Alt das am Reisewege gelegene Bankhaus Schulte um Auszahlung bis zu 1000 RM an Neu für Rechnungen des Alt bittet (Kreditbrief). Schulte, der Alt einen entsprechenden Kredit gewährt, zahlt die 1000 RM an Neu aus und belastet dafür das Konto des Alt. Hier hat Alt dem Schulte die Machtbefugnis erteilt, durch Übereignung des Geldes an Neu den Alt (aus Darlehen) zu verpflichten (Verpflichtungsermächtigung - Leistungsermächtigung nach §§ 783 ff BGB).

Ermächtigung:
daher Unmittelbarkeitsfolge
Geschäftsbesorgungsvertrag:
daher Verpflichtungsfolge

In beiden Fällen liegt eine einseitige Ermächtigung oder, wie die h.L. es formuliert, eine einseitige Doppelermächtigung (zum Empfang und zur Leistung) vor, die nicht von der Gültigkeit des zugrundeliegenden Vertrages zwischen Alt und Neu (dem Valuta-Zuwendungsverhältnis) sowie zwischen Alt und Schulte (dem Deckungsverhältnis) abhängt (insofern also "abstrakt" ist). Neben der Ermächtigung "weist" freilich Alt darüber hinaus den Schulte zur Zahlung an Neu an: Er gibt zu erkennen, daß Schulte nicht nur an Neu leisten darf (Ermächtigung), sondern auch an Neu leisten soll (Verpflichtung)[14]. Die Anweisung enthält daher regelmäßig noch ein nach § 151 BGB annehmbares Angebot zum Geschäftsbesorgungsvertrag oder doch eine Weisung "Konkretisierung" des bereits bestehenden Geschäftsbesorgungsvertrages. Insofern geht sie über die bloße Ermächtigung hinaus. Aber die von dem Zustandekommen oder Bestehen des Geschäftsbesorgungsvertrages losgelöste (abstrakte) Ermächtigung hat zur Folge,

---

14) Das ist der richtige Angriffspunkt, den Heck, Schuldrecht S. 399, und Ulmer S. 134 f. gegen die heute herrschende "Ermächtigungstheorie" zur Wiederbelebung der gemeinrechtlichen Mandatstheorie vorbringen.

daß die Leistung Schultes an Neu nicht nur einen Gegenanspruch gegenüber der Forderung Alts gegen Schulte auf Lieferung der 1000 Eier oder auf Auszahlung des Darlehens von 1000 RM unter dem Gesichtspunkt des Aufwendungsersatzes (§ 670 BGB) erzeugt, sondern daß sie unmittelbar Schulderfüllung und Darlehensauszahlung ist.[15]

III. SACHENRECHTSpapiere. — III. Sachenrechtspapiere

Bspe.: Hypotheken-, Grund- und Rentenschuldbrief.

Mit staatlicher Genehmigung (§§ 1195 - 795 BGB) sind Inhabergrundschuldbriefe (und Inhaberrentenschuldbriefe) möglich, wenn auch selten. Praktisch befriedigen große Industrieunternehmer ihr Anleihebedürfnis durch Ausgabe von Teilschuldverschreibungen mit Sicherungshypothek (§ 1187 BGB), die als Inhabergrundschuldverschreibungen mit staatlicher Genehmigung oder als Orderschuldverschreibungen, insbesondere als kaufmännische Verpflichtungsscheine (mit Blankoindossament der Bank), ausgestellt werden können. Die Übertragung erfolgt beim Inhabergrundschuldbrief wie bei der Inhaber- oder Orderhypothek ohne Grundbucheintragung, nach Wertpapierrecht. Der Gläubiger hat beim Inhabergrundschuldbrief nur den Zugriff auf die Grundstücksmasse, bei der Inhaber- und Orderhypothek aber auch den auf das gesamte Vermögen des Schuldners. Der Inhabergrundschuldbrief ist deshalb sowie wegen der erforderlichen staatlichen Genehmigung selten.

Zu den Sachenrechtspapieren werden vielfach auch die sogenannten TRADITIONSPAPIERE gerechnet: namentlich der Orderlagerschein der staatlich dazu ermächtigten Anstalten (§§ 424/363 II HGB) und ohne Rücksicht auf Anorderstellung der Ladeschein — contra TRADITIONSPAPIERE
der Landfrachtführer (§§ 444/451 HGB),
der Binnenschiffseigner - "Schiffseigner" (§§ 72/76 Binnenschiffahrtsgesetz)
und das Konnossament der Seeschiffseigner - "Reeder" (§§ 642/662 HGB).

Sie enthalten:
erstens das Bekenntnis (die Wissenserklärung)

---

15) Die von der Gültigkeit des Geschäftsbesorgungsvertrages (des Mandats) unabhängige Unmittelbarkeitsfolge zeigt, daß die von Heck und Ulmer a.a.O. wieder aufgegriffene gemeinrechtliche Lehre vom Mandatsvertrag allein unzureichend ist. Der Rückerstattungsanspruch bei der Anweisung auf Kredit steht also ohne weiteres unter den Regeln des Darlehens; das Recht des Aufwendungsersatzes (§ 670 BGB) ist nur auf den etwa konkurrierenden Anspruch aus dem Geschäftsbesorgungsvertrag zwischen Alt und Schulte anzuwenden.

über den Empfang der eingelagerten, rollenden oder schwimmenden Güter;
zweitens das Versprechen (die Willenserklärung) der Herausgabe an den Berechtigten.

verbriefen den vertraglichen Anspruch auf Herausgabe (§ 868 BGB) einzelbezeichneter Stücke

Sie verbriefen daher - abgesehen von dem gesetzlichen Anspruch auf Ersatz des Minderwertes (Wertersatz, nicht ohne weiteres Schadenersatz!) bei nicht nachweislich schuldloser Unwahrheit der tatsächlichen Angaben über die empfangenen Güter[16] - den vertraglichen Herausgabeanspruch, auf dem der mittelbare Besitz beruht (§ 868 BGB). Sie sind daher nicht Träger eines Sachenrechts, aber ihre Übergabe hat, wenn (!) das Gut vom Lagerhalter, Frachtführer oder Seeschiffer übernommen ist, "für den Erwerb von Rechten an dem Gute dieselben Wirkungen wie die Übergabe des Gutes" (§§ 424/450/647 HGB). Die sachenrechtliche Bedeutung dieser Vorschriften ist bestritten. Nach der einen Meinung (sog. streng relative Theorie) verbleibt es ausnahmslos bei den allgemeinen Bestimmungen des Fahrnissachenrechts. Nach der anderen Ansicht (sog. absolute Theorie) hat die Übergabe des Traditionspapiers darüberhinausgehende Folgen. Eine dritte Lehre (die sog. Repräsentationstheorie) vermittelt.

Bsp.: Alt lagert 1000 Eier gegen Orderlagerschein bei Schulte ein. Sind die in Einzelverwahrung oder mit Einverständnis Alts in Sammelverwahrung (dann entsteht Miteigentum ab "Einlagerung"nach § 30 Orderlagerschein-VO, nicht erst ab Vermischung nach § 948 BGB) genommenen Eier in dem Lagerschein nicht nur nach Gattungsmerkmalen, sondern auch nach Stückmerkmalen, z.B. durch nähere Angabe des Lagerortes (§ 38 II Z.5 Orderlagerschein-VO), bezeichnet, so kann der Lagerschein Order- und Traditionspapier sein. Streitig ist dann insbesondere dreierlei:

1. Papierübergabe ersetzt die Verpfändungsanzeige (den § 1205 II BGB)

1. Bedarf die Verpfändung der eingelagerten Eier von Alt an Neu der Verpfändungsanzeige?
   Die streng relative Theorie bejaht das nach § 1205 II BGB.
   Die Bedürfnisse des Verkehrs, insbesondere bei schwimmender Ware, fordern die Verneinung.
   Die Papierübergabe hat die Zeichenkraft der Verpfändungsanzeige (h.L.).

2. Papierübergabe verdrängt den Rechtsschein des Warenbesitzers (den § 936 III BGB)

2. Erlischt das von Alt dem Schulte an den eingelagerten Eiern für rückständige Forderungen bestellte Pfandrecht durch den gutgläubigen Erwerb des Neu?

---

16) Dazu §§ 40 Orderlagerschein VO./ 652 f. HGB.

Die streng relative Theorie muß das verneinen: Schultes Besitz wirkt als Widerspruch gegen den Rechtsschein des Alt - § 936 III BGB.

Die richtige Ansicht bejaht es. Ergibt sich die Belastung nicht aus dem Papier oder unmittelbar aus dem Gesetz, wie beim gesetzlichen Pfandrecht für das Lagergeld [17] (§§ 420/421 HGB), so widerlegt der Rechtsschein des Papiers den des Warenbesitzes: § 936 III BGB ist ausgeschlossen.

3. Kann Neuling von dem durch Blankoindossament des Alt ausgewiesenen Papierdieb Neu kraft guten Glaubens das Eigentum an den Eiern auch dann noch erwerben, wenn Schulte die Eier verloren oder, irgendwie erkennbar, in Eigenbesitz genommen, z.B. in seinen Haushalt gebracht hat?

3. Papierübergabe macht den mittelbaren Besitz (den § 934 BGB) als Rechtsscheingrundlage entbehrlich

Sicher ist, daß zwar der Diebstahl der Ware (§ 935 I BGB), aber nicht der Diebstahl des Orderpapiers (Art. 16 II WG/ 365 I HGB) den gutgläubigen Erwerb der Ware hindert.

Sicher ist weiter, daß Schulte auch dem gutgläubigen Neuling den Einwand entgegenhalten kann, die Eier seien ihm ohne Schuld abhandengekommen, sei es durch einen Fliegerangriff (§ 275 I BGB), sei es durch Diebstahl (§ 275 II BGB). Denn mit dem gesetzlichen Erlöschen des Herausgabeanspruchs durch zufälliges Unmöglichwerden muß jeder Nehmer rechnen (dingliche und gutglaubensfeste Einwendung).

Sicher ist endlich, daß das Papier bei verschuldetem Unmöglichwerden der Herausgabe den daraus entstehenden Schadenersatzanspruch (§§ 325/ 280 BGB) mitverbrieft.

Streitig aber ist, ob der Erwerb des Papiers den gutgläubigen Erwerb der Ware auch dann noch vermittelt, wenn Schulte nicht mehr Besitzmittler ist, weil er den unmittelbaren Besitz verloren oder in Eigenbesitz verwandelt hat.

Die streng relative und die vorherrschende Repräsentationstheorie verneinen das, weil der Herausgabeanspruch mangels entsprechender Besitzmittlung des Schulte nicht mehr den mittelbaren Besitz und damit den gutgläubigen Warenerwerb nach § 934 BGB zu begründen vermöge.

Die absolute Theorie bejaht es, weil die §§ 424/450/647 HGB die Traditionskraft entsprechend dem Verkehrsbedürfnis nur an das Übernommensein, nicht an das Übernommenbleiben der Ware knüpfen, und daher

17) Enger Ritter HGB § 424 Anm. 3: nur wegen des Lagergeldes, das nach § 420 noch nicht zu entrichten war.

der gutgläubige Erwerb des Papiernehmers möglich sei, solange nicht die Ware durch einen Dritten, insbesondere kraft guten Glaubens, erworben werde.

Billig und zweckmäßig ist es jedenfalls, daß Neuling mit dem vertraglichen Herausgabeanspruch auch die Ware gutgläubig erwirbt, wenn Schulte sie lediglich in Eigenbesitz genommen, z.B. zwecks eigenen Verbrauchs unterschlagen, hat; wenn Alt schon den vertraglichen Herausgabeanspruch an Neuling verliert, dann hat es keinen Sinn, ihm den Eigentumsherausgabeanspruch gegen Schulte aus § 985 BGB zu belassen und damit [18] ein unerwünschtes Auseinanderfallen zwischen Vertrags- und Eigentumsherausgabeanspruch, zwischen Neuling und Alt, herauszufordern. Ist aber die Durchbrechung der Grundsätze des bürgerlichen Rechts in diesem Falle nötig, so ist es auch bei Warenbesitz (nicht Warenerwerb) eines Dritten unbedenklich, den Alt hinter Neuling zurücktreten zu lassen; dies empfiehlt sich auch deshalb, damit Neuling dem Schulte gegen die etwaige Schadloshaltung das Eigentum an der Ware übertragen kann (§ 255 BGB). Im Einklang mit den gesetzlichen Sondervorschriften und dem Verkehrsbedürfnis ist daher der absoluten Theorie zuzustimmen.

Das Traditionspapier hat somit für die Übertragung der Ware in dreifacher Hinsicht sonderrechtliche Bedeutung.

1. Seine Übergabe ersetzt die Verpfändungsanzeige - Ersetzung von § 1205 II BGB: Zeichenfunktion des Traditionspapiers!
2. Seine Übergabe verdrängt den Rechtsschein des Schuldnerbesitzes - Ausschluß von § 936 III BGB: Rechtsscheinfunktion des Traditionspapiers!
3. Seine Übergabe schafft eine Rechtsscheingrundlage, die den mittelbaren Besitz als Rechtsscheingrundlage entbehrlich macht - Überholung von § 934 BGB: Es handelt sich hier gleichfalls um eine Rechtsscheinfunktion des Traditionspapiers!

IV. Mitgliedschaftspapiere

1. Umlaufpapierfähig sind nur Aktionärrechte

IV. MITGLIEDSCHAFTSpapiere

1. Durch UMLAUF- (Inhaber- oder Order-) Papier verbriefbar sind nur die Mitgliedschaftsrechte des Aktionärs einer Aktiengesellschaft (§§ 10/61 AktG) und entsprechend die der Kommanditaktionäre einer Kommanditgesellschaft auf Aktien (§ 219 III AktG).

18) trotz des Zwangs, die Herausgabe nach § 985 BGB nur gegen Rückgabe des Traditionspapiers verlangen zu können: Vgl. E III

Nur order-, nicht inhaberpapierfähig sind (§ 10 II/III AktG):

a. Aktionärrechte vor Vollzahlung des Nennbetrages sowie des etwa höheren Ausgabebetrages,

b. vorläufige, bis zur Ausgabe der endgültigen Aktienurkunden ausgegebene Scheine, die sog. Zwischenscheine - Interimsscheine.

2. Durch REKTApapier können sämtliche übertragbaren Mitgliedschaftsrechte verbrieft werden.

2. Rektapapierfähig sind alle übertragbaren Mitgliedschaftsrechte

Auch Aktien (str.), obwohl das Gesetz sie nicht vorsieht. Denn für Rektapapiere gilt vertragliche Gestaltungsfreiheit.

Bspe.: Kuxscheine der bergrechtlichen Gewerkschaften (z.B. §§ 103 ff. des preuss. Berggesetzes). Reichsbankanteilscheine (§§ 5 Bankgesetz/ 1-6 Reichsbanksatzung).

Die Bescheinigung über Geschäftsanteile an einer GmbH ist regelmäßig nur Beweisurkunde. Doch kann die Satzung etwas anderes bestimmen.

1/2. Die in Order- oder Rektapapieren (nicht in Inhaberpapieren) verbrieften Mitgliedschaftsrechte sind durchweg - für Orderaktien schreibt das § 62 AktG zwingend vor - in Verzeichnissen (dem Aktienbuch, dem Gewerkenbuch, den Stammbüchern der Reichsbank) verbucht. Nach Gesetz und/oder Satzung gilt hier im Innenverhältnis zwischen Mitglied und Verein("Gesellschaft") grundsätzlich nur der im Buch Eingetragene als Mitglied, mag es sich um Mitgliedschaftsrechte oder Mitgliedschaftspflichten handeln. Der Bucheintrag ist für das Innenverhältnis Voraussetzung nicht des Mitgliedschaftsrechts, aber doch der Rechtsausübung für und gegen das Mitglied. Das Papier (der Rechtsübergang vollzieht sich außerhalb des Mitgliederverzeichnisses) wiederum ist Voraussetzung der Ausübung des Anmeldungsrechts. Die Legitimation durch das Papier bereitet also nur die durch den Bucheintrag vor.

1/2. Die Legitimation durch das Papier ist Ausübungsvoraussetzung der Anmeldung zum Bucheintrag, der seinerseits Voraussetzung der Rechtsausübung im Innenverhältnis ist

V. Öffentlichrechtliche Papiere sind keine Wertpapiere

V. KEINE Wertpapiere sind die Urkunden, die nicht zivile Vermögensrechte, sondern öffentliche Rechtsstellungen verbriefen. Das ist nicht nur der Fall z.B. bei Lebensmittelmarken oder Steuergutscheinen, sondern - im Gegensatz zu der im 19. Jahrhundert herrschenden Meinung - auch bei Banknoten, Brief-, Sozialversicherungs-, Gerichtskosten- oder sonstigen hoheitlichen Stempelmarken.

Die Einlösungspflicht für Banknoten muß nicht bestehen: für Reichsbanknoten bestand sie rechtlich noch nach § 31 Bankgesetz; aber die Einlösung - sie erfolgte nach Wahl der Reichsbank in Gold oder Devisen (Schecks oder Auszahlungen in ausländischer Währung) - bedurfte der Genehmigung der Devisenstelle und war außerdem durch Anbietungspflicht für derartige Werte gegenüber der Reichsbank überholt.[19] Sie ist jetzt durch § 14 I des neuen Reichsbankgesetzes v. 15.6.39 aufgehoben. Wenn und soweit aber die Einlösungspflicht besteht, ist sie öffentlichrechtlicher Natur. Dementsprechend ist der Rechtsweg ausgeschlossen, die Einlösungsklage vor dem Amts- oder Landgericht daher unzulässig. Auch sachlichrechtlich sind die aus der Notenausgabe entstehenden Pflichten erschöpfend im Bankgesetz geregelt: Für die Anwendung der Bestimmungen über Inhaberschuldverschreibungen ist daher (§§ 793 ff. BGB) kein Raum. Dagegen vollzieht sich der Rechtsübergang von Geld nach den Regeln des Fahrnissachenrechts (§§ 932 ff BGB); entsprechend den Umlaufinteressen ist, wie bei Umlaufpapieren,sogar an abhandengekommenem Geld gutgläubiger Erwerb möglich (§ 935 II BGB), mag es sich um "gesetzliche" oder,wie bei ausländischen Banknoten,[20] um ablehnbare Zahlungsmittel, um sog. Verkehrsgeld, handeln.

Das Eigentum an anderen Papieren über öffentliche Rechtsstellungen wird, weil die Papiere "Sachen" sind, gleichfalls nach Fahrnissachenrecht erworben. Sind die Rechte nicht übertragbar, wie bei Lebensmittelkarten, so gehen sie nicht mit über. Sind sie aber übertragbar und außerdem auf den Inhaber gestellt, wie z.B. Briefmarken, so wird man, entsprechend den Inhaberpapieren, gutgläubigen Erwerb trotz Abhandenkommens in Analogie des § 935 II BGB zulassen müssen.[21]

19) Gesetz über die Devisenbewirtschaftung vom 12.12.38 §§ 10 ff/46 ff.

20) So richtig zu § 935 II BGB: Wolff, Sachenrecht § 69[4].

21) So wohl auch Ulmer 29.

D. Nach der Bedeutung der Verbriefung für die Entstehung des Rechts unterscheidet man:

D. Nach der Bedeutung der Verbriefung für die Rechtsentstehg.

1. KONSTITUTIVE - rechtserzeugende - rechtsbegründende Wertpapiere. Sie bringen erst durch die Verbriefung das Recht zur Entstehung. Das Recht aus dem Wertpapier entsteht mit dem Wertpapier.

1. Konstitutive WP

Notwendig rechtsbegründend sind Papiere, die Rechte verbriefen, deren Entstehung an die Einhaltung einer bestimmten Form des Wertpapiers gebunden ist.

Bspe.: Wechsel (Art. 1/2 WG). Scheck (Art. 1/2 SchG).

Inhaberschuldverschreibungen, die kaufmännischen Orderpapiere des § 363 HGB, Lagerscheine, Ladescheine, Konnossemente, mögen sie an Order gestellt sein oder nicht, sind nur dann rechtserzeugend, wenn sie ein neues Recht verbriefen: sei es, daß bisher ein Recht auf die Leistung überhaupt noch nicht bestand, sei es, daß zu dem bereits bestehenden Recht ein damit in Anspruchkonkurrenz tretendes zweites selbständiges (§ 780 BGB) Recht tritt. Das ist z.B. bei dem in Lagerscheinen, Ladescheinen oder Konnossementen verbrieften Herausgabeansprüchen keineswegs kraft Gesetzes der Fall.[22]

2. KONFIRMATORISCHE - rechtsverändernde - rechtsbestärkende Wertpapiere.

2. Konfirmatorische WP

Sie stellen das vor der Verbriefung bereits entstandene Recht nur unter wertpapierrechtliche Grundsätze. Die Verbriefung hat insofern eine Inhaltsänderung des Rechts zur Folge. Aber sie folgt der Entstehung des Rechts nach.

Bspe: Aktienurkunden und Zwischenscheine. Kuxscheine. Ausnahme: Die an Gläubiger von Wandelschuldverschreibungen auf Grund der (durch ihre Bezugserklärung) bedingten Kapitalerhöhung - neben den oder anstelle der Schuldverschreibungen - ausgegebenen Aktien bringen das Mitgliedschaftsrecht nach § 167 AktG erst mit ihrer Ausgabe zur Entstehung.

Grundpfandbriefe, wenn (nur dann![23]) die Übergabe des Briefes durch die Vereinbarung ersetzt wird, daß dem Berechtigten der Brief durch das Grundbuchamt ausgehändigt werden soll: Denn damit erwirbt der Berechtigte nach

22) A.A. Ulmer 31.
23) A.A. Ulmer 31.

§ 1117 II BGB das Grundpfandrecht ohne Rücksicht darauf, ob der Brief von dem Grundbuchamt bereits ausgefertigt ist oder nicht.[24]

Streitig ist, ob Inhaber- oder Orderaktien, die für ein bereits bestehendes Mitgliedschaftsrecht mit Zustimmung des Berechtigten von der Gesellschaft ausgefertigt, dieser aber dann gestohlen und von einem Dritten gutgläubig erworben werden, auf den Dritten übergehen. Die h.L. verneint, m.E. ist die Frage zu bejahen.[25]

Von der bloßen Beweisurkunde - der rein deklaratorischen - nur rechtsbekundenden Urkunde, z.B. dem einfachen Schuldschein, unterscheidet sich die wertpapiermäßige Verbriefung schon vorher bestehender Rechte durch die Inhaltsänderung des Rechts, die die Unterstellung unter wertpapierrechtliche Sonderregeln mit sich bringt: also durch die rechtsändernde Kraft der Verbriefung. "Bestärkt" wird allerdings bei den Umlaufpapieren infolge der Möglichkeit gutgläubigen Papiererwerbs die Sicherheit des Rechtserwerbs auf Kosten der Sicherheit des Rechtsfortbestands und bei den Ausweispapieren infolge des Ausweisvorbehalts die Befreiungssicherheit des Schuldners auf Kosten der Empfangssicherheit des Gläubigers.

Mit der Unterscheidung zwischen rechtserzeugenden und rechtsbestärkenden Wertpapieren überschneidet sich nach dem Sprachgebrauch mancher Schriftsteller die zwischen vollkommenen und unvollkommenen Wertpapieren. Als "vollkommen" werden danach die Wertpapiere bezeichnet, bei denen das Papier nicht nur zur Geltendmachung, sondern zur Entstehung, zur Übertragung und zum Fortbestand des Rechts notwendig sein soll; "unvollkommen" heißen alle anderen Wertpapiere.[26] Diese Begriffsbestimmung beruht zunächst auf der unzutreffenden Annahme, daß bei den "vollkommenen" Papieren, z.B. dem Wechsel oder Scheck, der Untergang des Papiers den des Rechts (nicht nur den der Legitimation!) nach sich zieht; einem Trugschluß aus der Eigentumstheorie. Hält man entgegen der herrschenden Rechtslehre die Übergabe des Papiers bei Rektapapieren grundsätzlich nicht für ein Übertragungserfordernis, so fällt der Unterschied - mit Ausnahme des Grundpfandbriefs (§ 1154 BGB) - mit dem in Umlauf- und Rektapapiere, sonst mit dem in rechtserzeugende

---

24) Wolff, Sachenrecht § 133 V 1.
25) § 7 I 3 b.
26) z.B. von Schwerin S. 14.

und rechtsbestärkende Wertpapiere zusammen. Es empfiehlt sich daher, wenn man überhaupt die Ausdrücke "vollkommen" und "unvollkommen" verwenden will, die Wertpapiere mit Gutglaubensschutz und Einredenausschluß, also die Umlaufpapiere, als vollkommen, die anderen Wertpapiere, die Rektapapiere, aber als unvollkommen zu bezeichnen.

E. Nach der Unabhängigkeit des Bestands des verbrieften Rechts von dem zugrundeliegenden Geschäft unterscheidet man

ABSTRAKTE - selbständige und

KAUSALE - abhängige Wertpapiere.

E. Nach der Unabhängigkeit des Bestands des verbrieften Rechts:

abstrakte und kausale WP

Die Zuwendung des verbrieften Rechts hat (nähere und entferntere) Beweggründe. Je nachdem einer oder mehrere Beweggründe zum Inhalt des (das Recht und/oder die wertpapiermäßige Verbriefung begründenden) Rechtsgeschäfts gemacht werden, ist das Rechtsgeschäft und damit das verbriefte Recht "abstrakt" oder "kausal", also losgelöst oder abhängig vom Erklärungsgrund.

"Abstrakt" und zwar wegen ihrer Bedingungsfeindlichkeit (Art 1 Ziff. 2/9/25 I/75 Ziff. 2 WG/ 1 Ziff. 2 SchG) notwendig abstrakt sind Wechsel und Scheck als Anweisung sowie die Verpflichtung des Wechselannehmers und die Rückgriffshaftung des Ausstellers für die Zahlung. Mangels entgegenstehenden Vermerks, also im Zweifel, aber nicht notwendig sind abstrakt die Rückgriffshaftung des Wechselausstellers für die Annahme (Art 9 II WG), des Indossanten (Art 15 I WG/ 18 I SchG), des Wechselbürgen, des Ehrenannehmers, ferner die bürgenrechtliche Anweisung (§ 783 BGB), die Orderanweisung auf einen Kaufmann (§ 363 HGB), die Annahme dieser Anweisungen (sie ist nach der ausschließbaren Gesetzesregel des § 784 BGB nicht nur von den der Anweisung zugrundeliegenden Schuldgeschäften, sondern auch von der Gültigkeit der Anweisung unabhängig [27]), schließlich der kaufmännische

27) Palandt BGB § 785 Anm. 1a. Anders Heck, Schuldrecht S. 397, der allerdings mit Recht darauf hinweist, daß die mündliche Annahme der Anweisung durch einen Nichtvollkaufmann der Schriftform nicht bedarf, wenn die darin liegende Garantieerklärung von der Gültigkeit der Anweisung abhängig gemacht wird: denn dann enthält sie kein selbständiges Schuldversprechen (§ 780 BGB).

Orderverpflichtungsschein. Darüber hinaus können kraft entsprechender Abrede auch sonstige Rechte abstrakt sein.

Für die Bedeutung der abstrakten Verpflichtung ein schulmäßig vereinfachtes Beispiel: Schulte gibt dem Alt, um die Zahlung seiner Kaufpreisschuld von 1000 RM vorzubereiten (zahlungshalber: § 364 II BGB), ein schriftliches Schuldversprechen über 1000 RM, das abredegemäß selbständig (§ 780 BGB) neben der Kaufpreisschuld bestehen und als Rektapapier verbrieft sein soll. Alt hat nunmehr zwei Ansprüche auf die Zahlung von einmal 1000 RM: den "kausalen" Anspruch aus dem Verkauf und den "abstrakten" Anspruch aus der Schuldverschreibung (Anspruchkonkurrenz).

Bedeutung der abstrakten Schuldverschreibung:
1. Grundgeschäftsfreiheit - nur Einrede (aus § 812 BGB) wegen Kaufungültigkeit, daher

Die abstrakte Gestaltung der Schuldverschreibung hat eine dreifache PRAKTISCHE Bedeutung:

1. Ist der Kauf nicht oder nicht gültig zustandegekommen, so hindert das die Entstehung des Anspruchs aus der Schuldverschreibung nicht. Aber Schulte kann, wie bei Mangelhaftigkeit der Kaufsache aus Wandlung, so bei Ungültigkeit des Kaufs aus ungerechtfertigter Bereicherung (§ 812 I [1] BGB), die zahlungshalber hingegebene Schuldverschreibung von Alt zurückverlangen und dementsprechend die Zahlung der Schuldverschreibung verweigern. Aus der Abschwächung der Ungültigkeitsfolgen in eine bloße Einrede ergibt sich:

a. Erklärungsbedürftigkeit

a. Mängel des Grundgeschäftes erstrecken sich auf die abstrakte Schuldverschreibung nicht von selbst, sondern nur kraft Einredeerklärung des Schuldners.

Bsp.: Hat Schulte sich weder gerichtlich noch außergerichtlich gegenüber dem Zahlungsverlangen Alts auf die Ungültigkeit des Kaufs berufen, und weist der als Streithelfer für den säumigen Schulte auftretende Bürge Fleißig auf die Ungültigkeit des Kaufs hin, so vermag er dadurch die Verurteilung Schultes aus dem Kauf, aber nicht aus der selbständigen Schuldverschreibung zu hindern: Denn der Streithelfer kann zwar nach § 67 ZPO Tatsachenbehauptungen in den Prozeß einführen, daher z.B. auch geltend machen, daß Schulte das Einrederecht durch Erklärung gegenüber Alt bereits (außergerichtlich) ausgeübt und dadurch den Anspruch "unklagbar" gemacht hatte. Aber er ist nicht befugt, das (noch nicht ausgeübte) Gegenrecht Schultes durch die dazu erforderliche Willenserklärung des BGB auszulösen.

b. Beweislastumkehrung

b. Ist das Zustandekommen des Kaufs streitig, so hat dafür, soweit es sich um den Anspruch aus der Schuldverschreibung (nicht dem Kauf) handelt, nicht der Gläubiger, sondern der Schuldner die Beweislast.

Die Umkehrung der Beweislast für das Zustandekommen des Grundgeschäftes ist allerdings gegenstandslos, wenn, wie bei den Umlaufpapieren, bereits eine Rechtsvermutung für den durch das Papier Ausgewiesenen streitet. Aber sie ist bei Rektapapieren ohne Legitimationsfunktion zugunsten des Gläubigers bedeutsam, wenn auch die abstrakte Gestaltung bei solchen Wertpapieren selten ist.

c. Transportschwäche

c. Die Einrede des nicht oder nicht gültigen Zustandekommens des Grundgeschäftes kann grundsätzlich (§ 404 BGB) auch Weitererwerbern, dem Neu, entgegengehalten werden. Bei Umlaufpapieren geht die Einrede schon durch die Transportfunktion (§ 796 BGB/Art 17 WG), nicht erst durch gutgläubigen Rechtserwerb (nach oder entsprechend § 794 BGB), also auch bei grober Fahrlässigkeit des Weitererwerbers, verloren.

a-c. Ausnahmesweise erfaßt die Unwirksamkeit des Grundgeschäftes auch die des selbständigen Verpflichtungsgeschäftes: So beim Mangel der für das Schenkungsversprechen erforderlichen notariellen Form (§ 518 I 2 BGB) und bei den sogenannten Unklagbarkeitsgründen, wie Ehemaklerlohn, Spiel, Differenzgeschäft, verbotenen Börsentermingeschäften (§§ 656/762/764 BGB/ 63 ff. Börsengesetz).

Selbstverständlich ist der selbständige Verpflichtungsvertrag nicht von den allgemeinen Vertragsvorschriften losgelöst. Er kann daher wegen Irrtums oder Betruges anfechtbar, wegen Sittenwidrigkeit und "insbesondere" wegen Wuchers nichtig sein.[28]

28) Hildebrandt, Rechtsfindung S. 82 f./97 f. gegen Begriffsvortauschungen der h.L. zu § 138 I BGB.

2. Typenfreiheit

Der selbständige Anspruch aus der Schuldverschreibung unterliegt nicht den Regeln, die für den Kaufpreisanspruch gelten: z.B. nicht der kurzfristigen Verjährung des § 196 Ziff. 1 BGB, nicht der Einrede des nicht erfüllten Vertrages gemäß §§ 320/322 I BGB. Er ist also nicht nur vom Grundgeschäft, sondern auch von den Grundgeschäftsvorschriften losgelöst.

Der selbständige Anspruch ist insofern "farblos", d.h. frei von einem bestimmten schuldrechtlichen Typus, dessen Eigenart darin besteht, daß die Verpflichtung (z.B. zur Kaufpreiszahlung) abredegemäß in ein Abhängigkeitsverhältnis zu dem verkehrstypischen Beweggrund (z.B. dem Recht auf die Kaufsache) gebracht und daher "kausal" ist.

Grundgeschäftsfreiheit (1) und Typenfreiheit (2) brauchen sich indessen nicht zu decken.

a. Grundgeschäftsfrei, aber nicht typenfrei

a. So verbriefen Lagerscheine, Ladescheine und Konnossement das Versprechen Schultes, als Lagerhalter, Frachtführer oder Verfrachter Zug um Zug gegen Zahlung einer bestimmten Vergütung die Güter auch bei Ungültigkeit des ursprünglichen Lager- oder Beförderungsvertrages herauszugeben: Der Begebungsvertrag richtet sich also für den Regelfall, in dem der vertragliche Herausgabeanspruch bereits vorher bestand, nur auf dessen Inhaltsänderung durch Verbriefung,[29] für den Ausnahmefall aber, daß der Anspruch bisher noch nicht entstanden war, auf dessen Begründung. Der verbriefte Anspruch ist daher vom ursprünglichen Vertrag, dem Grundverhältnis, aber nicht von den einschlägigen Bestimmungen über Lager- und Beförderungsgeschäfte, vom Geschäftstyp, losgelöst.

b. Typenfrei, aber nicht grundgeschäftsfrei

b. Umgekehrt kann zum Beispiel die wechselmäßige Rückgriffshaftung aus dem Indossament beschränkt (Art 15 I WG) und daher durch entsprechenden Vermerk von der Gültigkeit des der Begebung zugrundeliegenden Kaufs abhängig gemacht werden, ohne daß damit der Wechselrückgriff den Regeln der Kaufpreisforderung unterstellt wird.

---

29) Hier tritt der verbriefte Anspruch nicht neben, sondern an die Stelle der ursprünglichen Forderung. A.A. Ulmer 60.

Ist man sich darüber klar, so ist es nur eine Zweckmäßigkeitsfrage, was man als "abstrakte" - selbständige - "zweckfreie" Verpflichtungen bezeichnet. Da in beiden Fällen (a-b) ein Beweggrund zum Bestandteil des Rechtsgeschäftsinhalts erhoben ist, empfiehlt es sich, in beiden Fällen den Ausdruck "abstrakt" (ohne einschränkenden Zusatz) zu vermeiden und dafür von "kausalen" Ansprüchen zu reden, die dort (a) von dem ursprünglichen Vertrag, hier (b) von den Bestimmungen des Kaufvertrages unabhängig sind. Zuweilen spricht man freilich beim Lagerschein, Ladeschein und Konnossement im Hinblick auf die gesetzliche Garantiehaftung für die Wahrheit der Angaben über den Empfang der Güter von einer "beschränkt abstrakten" [30] Verpflichtung: Gewiß ist die Übernahme entsprechender Güter ein Beweggrund des Herausgabeversprechens; aber die Ansprüche bei Unwahrheit des Empfangsbekenntnisses beruhen auf der gesetzlichen Garantie, die überdies meist durch Freizeichnungsklauseln ausgeschlossen wird, nicht auf vertraglicher Beredung; der Ausdruck "abstrakt" führt daher auch in dieser Verbindung leicht zu Mißverständnissen.

Unbedenklich ist es dagegen, Aktienurkunden, Kuxscheine und dgl. als "kausale" Wertpapiere zu bezeichnen.

3.Selbständige Übertragungsmöglichkeit

3. Der selbständige Anspruch aus der Schuldverschreibung kann, wie bei sonstigen Anspruchkonkurrenzen, [31] ohne den Anspruch aus dem Grundgeschäft (dem "Dekkungsguthaben"), z.B. ohne den Kaufpreisanspruch, übertragen werden.

Die Abtretung des zugrundeliegenden Anspruchs (des "Deckungsguthaben" - der französischen "provision") hat insbesondere bei der in Frankreich häufigen, in Deutschland seltenen Diskontierung nicht angenommener Wechsel Bedeutung, da der Inhaber dann den kausalen Anspruch gegen den Bezogenen erhält. Die Mitabtretung tritt in den Ländern des französischen Rechtskreises kraft Gesetzes, nach deutschem Recht aber nur kraft besonderer Abrede ein, die allerdings in den allgemeinen Diskontierungsbedingungen der Banken regelmäßig vorgesehen ist. Die gleichzeitige oder vorherige Mitübertragung des kausalen Anspruchs schließt die Transportfunktion

---

30) Jakobi, Grundriss 72.

31) Insoweit handelt es sich also nicht um eine dem abstrakten Anspruch eigentümliche Rechtsfolge.

hinsichtlich des etwaigen Wechselanspruchs nicht aus und ist daher, nachdem RG 166, 312 ff. (II) die abweichende frühere Rechtssprechung aufgegeben hat, ungefährlich.

Daher Kaufpreisanspruch nur gegen Schuldverschreibungsrückgabe

Der Schuldner braucht den Anspruch aus dem Grundgeschäft (den Kaufpreisanspruch) aber nur dann zu erfüllen, wenn er vor einer doppelten Inanspruchnahme aus dem selbständigen Anspruch sicher ist. Alt kann also nur gegen Rückgabe der Schuldverschreibung (des Wechsels) oder des sie ersetzenden Ausschlußurteils Bezahlung der ursprünglichen Kaufpreisforderung von Schulte verlangen.[32]

Ein typisches Beispiel: Neu indossiert den von Schulte angenommenen, von Alt an eigene Order ausgestellten und an Neu indossierten Wechsel an seinen Lieferanten Neuling zur Zahlung einer entsprechenden Kaufpreisschuld. Daraus ergibt sich für die Kaufpreisschuld Neu an Neuling:

a. Hingabe zahlungshalber

a. Der Kaufpreisanspruch erlischt noch nicht mit der Begebung des Wechsels, sondern erst, wenn Neuling durch Verkauf oder Einziehung des Wechsels den geschuldeten Kaufpreis erhalten hat, und er ihn endgültig, also sicher vor wechselrechtlichen oder vertraglichen Rücktrittsrechten, behalten darf. Die Hingabe des Wechsels erfolgt "im Zweifel" (praktisch fast ausnahmslos) zahlungshalber, nicht an zahlungsstatt. Das folgt, soweit Neu (durch sein Indossament) dem Neuling eine Forderung gegen sich selbst verschafft, aus § 364 II BGB, soweit er dem Neuling Forderungen gegen Schulte und Alt überträgt, aus der entsprechenden Anwendung des § 788 BGB.[33]

b. Stundung

b. Der Kaufpreisanspruch ist bis zur Fälligkeit des Wechsels gestundet.

c. Aushändigungszwang

c. Der Kaufpreisanspruch kann (nach Fälligkeit) grundsätzlich nur Zug um Zug gegen Rückgabe des Wechsels geltend gemacht werden. Ist der Wechsel vernichtet oder sonst verloren, so muß Neuling dem Neu das Ausschlußurteil aushändigen; der Nachweis der Vernichtung des Wechsels genügt, weil er zu unsicher ist, nicht.[34]

---

32) Stranz Art 89 Anm. 26.
33) Ulmer 219.
34) Stranz Art 89 Anm. 26; anders aber Anm. 25 a dort.

Die Rückgabe des Wechsels oder die Aushändigung des ihn ersetzenden Ausschlußurteils erübrigt sich nur, wenn Neu aus sonstigen Gründen, etwa wegen Verjährung, vor einer Inanspruchnahme durch einen gutgläubigen Wechselerwerber sicher ist.

d. Subsidiarität: Schadensersatz bei Schuld

d. Der Kaufpreisanspruch ist subsidiär: Neuling ist verpflichtet, zunächst mit der verkehrsüblichen Sorgfalt zu versuchen, sich aus dem Wechsel zu befriedigen. Neuling muß also, wenn er den Wechsel nicht vorher an Nachmann weiterbegeben hat,[35] den Wechsel rechtzeitig zur Zahlung vorlegen und, wenn dies zur Erhaltung des Wechselrückgriffs nötig ist, rechtzeitig protestieren lassen: sonst ist er, wenn er nicht seine Schuldlosigkeit darzulegen vermag (§ 282 BGB), dem Neu zum Ersatz des daraus entstehenden Schadens verpflichtet; da nun der Schaden darin besteht, daß Neu durch Säumnis des Neuling den Rückgriffsanspruch gegen Alt verloren hat, so kann Neuling insoweit mit Erfolg auf seine Kaufpreisforderung nur zurückgreifen, wenn nachweislich entweder Schulte zahlungsfähig oder Alt zahlungsunfähig ist.[36] Die Schadenersatzhaftung wird freilich in den allgemeinen Geschäftsbedingungen der Banken regelmäßig ausgeschlossen. Zur vorherigen Ausklagung des Schulte ist Neuling zwar berechtigt, aber nicht verpflichtet.[37]

F. Massen- und Einzelpapiere

F. Nach dem erkennbaren Willen zu einheitlicher Deutung unterscheidet man die MASSENPAPIERE von den Einzelpapieren.

1. Massenpapiere sind typisch die Papiere des Kapitalmarktes: Aktien, Pfandbriefe, Schatzanweisungen usw. Sie werden serienmäßig ausgegeben, und die einzelnen Stücke durch Buchstaben, Nummern und dgl. gekennzeichnet.

   Massenpapiere werden stets, auch dem ersten Nehmer gegenüber, einheitlich ausgelegt: mögen sie ausnahmsweise Rektapapiere, oder mögen sie, wie in der Regel, Umlaufpapiere sein.

---

35) denn er kann das nicht nur, sondern darf es mangels Gegenabrede auch.
36) Stranz Art 89 Anm. 26; Hueck 99.
37) Stranz Art 89 Anm. 25b. Ein ähnliches Verhältnis wie zwischen Kaufpreis- und Wechselschuld besteht wiederum zwischen dem alten und dem zwecks "Prolongation" zahlungshalber hingegebenen neuen Wechsel, durch dessen Diskontierung sich der Gläubiger schon vor Fälligkeit des neuen Wechsels das Geld für den alten zu beschaffen pflegt: näheres Stranz Art 17 Anm. 45 ff.

Massenpapiere sind, soweit nicht Ausnahmen vorliegen, wie bei auslösbaren Schuldpapieren, bei Lotterielosen oder bei Eintrittskarten für bestimmte Plätze, vertretbar (§ 91 BGB) und daher insbesonders sammelverwahrungsfähig.

2. Einzelpapiere sind z.B. Lagerscheine, Ladescheine und Konnossement, regelmäßig - anders allerdings die Reichsschatzwechsel (serienweise,durch Nummern und Buchstaben gekennzeichnete eigene Wechsel mit der Unterschrift der Reichsschuldverwaltung) - auch Wechsel und Scheck.

G. Gesetzlich zugelassene und gewillkürte WPe.

G. Nach dem Entstehungsgrund unterscheidet man

1. gesetzlich zugelassene,
2. gewillkürte Wertpapiere.

Die Zahl der Umlaufpapiere ist gesetzlich geschlossen. Nur für die Rektapapiere besteht Vertragsfreiheit. Die "zivilen Orderpapiere" sind daher rechtlich nur Rektapapiere.

H. Stamm- und Nebenpapiere

H. Nach der wirtschaftlichen gegenseitigen Zuordnung unterscheidet man

I. Stammpapiere

I. STAMMpapiere - die Haupturkunde - den "Mantel",

Bsp.: Aktienurkunden, verzinsliche Teilschuldverschreibungen, insbes.Pfandbriefe.

II. Nebenpapiere

II. NEBENpapiere - Fruchtpapiere - den "Bogen", der eine gewisse Anzahl abtrennbarer Zins- oder Dividendenscheine sowie meist auch einen Erneuerungsschein, den "Talon",enthält.

1. Zinsscheine (§§ 793/795 BGB)

1. Zinsscheine sind in der Regel Inhaberschuldverschreibungen.

Sie dienen einem doppelten Zweck:

einmal erleichtern sie die Abhebung der Zinsen, indem sie die Vorlegung (und damit die lästige und nicht ungefährliche Versendung) des Hauptpapiers ersparen.

Sodann ermöglichen sie die selbständige Begebung der Zinsansprüche.

Haupt- und Zinsforderung können daher verschiedene Wege gehen. Doch ist das in der Praxis selten: deshalb ist nicht ohne weiteres gutgläubig, wer vom Besitzer nur der Haupturkunde oder nur des Zinsscheines erwirbt. Die getrennte Verwahrung von Haupt- und Nebenpapier ist deshalb ein gutes Mittel, um die Gefahr des Rechtsverlustes durch Diebstahl und Weiterbegebung zu vermindern.

a. Der Zinsschein verbrieft einen Zinsanspruch, also einen von der Hauptforderung abhängigen Anspruch. Ohne Entstehung der Hauptforderung grundsätzlich auch kein Zinsanspruch. Auch finden die allgemeinen Vorschriften über Zinsforderungen Anwendung, wie das Verbot des Zinseszins (§ 248 BGB) oder der Ausschluß von Verzugszinsen (§ 289 BGB). Die staatliche Genehmigung für das Hauptpapier bezieht sich, ebenso wie der Verkauf (entsprechend § 314 BGB), auch auf die Zinsscheine; ist das Hauptpapier als kaufmännischer Orderverpflichtungsschein, der Zinsschein aber auf den Inhaber, wie üblich, ausgestellt, so bedarf er der staatlichen Genehmigung nach § 795 BGB.[38]

a. teils abhängig

b. Der Zinsschein ist aber insoweit <u>selbständig</u>, als es nötig ist, um seinen Umlauf ohne den Hauptanspruch zu ermöglichen.

b. teils selbständig

Daher wird der gutgläubige Erwerber, der das Nichtentstehen der Hauptforderung nicht kannte, geschützt.

Daher gelten die Zinsscheine allgemein, nicht nur zugunsten des gutgläubigen Erwerbers, auch dann weiter, wenn das Hauptrecht erlischt, z.B. weil es ausgelöst und zurückgezahlt ist, wenn es verjährt (§ 224 BGB ist ausgeschlossen), wenn der Zinsfuß herabgesetzt wird: § 803 I BGB. Eine abweichende Bestimmung ist möglich, muß aber im Zinsschein vermerkt sein; sie vermindert naturgemäß dessen Umlauffähigkeit. Der Schuldner darf freilich (darin zeigt sich wieder die Abhängigkeit) bei der Bezahlung der Hauptforderung den Betrag abziehen, der auf die noch nicht fälligen und nicht zurückgegebenen Zinsscheine entfällt (§ 803 II BGB): der Inhaber der Hauptforderung hat ja den Gegenwert schon durch Verkauf der Zinsscheine erlöst.

Zur Einziehung der Zinsforderung ist die Vorlage der Haupturkunde weder erforderlich noch genügend.

2. <u>Dividendenscheine</u> - Gewinnanteilscheine kommen namentlich bei Aktien vor. Auch sie sind in der Regel Inhaberschuldverschreibungen.

2. Dividendenschein (§ 793 BGB)

Da sie auf keine "bestimmte" Geldsumme gehen, bedürfen sie nicht der staatlichen Genehmigung (§ 795).

Da sie keine Zinsen sind, gilt für sie nicht das Zinseszinsverbot (§§ 248/289 BGB).

---

38) RG 74, 339. A.A. z.B. Hueck 125.

39) Hueck 126; str.

Da sie von künftigen Hauptversammlungsbeschlüssen abhängen, ist § 803 BGB auf sie nicht, auch nicht entsprechend (str.), anwendbar; für den wichtigsten Fall, die Kraftloserklärung von Aktien, schreibt das § 66 II AktG ausdrücklich vor.

Im übrigen gelten die Regeln über Zinsscheine entsprechend.

1/2. Kleinwerte

1/2. Zins- und Dividenden-, aber auch Rentenscheine unterliegen als Kleinwerte:
einer von 30 auf 4 Jahre verkürzten Vorlegungsfrist (§ 801 II BGB),
nicht der Kraftloserklärung (§ 799 I^2 BGB: einen Ersatz bietet der Wegfall des Vorlegungszwangs bei Verlustanzeige vor, aber Zahlungsverlangen nach der fruchtlos verstrichenen Vorlegungsfrist nach § 804 BGB), auch nicht dem § 367 HGB: ,

3. Talon abhängig (§ 808 BGB)

3. Talons- und Erneuerungsscheine dienen zur Legitimation für den Empfang neuer Zins- oder Dividendenscheine: Dem Inhaber wird nach Ablauf des Zeitraumes, für den der erste Bogen ausgehändigt ist, ein neuer Bogen ausgegeben, dem regelmäßig seinerseits wieder ein Erneuerungsschein beigegeben ist (anhängt).

Der Erneuerungsschein ist vom Hauptpapier völlig abhängig. Er ist nur Ersatz des Stammpapiers für Legitimationszwecke und daher nicht Inhaber-, sondern nur qualifiziertes Legitimationspapier (§ 808 BGB). Der Gläubiger der Hauptforderung ist Eigentümer des Erneuerungsscheines (§ 952 BGB). Vorlage des Hauptpapiers genügt; ja, der Vorleger des Stammpapiers geht dem Überbringer des Erneuerungsscheins vor (§§ 805 BGB/ 69 AktG). Doch wird, da es sich um Massenpapiere handelt, bei denen der Nachweis des Erwerbs Umstände macht, über § 808 BGB hinaus das Recht des Vorlegers zu vermuten sein. 39)

I. Wirtschaftliche Verwendung

I. Nach der wirtschaftlichen Verwendung unterscheidet man:

1. Effekten - der Vermögensanlage dienende, börsengängige Papiere des Kapitalmarktes, mögen sie
   a. als Papiere des Rentenmarktes "fest verzinslich" sein, wie Teilschuldverschreibungen, insbesondere Pfandbriefe,
   b. oder "Dividendenwerte" sein, wie Aktien, Kuxe oder sonstige Mitgliedschaftsrechte.
2. Wertpapiere des Geldmarktes, insbesondere des Zahlungsverkehrs (Bsp. Scheck) oder des kurzfristigen Kredits (Bsp. Wechsel).
3. Wertpapiere des Güter verkehrs: Lagerschein, Ladeschein, Konnossement.
4. Wertpapiere des täglichen Verkehrs: insbesondere Inhaberkarten und Legitimationszeichen.

---

39) Hueck 126; str.

K.

K. das sog. stückelose Wertpapier

Nach der Art des Mittels für die Anknüpfung an die Vorschriften des Fahrnissachenrechts, insbesondere an die Bestimmungen über den gutgläubigen Erwerb, unterscheidet man:

1. Verbriefte Wertpapiere.

   Sie sind die Regel. Verbrieft sind alle Einzelpapiere. Verbrieft waren bis 1940 auch alle Massenpapiere.

2. Unverbriefte Wertpapiere - sog. stückelose Wertpapiere - sog. "Wertrechte" - Rechte, die zwar unverbrieft sind, aber dennoch wie Wertpapiere behandelt werden,

   hat erst die VO über die Behandlung von Anleihen des Deutschen Reiches im Bank- und Börsenverkehr vom 31.12.40 (RGBl. 41 I 21) geschaffen.

   Es handelt sich dabei um eine zwar zunächst auf Reichsanleihen beschränkte, nichtsdestoweniger aber um eine bahnbrechende Neuerung.

I. Die Bewertung der Verbriefung

I. Die Verbriefung hat den Sinn, die Grundlage für die besonderen Rechtsscheinfolgen zu schaffen, denen das Wertpapierrecht unterworfen ist. Insbesondere dient bei Umlaufpapieren der Grundsatz von der Berechtigung des jeweiligen Papiereigentümers (die Eigentumstheorie) dazu, die Vorschriften des Fahrnissachenrechts über den gutgläubigen Sachenrechtserwerb vom Nichtberechtigten auf die umlaufpapiermäßig verbrieften Rechte im Umlaufinteresse auszudehnen.[40]

1. methodische Entbehrlichkeit der Verbriefung

1. Die Verbriefung ist indessen methodisch entbehrlich.

   Das zeigt sich z.B. schon dann, wenn ausnahmsweise das Papier ohne Rücksicht auf das Recht

40) § 6 A - § 18 I.

einen Wert hat. Für den Wechsel, auf dessen Rückseite eine kunstvolle Federzeichnung gesetzt ist oder gesetzt wird, gilt die Eigentumstheorie nicht oder nicht mehr.

Aber obwohl hier der Erwerber nicht Eigentümer am Papier wird, kann er doch kraft guten Glaubens Inhaber des Rechts aus dem Papier werden (Art 16 II WG). Auch treten die sonstigen Wechselrechtsfolgen ein. [41]

Ebenso gut kann die Rechtsordnung bestimmen, daß die Wertpapierfolgen Platz greifen, obwohl eine "Verkörperung" des Rechts, ein Wert"papier", gar nicht vorliegt. Das Recht "gilt" als Wertpapierrecht. Die Wertpapiereigenschaft wird unterstellt, sie wird "fingiert".

Eine teilweise Parallele bieten die sog. "fingierten Willenserklärungen", oder, wie sie Manigk[42] nennt, die typisierten Erklärungsakte mit normierter Wirkung: z.B. nach §§ 108 II/ 612 BGB/ 362 HGB u.a. - Gleichwohl ist die Parallele unvollkommen. Beauftragt der Beamte mit der Besorgung seines Umzuges den Spediteur, der von der Versetzung gelesen und sich geschäftstüchtig sogleich empfohlen hat, so gilt zwar das Schweigen des Spediteurs als Annahme des Antrages (§ 362 HGB). Aber die Besonderheit liegt nicht in der Unterstellung der Annahmeerklärung: denn auch sonst erklärt jemand, der auf einen seiner Aufforderung entsprechenden Antrag schweigt, verkehrsüblich durch sein Stillschweigen die Annahme. Die Besonderheit besteht vielmehr in der Unterstellung des Annahmewillens: Der Buchhändler, der dem Beamten eine Liste seiner zum Verkauf stehenden Bücher zugesandt und auf die Bestellung des Beamten ihm mitzuteilen vergessen hat, daß das bestellte Buch inzwischen schon verkauft ist, kann seine Annahme um den Preis des Vertrauensinteressenersatzes anfechten (§§ 119 I/122 I BGB). Der Spediteur aber kann es nach § 362 HGB nicht. Bei den sog. fingierten Willenserklärungen tritt das Gesetz nicht an die Stelle der Erklärung, sondern nur an die Stelle des Willens und schließt daher die Anfechtung wegen Irrtums über den Bestand und die verkehrstypische Bedeutung der Erklärung aus. Bei den fingierten Wertpapieren aber tritt das Gesetz schlechthin an die Stelle der Verbriefung.

2. rechtliche Gefährlichkeit der Verbriefung

2. Die Verbriefung ist überdies rechtlich gefährlich. Verbrennt das Papier, oder wird es gestohlen, so verliert der Berechtigte seine Legitimation: Er kann daher das Recht nicht mehr an Dritte, wie sonst bei Umlaufpapieren, begeben, und er kann nicht mehr den Schuldner zur Leistung zwingen.

---

41) § 18 I 3.
42) Manigk, das rechtswirksame Verhalten (1939).

Zwar sind die meisten Wertpapiere aufgebotsfähig. Aber der Weg bis zum Ausschlußurteil ist umständlich, kostspielig und zeitraubend. Außerdem ermöglicht das Ausschlußurteil nur die Geltendmachung gegen den Schuldner, nicht die Begebung an Dritte.[43]

3. Die Verbriefung ist schließlich und vor allem tatsächlich lästig: Sie ist bei Massenpapieren mit einem Arbeits- und Materialaufwand verbunden, der mit der Zahl der ausgegebenen Einzelstücke wächst.

3. tatsächliche Lästigkeit der Verbriefung

Für den dadurch verursachten ungeheuren Aufwand ein Beispiel: Im Weltkrieg 1914-18 wurden für rund 97 250 000 000 Mark Kriegsanleihen insgesamt 64 550 000 Haupturkunden mit 1 291 000 000 Stück Zinsscheinen ausgegeben und rund 1 300 000 Streifbanddepots begründet. Ein riesiger Aufwand an hochwertigen Rohstoffen und geschulten Fachkräften war dazu notwendig: Die Herstellung der Papiere in den Fabriken, ihre Anfertigung und Ausführung durch die Reichsdruckerei, die Prüfung und Zählung der Stücke und Zinsscheinbogen durch die Reichsschuldenverwaltung, dann durch die Reichsbank und schließlich durch die mit der Handhabung der Papiere von den Zeichnern beauftragten einzelnen Bankanstalten. Hier füllten sich nicht nur die Tresore, sondern die Einlösung der Zinsscheine und die Einreichung der Erneuerungsscheine verursachte laufende und mehrfache Kontrollen: Die eingelieferten Zins- und Erneuerungsscheine müssen gezählt, auf Echtheit und Fälligkeit geprüft, entwertet und vernichtet werden; die neuen Zinsbogen und Erneuerungsscheine aber müssen daraufhin durchgesehen werden, daß sie nicht nur mengen-, sondern auch nummern- und wertabschnittsmäßig dem Hauptstück entsprechen, da Verwechslungen der Haupturkunde dem Papier die Börsenlieferbarkeit nähme.[44]

Dieser Aufwand ist schon im Frieden ungerechtfertigt und erst recht im Kriege dort untragbar, wo die Entwicklung der Anleihetechnik die Vorlage des Papiers bei der Begebung und Einziehung tatsächlich erübrigt.

II. Das ist bei der Sammelverwahrung gleichartiger Papiere und der dadurch ermöglichten Verfügung durch Überweisung der Fall.

II. Ablösung der Verbriefung durch die Überweisung sammelverwahrter Werte

---

43) § 25.

44) Schultzenstein-Dieben, Reichsanleiherecht (Carl Heymanns Verlag 1942) S. 160 f.

1. Die Sammelverwahrung

1. Grundlage ist das sog. Effektensammeldepot: d.h. die gemeinsame Aufbewahrung gleichartiger Wertpapiere ohne Trennung, aber auch ohne Verlust des Eigentums. Die bisherigen Einzeleigentümer werden Miteigentümer nach dem Verhältnis ihrer Einzelanteile.

(1) Durch die Ungeschiedenheit der Einzelpapiere unterscheidet sich die Sammelverwahrung einerseits von der Sonderverwahrung - dem Sonderdepot - dem sog. Streifbanddepot - einer Verwahrung, bei der die Papiere jedes Eigentümers durch Streifband und dgl. von den gleichartigen Papieren anderer Eigentümer getrennt bleiben.

(2) Durch den Fortbestand des Einzeleigentums als Bruchteilmiteigentum unterscheidet sich die Sammelverwahrung andererseits von der sog. "unregelmäßigen Verwahrung" (§ 15 DepotG) - dem sog. Stückekonto - dem Summendepot - dem Hinterlegungsdarlehen (§ 700 BGB) von Wertpapieren - einer Verwahrung, bei der der Hinterleger das Einzeleigentum auf den Verwahrer überträgt und sich dafür nur einen schuldrechtlichen Anspruch auf Rückübereignung von Wertpapieren gleicher Art und Menge ausbedingt.

(1/2) Im Gegensatz zur Summenverwahrung teilt die Sammelverwahrung mit der Einzelverwahrung die volle Sicherung des einzelnen Eigentümers gegen Dritte. Insbesondere hat der bisherige Einzeleigentümer gegen Pfändungsgläubiger des Verwahrers die Widerspruchsklage (§ 771 ZPO) und im Konkursfall einen Aussonderungsanspruch (§ 43 KO): also nicht etwa nur ein Recht auf die meist schmale Konkursdividende, wie beim Summendepot.

Im Gegensatz zur Einzelverwahrung tritt indessen bei der Sammelverwahrung eine Risikoverteilung bei Papierverlust ein. Während dort der jeweils durch den Diebstahl oder Brandt betroffene Einzeleigentümer den Verlust (vorbehaltlich der etwaigen Kraftloserklärung) allein zu tragen hat, mindert sich hier der Bruchteilsanteil des einzelnen Berechtigten verhältnismäßig.

Die Sammelverwahrung entwickelte sich im Interesse der Ausdehnung des Überweisungsverkehrs von der Sammelverwahrung des Verwalters (der "Haussammelverwahrung") zur Sammelverwahrung des Drittverwahrers (zum Sammeldepot der Wertpapiersammelbank - zur Girosammelverwahrung).

a. Ausgangspunkt war das Haussammeldepot.

a. Haussammeldepot

α. Vor dem neuen Depotgesetz vom 4.2.37 entstand das Miteigentum:

(1) Entweder kraft Gesetzes (§§ 948 I/947 BGB) mit der Vermischung, wenn die Stücke des Einzeleigentümers nicht mehr unterscheidbar waren: z.B. weil sie keine Nummern hatten, oder weil die Nummern nicht vermerkt wurden.

(2) Oder es entstand kraft Übereignungsvertrages (§§ 929/930/167 BGB) schon mit dem Eingang beim Sammelverwahrer, wenn die Einzeleigentümer ihr Einverständnis mit der Sammelverwahrung irgendwie erklärt hatten.

Mit der Hingabe der Papiere durch den neuen Kunden an die Bank erklärte der Kunde, sein Einzeleigentum auf die anderen Miteigentümer anteilmäßig (§ 929 BGB) gegen den entsprechenden Anteil an den anderen sammelverwahrten Papieren (§ 930 BGB) zu übertragen. Mit der Hinnahme der Papiere zur Sammelverwahrung nahm die Bank im Namen und kraft Vollmacht der anderen Anteileigner (§§ 164/167 BGB) die Miteigentumsübertragung von (§ 929) und an den neuen Hinterleger an, dem sie durch den im eigenen Namen abgeschlossenen Verwahrungsvertrag den mittelbaren Mitbesitz verschaffte (§§ 930/ 868 BGB).

β. Das neue Depotgesetz läßt die bisher regelmäßig durch Vertrag herbeigeführte Rechtsfolge, wonach das Miteigentum schon mit dem Eingang beim (unmittelbaren) Sammelverwahrer (nicht erst mit der Vermischung) entstand, nunmehr kraft Gesetzes (§ 6 I) eintreten.

Während aber bisher die Miteigentumsentstehung mit dem Eingang beim Sammelverwahrer von der Zustimmung sämtlicher Verfügungsberechtigter abhing, während also bisher Miteigentum sonst nur bei und mit unterscheidbarer Vermischung (§ 948 BGB) eintreten konnte, entsteht jetzt nach dem Wortlaut des § 6 I DepotG und der h.L.[45] Miteigentum mit dem Eingang beim Sammelverwahrer auch dann, wenn die Sammelverwahrung unzulässig war: z.B. weil der Hinterleger der Sammelverwahrung

45) Schlegelberger-Quassowski HGB (1939) Anhang nach § 424 Anm. 40 und die dort Angeführten.

bei der Reichsbank wirksam widersprach, oder weil der Hinterleger die zur Sammelverwahrung bei einer anderen Bank erforderliche Ermächtigung nicht oder nicht ordnungsgemäß erteilte. Dementsprechend kommt es auch nach h.L. bei der Ermächtigung zur Haussammelverwahrung und beim Widerspruch gegen die Sammelverwahrung bei der Reichsbank nur auf den Hinterleger, nicht auf seine Verfügungsmacht oder gar auf den guten Glauben des Sammelverwahrers an.[46] Doch wird der schlechtgläubige Sammelverwahrer dem Eigentümer nach §§ 989 ff. BGB schadenersatzpflichtig.[47]

(1) Nach dem Depotgesetz (§ 5 I) gilt der Ermächtigungszwang und bei Haussammelverwahrung (im Gegensatz zur Sammelverwahrung bei einer Wertpapiersammelbank - bei der Reichsbank) für einen Nichtbankier (§ 16 DepotG) der Formzwang: d.h. die Ermächtigung muß schriftlich und ausdrücklich, und sie darf nicht geschäftsbedingungsmäßig oder allgemein für alle Verwahrungsgeschäfte erteilt sein.

(2) Nach der VO zur Vereinfachung des Wertpapierverkehrs vom 22.12.42 aber entfällt nicht nur der Formzwang, sondern auch der Ermächtigungszwang bei Sammelverwahrung durch die Reichsbank. Um zur Einsparung von Arbeitsvorgängen sämtliche Bestände an sammelverwahrungsfähigen Wertpapieren, die nicht zur tatsächlichen Ein- oder Auslieferung benötigt werden, der Sammelverwahrung zuzuführen, ist jeder Verwahrer mangels schriftlicher und ausdrücklicher, gesondert und für jedes Geschäft besonders abgegebenen Widerspruchs berechtigt, die Papiere bei der Reichsbank in Sammelverwahrung zu geben.

b. Girosammeldepot

b. Das hängt mit der Entwicklung der Sammelverwahrung zur Girosammelverwahrung - zur Sammelverwahrung

---

46) Schlegelberger-Quassowski a.a.O. Anm. 35.
47) Nicht ohne weiteres nach § 823 I BGB, da die für den Eigentümer ungünstigeren (und unglücklichen) Sonderbestimmungen der §§ 989 ff. BGB grundsätzlich vorgehen (993 I BGB).

durch Drittverwahrer - zur Sammelverwahrung durch sog. Wertpapiersammelbanken zusammen.

Um nämlich die Effektenüberweisung nicht nur unter den Kunden einer Bank, sondern darüber hinaus unter den Kunden aller angeschlossenen Banken durchführen zu können, hinterlegten die Banken die sammelverwahrungsfähigen Wertpapiere bei einer dritten Bank - der sog. Effektengirobank - "der Wertpapiersammelbank". So entstand das erste derartige Effektengirodepot bei der inzwischen von der Reichsbank übernommenen Bank des Berliner Kassenvereins.

Im hoheitlichen Kontroll- und Lenkungsinteresse stellt das neue Depotgesetz (§ 1 III) die Eigenschaft als Wertpapiersammelbank unter den im Reichsgesetzblatt zu veröffentlichenden Erlaubnisvorbehalt des Reichsjustiz- und des Reichswirtschaftsministers.

Dementsprechend wurden durch die Bekanntmachungen vom 1.5.37 und vom 15.2.40 elf Effektengirobanken widerruflich als Wertpapiersammelbanken bezeichnet. Auf Grund des neuen Reichsbankgesetzes vom 15.6.39 (§ 13 I Ziff. 7) erhielt auch die deutsche Reichsbank die Stellung einer Wertpapiersammelbank. In der Folgezeit übernahm die Reichsbank die elf Wertpapiersammelbanken, voran durch Anordnung des Reichswirtschaftsministers vom 27.6.42 die Bank des Berliner Kassenvereins. Darauf wurden durch Bekanntmachung vom 30.1.43 die früheren Bekanntmachungen aufgehoben.

Daher ist die deutsche Reichsbank heute die einzige Wertpapiersammelbank. Somit sind mangels formgerechten Widerspruchs sämtliche Kreditinstitute ohne weiteres berechtigt, die ihnen zur Verwahrung anvertrauten sammelverwahrungsfähigen Wertpapiere bei der deutschen Reichsbank in Sammelverwahrung zu geben.

Dabei haftet die Bank ihrem Kunden mangels vertraglicher (geschäftsbedingungsmäßiger) Freizeichnung für ein Verschulden der Reichsbank wie für eigenes Verschulden (§ 3 II DepotG - § 278 BGB).

Das Miteigentum entsteht mit dem Eingang der Papiere bei der Reichsbank, dem unmittelbaren Sammelverwahrer (§ 6 I DepotG), nicht etwa schon mit dem Eingang bei der Bank des Kunden, dem sog. Zwischenverwahrer; mit dem Eingang bei der Reichsbank entsteht nach h.L. das Miteigentum sogar dann, wenn der private Hinterleger der Sammelverwahrung bei der Reichsbank formgerecht widersprochen haben sollte.!

2. Die Überweisung

2. Die zentralisierte Sammelverwahrung ermöglicht die Überweisung großen Stils nach dem Vorbild der Geldüberweisung.

Nach den Geschäftsbedingungen der von der Reichsbank übernommenen Bank des Berliner Kassenvereins können die Kreditinstitute (die einzelnen Privatkunden sind als unmittelbare Hinterleger grundsätzlich nicht zugelassen) über die ihnen gutgeschriebenen Sammeldepotanteilscheine nur durch sog. Effektenscheck verfügen.

Die weißen Schecks gehen auf Aushändigung von Papieren dieser Art. Mit der Aushändigung scheiden diese Stücke selbstverständlich aus der Sammelverwahrung aus.

Die roten Schecks sind Überweisungsaufträge.

die grünen Schecks dienen der Verpfändung der Miteigentumsanteile. Sie enthalten zugleich die zur Verpfändung nach § 1205 I BGB erforderliche Verpfändungsanzeige.

Keiner dieser Effektenschecks ist indessen ein echter Scheck, d.h. ein Scheck im Sinne des Scheckgesetzes. Denn durch echten Scheck kann nur eine Geldanweisung verfügt werden (Art 1 Z. 2 SchG).

a. schuldrechtlich

a. Die Effektenüberweisung wirft schuldrechtlich dieselben Fragen wie die Geldüberweisung auf. Bezeichnet man der einfachheithalber den Überweisenden, dessen Konto belastet wird, mit Alt, und den Überweisungsempfänger, dem der Betrag gutgeschrieben (erkannt) wird, mit Neu, so ergibt sich, wenn beide ein Konto bei derselben Bank haben, folgendes:

α. Verhältnis Alt zur Bank: § 675 BGB, aber nicht § 328 BGB

α. Im Verhältnis zwischen Alt und der Bank liegt ein Geschäftsbesorgungsvertrag nach § 675 BGB vor: der sog. Giro-Vertrag. Aus ihm ergibt sich die Gutschriftpflicht und das Belastungsrecht (§ 670 BGB) der Bank.

Der Einzelauftrag ist ein Einzelauftrag im Rahmen des Girovertrages, keine Anweisung im Sinne des § 783 BGB. Mit ihm ist verbunden ein Erlassvertragsantrag: Denn jeder Überweisungsauftrag ist (hinsichtlich des eigenen Kontos) zugleich ein Belastungsauftrag.

Der Girovertrag ist indessen kein Vertrag zugunsten des Neu: § 328 BGB liegt nicht vor (h.M.). Vielmehr ist der Überweisungsauftrag bis zur Gutschrift widerruflich (§ 671 I BGB).

β. Im Verhältnis zwischen der Bank und Neu ist die Gutschrift ein selbständiges Schuldversprechen der Bank (§ 780 BGB): somit eine formfreie (§ 350 HGB) Anspruchszuwendung, die unabhängig ist vom Guthaben des Alt und den Einreden gegen Alt. Die Überweisung ist also keine Abtretung des Anspruchs von Alt auf Neu: Einreden aus der Person des Alt können dem Neu, anders als nach § 404 BGB, nicht entgegengehalten werden.

β. Verhältnis der Bank zu Neu: keine Abtretung, sondern selbständiges Schuldversprechen

(1) Vorangehend der Gutschriftsanzeige an Neu enthält sie die Annahme des im Girovertrag zwischen der Bank und Neu bereits enthaltenen Angebots des Neu durch Willensgeschäft der Bank (§ 151 BGB). Dementsprechend ist auch der Rücktritt durch Willensgeschäft, also ohne Mitteilung der Stornierung an Neu insoweit zulässig und wirksam, als keine schutzwürdigen Interessen des Neu entgegenstehen; mithin soweit Neu nach dem mit ihm geschlossenen Girovertrag zuzustimmen verpflichtet ist.

(2) Mit dem Zugehen der Gutschriftanzeige an Neu wird das Willensgeschäft zur Willenserklärung. Nunmehr bedarf es zur Stornierung der Zustimmung des Neu. Neu ist freilich zur Zustimmung verpflichtet, wenn Gutschrift und Überweisungsauftrag sich versehentlich nicht decken. Nicht aber, wenn die Bank irrtümlich ein Guthaben des Alt annahm. Das ergibt sich aus dem zwischen der Bank und Neu bestehenden Girovertrag nach § 242 BGB. Aus Bereicherungsrecht (§ 812 BGB) hätte die Bank den Stornierungsanspruch nur, wenn Alt von Neu nichts zu fordern hatte. Wenn er also ohne rechtlichen Grund etwas verlangte. Wer zuzustimmen verpflichtet ist und der Stornierungsanzeige nicht unverzüglich widerspricht, nimmt sie an.

γ. Im Verhältnis zwischen Alt und Neu ist die Gutschrift nicht Erfüllung, sondern Annahme an Erfüllungsstatt (§ 364 I BGB). Es besteht also kein Annahmezwang. Die Angabe der Kontonummer auf Geschäftsbriefen, Rechnungen, Werbescheinen und dergleichen enthält indessen die Einverständniserklärung des Neu: Im Zweifel sogar bei vereinbarter Darstellungsklausel. Denn wirtschaftlich steht die Gutschrift der Übereignung von Geld oder Effekten gleich. Deshalb spricht man in der Volkswirtschaftslehre mit Recht auch von sog. Buchgeld (Giratgeld).

γ. Verhältnis des Alt zu Neu: § 364 I BGB

Rechtzeitig ist die Erfüllung, wenn die Erfüllungshandlung rechtzeitig erfolgte: Wenn also der Überweisungsauftrag bei der Bank des Neu, Deckung vorausgesetzt, rechtzeitig eingeht (h.M.). **Denn auch Geldschulden sind Schi**ckschulden, nicht Bringschulden; Der Schuldner trägt zwar bei Geldschulden die Verlustgefahr (§ 270 I BGB), aber nicht die Zeitgefahr.

α.-γ. Selbständige Weiterleitung durch die Kundenbank an die Reichsbank

α.-γ. Für das Verhältnis des Privatkunden zur Reichsbank ist von dem Grundsatz auszugehen, daß die Bank des Kunden den Auftrag nicht etwa als Bote, sondern als Partei des zwischen der Kreditbank und der Reichsbank bestehenden Girovertrages weiterleitet. Daher kann nicht Alt, sondern nur seine Bank bis zur Gutschrift durch die Reichsbank widerrufen (§ 671 BGB). Die Bank des Alt darf aber ohne Pflichtverletzung **gegenüber Alt nur** dann widerrufen, wenn Alt damit einverstanden ist, oder wenn die Weiterleitung an die falsche Bank erfolgte. Hinsichtlich der Ausführung der Überweisung ist die Reichsbank nicht die Erfüllungsdienerin der Kundenbank.

b. Sachenrechtlich

b. Die Effektenüberweisung hat beim Sammeldepot, anders als die Geldüberweisung, auch sachenrechtliche Bedeutung.

α. Übereignung ohne Einreden

α. Die Übereignung des Miteigentumsanteils durch Überweisung vollzieht sich nicht etwa nach den §§ 931/934 BGB, sondern nach den §§ 929/932 BGB. Zwar findet eine greifbare Übergabe der Papiere von Alt an Neu nicht statt. Aber die Gutschrift der Bank bedeutet, daß sie nunmehr für Neu den Besitz mittelt. Der Fall liegt also ebenso, wie wenn die Papiere von dem Besitzmittler des Alt dem Besitzmittler des Neu übergeben worden wären. Dementsprechend sind auch bei der Effektenüberweisung Einreden aus der Person des Alt gegen Neu nicht statthaft (mit § 931 entfällt § 986 II BGB).

β. Verpfändung mit Einreden aus der Person des Alt

β. Die Verpfändung des Miteigentumanteils aber geschieht nach § 1205 BGB, der allerdings den §§ 931/1208 BGB entspricht. Alt bleibt hier mittelbarer Besitzer. Nur erhebt sich über seinen mittelbaren Besitz der höherstufige mittelbare Pfandbesitz des Neu. Der gute Glaube des Neu wird nach § 1207/08 BGB geschützt. Aber Einreden aus der Person des Alt sind dem Neu gegenüber zulässig.

III. Rechtsform

III. Nach § 1 der VO über Behandlung von Anleihen des Deutschen Reichs im Bank- und Börsenverkehr vom 31.12.40 (RGBl. 1941 I 21) darf die Reichsbank

Schuldverschreibungen des Reiches in Reichsschuldbuchforderungen auf ihren Namen umwandeln. Die so begründete Reichsschuldforderung der Reichsbank gegen das Reich gilt nach § 2 der VO als Teil des Sammelbestandes. Damit wird das Reichsschuldbuch zum Tresor der Reichsbank. Die Verbriefung der Anleihen ist weder ganz noch teilweise mehr nötig. Auch die Ausstellung von Grosstücken (sog. Globalstücke) erübrigt sich.

1. Schuldrechtlich ist die Reichsbank als Gläubigerin des Reichs Treuhänderin der Wertpapierberechtigten. — 1. schuldrechtlich: Treuhandgläubigerin

2. Sachenrechtlich schafft der § 2 der VO die Gleichstellung von Schuldbuchforderung und Wertpapier. — 2. sachenrechtlich
   Daraus ergibt sich:

   a. daß die Wertpapierberechtigten die Stellung von Miteigentümern haben und — a. Miteigentum

   b. daß ihnen höherstufiger mittelbarer Mitbesitz zusteht. Den erststufigen mittelbaren Alleinbesitz hat die Reichsbank, den zweitstufigen mittelbaren Mitbesitz der Zwischenverwahrer (die Kreditbank), den drittstufigen mittelbaren Mitbesitz der Kunde. — b. mittelbarer Mitbesitz

IV. Allerdings ist das stückelose Wertpapier z.Zt. nur beschränkt vom Gesetz zugelassen. — IV. Schranken

1. Selbstverständliche Voraussetzung ist die Sammelverwahrungsfähigkeit, d.h. die Einartigkeit des Papiers. Bei Serienanleihen, bei denen eine Serie zu einem bestimmten Termin fällig wird, ist jede Serie für sich sammelverwahrungsfähig. Bei Papieren, deren Tilgung durch Einzelauslosung geschieht, besteht die Sammelverwahrungsfähigkeit bis zum Beginn der Verlosung; dann müssen die Stücknummern aufgegeben werden. Bei der Tilgung durch Gruppenauslosung muß mit dem Beginn der Auslosung jede Gruppe als besondere Anleihe behandelt werden. — 1. Sammelverwahrungsfähigkeit des Papiers

2. § 1 der VO verlangt ferner die Sammelverwahrungsfähigkeit des Verwalters; d.h.: Wertpapiersammelbanken, also die Reichsbank, können die Sammelverwahrung in der Form des Schuldbuchforderungsantrags durchführen. Anderen Verwahrern (sog. Haussammelverwahrern) ist das nur gestattet, wenn sämtliche — 2. Sammelverwahrungsfähigkeit des Verwalters

unmittelbaren und mittelbaren Hinterleger gewerbsmäßig Bank- oder Sparkassengeschäfte betreiben, wenn also die Haussammelbestände sich ausschließlich aus Nostrobeständen von Kreditinstituten zusammensetzen.

3. Reichsschuldbuchfähigkeit des Wertes (Reichsanleihen)

3. Schließlich gilt die Neuerung vorerst nur für Schuldverschreibungen des Reichs, also für Reichsanleihen. Denn für sie besteht die erforderliche Reichsschuldbuchfähigkeit.

V. Folgen

V. Die Folgen der Gleichsetzung von Schuldbuchforderung und Wertpapier zeigen sich in folgendem:

1. Sachenrechtsfähigkeit

1. Die **Anteilsrechte** sind Sachenrechte. Daher ist insbesondere gutgläubiger Erwerb möglich, obwohl der Überweisungsempfänger nicht im Reichsschuldbuch eingetragen und auch nicht des Gutglaubensschutzes nach § 11 a des Reichsschuldbuchgesetzes in der Fassung der VO vom 17.11.39 (RGBl. I 2298) teilhaftig wird.

2. Depotrechtsfähigkeit

2. Die Verwaltung ist echte Sammelverwahrung. Die VO vom 31.12.40 vermeidet mit Absicht den noch in der VO vom 5.1.40 (**RGBl.** 41 I 30) gebrauchten Ausdruck "Sammelverwaltung". Vielmehr sind die Bestimmungen des Depotgesetzes uneingeschränkt anzuwenden. Das gilt auch für die Eigentumsverschaffungspflicht des Einkaufskommissionärs, der sich nach § 24 I Depotgesetz von dieser Verpflichtung durch Verschaffung des Miteigentumsanteils befreien kann.

3. Börsenfähigkeit

3. Die Wertpapierrechte sind zum Börsenhandel zugelassen. Das stellt die in der VO vom 31.12.40 vorgenommene Änderung des § 39 des Börsengesetzes sicher.

4. Lombardfähigkeit

4. Die Wertpapierrechte sind bei der Reichsbank lombardfähig. Die Lombardierung (Verpfändung) geschieht durch Übergabe eines vom Kunden ausgestellten grünen Schecks an die Reichsbank.

5. Deckungsfähigkeit für Pfandbriefanstalten

5. Das stückelose Wertpapier ist schließlich auch als Deckungsmasse für Pfandbriefanstalten ebenso geeignet wie das verbriefte Wertpapier.

REKTA- und LEGITIMATIONSpapiere.

§ 14.

Abgrenzung

Während die Umlaufpapiere im Zeichen des Erwerberschutzes eine verhältnismäßig eingehende und einheitliche gesetzliche Regelung erfahren haben, sind Rekta- und Legitimationspapiere als Übergangserscheinungen zwischen Umlaufpapier und Schuldschein ganz überwiegend Rechtsgebilde der G e s t a l t u n g s f r e i h e i t, bei denen sich die Erwerberinteressen gegenüber den Bedürfnissen des Schuldners bald nur beschränkt (Rektapapiere), bald überhaupt nicht (schlichte Legitimationspapiere) durchgesetzt haben. Von den Umlaufpapieren unterscheiden sie sich dadurch, daß bei ihnen Einredenausschluß sowie Gutglaubensschutz und damit auch die Eigentumstheorie nicht gelten, von den einfachen Beweisurkunden, wie dem Schuldschein, dadurch, daß wenigstens eine der sonderrechtlichen Grundregeln auf sie Anwendung findet. Folgende Gruppen sind zu unterscheiden:

I.REKTAPAPIERE

I. R E K T A papiere sind alle Papiere mit Befreiungsrechtsbeschränkung und folgeweise auch mit Vorlegungszwang: Alle Urkunden, bei denen der Vorlegungsvorbehalt der Sicherung des Erwerbers vor Rechtsverlust durch Handlungen zwischen dem Vormann und dem abtretungsunkundigen Schuldner dient und daher durch den Nachweis der Papiervernichtung nicht außer Kraft gesetzt wird.[1)]

Bspe.: Rektawechsel, Rektascheck, Rektalagerschein, Rektaladeschein, Rektakonnossement.
Rektaaktie, Rektazwischenschein, Kux, Reichsbankanteilschein.
Bürgerlichrechtlicher Anweisungsbrief, insbesondere Kreditbrief, Effektenscheck, Lieferschein.

Der Schutz des Erwerbers ist beschränkt: Der U m l a u f ist nicht notwendig wertbetont; aber er wird, wenigstens vom Gesetz, m i t b e r ü c k s i c h t i g t . Dabei finden sich Übergangsformen zu den Umlaufpapieren.

1) § 10 I 1.

Übergänge
1. Rektawechsel und Rektascheck

1. Wird die gesetzliche Ordereigenschaft vertraglich ausgeschlossen, wie beim R e k t a w e c h s e l (Art 11 II WG) oder R e k t a s c h e c k (Art 14 II SchG), so hat zwar der Aussteller zu erkennen gegeben, daß er den Umlauf oder wenigstens einen gesteigerten Umlauf des Papiers nicht wünscht. Aber das Gesetz berücksichtigt seinen Wunsch nur beschränkt, weil der Aussteller eine Wertpapierart gewählt hat, deren Grundform typisch dem Erwerberschutz dient. Daher kann der Aussteller nur die Begebung (durch Indossament), nicht, wie nach § 399[2] BGB, die Abtretung und den beschränkten Erwerberschutz ausschließen. Ja bei der Rektatratte und dem Rektascheck, die nicht an eigene Order gestellt sind, bei denen daher Aussteller und erster Nehmer nicht in einer Person zusammenfallen, steht trotz der Rektaklausel der Rechtsübergang vom Aussteller (Alt) auf den ersten Nehmer (Neu) unter dem vollen orderrechtlichen Erwerberschutz: beschränkte Orderpapiere![2]

2. Zivile sog. Orderpapiere

2. Wird die g e s e t z l i c h n i c h t z u g e l a s s e n e O r d e r e i g e n s c h a f t v e r t r a g l i c h e i n g e f ü h r t, so bedeutet die Anorderstellung im Zweifel nur einen Hinweis auf die Übertragbarkeit. Doch kann sich der Schuldner durch eindeutigen Vermerk in der Urkunde zur Leistung an den arglosen Nachmann ohne Rücksicht auf Einreden aus der Person des Vormanns verpflichten. Denkbar ist es sogar, wenn auch unbräuchlich sowie unerwünscht und daher nur bei diesbezüglich unzweideutig beurkundeter Erklärung anzunehmen, daß der Schuldner sich jedem Nachmann verpflichtet, der vom ausgewiesenen Nichtberechtigten gutgläubig erwirbt, mag die Nichtberechtigung des Veräußerers ihren Grund darin haben, daß die Forderung einem Dritten zusteht, oder daß sie durch Zahlung, Aufrechnung, Erlaßvertrag oder dergleichen bereits erloschen ist. Wenn der Schuldner in der Urkunde dabei erklärt, er gebe sein Versprechen nicht nur gegenüber dem ersten Nehmer und zugunsten der künftigen Nachmänner (§ 328 BGB), sondern unmittelbar jedem jetzt noch unbestimmten Nachmann gegenüber mit der Maßgabe ab, daß der Vormann als sein Bote durch Übergabe der Urkunde den Zugang des Versprechens, und der Nachmann ohne Mitteilung an ihn (§ 151 BGB) die Annahme des Versprechens vollende, so ist der gutgläubige Weitererwerber auch vor der Gefahr sicher, daß der jeweils Berechtigte die Folgen zugunsten der Nachmänner durch mündliche, nicht aus der

2) Umgekehrt sind Orderwechsel und Orderscheck von der Präjudizierung oder Protestierung an (Art 20 WG/ 24 SchG) Rektapapiere : also insofern beschränkte Rektapapiere! Darüber § 20 II 2 b.- Übrigens kann die Übertragung von Orderaktien durch die Satzung zwar nicht ausgeschlossen, aber an die Zustimmung der Gesellschaft gebunden werden (§ 61 II AktG).

Urkunde ersichtliche Gegenabrede mit dem Schuldner endgültig aufgehoben hat. Damit nähert sich ein so ausgebautes "ziviles Orderpapier" dem gesetzlichen Vorbild Trotzdem bleibt es hinter ihm zurück: Denn der Einwand der Ungültigkeit des Versprechens, z.B. wegen Hingabe für eine Spielschuld (§§ 762 II/764 BGB) oder ein Wuchergeschäft (§ 138 II BGB), wegen rechtzeitig geltendgemachten Irrtums (§§ 119 ff BGB) oder wegen widerrechtlicher Bestimmung durch Drohung (§ 123 I BGB), ist vertraglich nicht ausschließbar: Dort, weil die Vorschriften zwingend sind, hier, weil ein das Anfechtungsrecht ausschließender Geschäftsverbindungsvertrag, der überdies nur mit dem ersten Nehmer zugunsten der künftigen Nachmänner praktisch in Betracht kommt, selbst wieder wegen der Willensmängel angefochten werden kann.[3]

3. Den einzigen Fall eines echten Einredenausschlusses bei Rektapapieren enthält § 9 I 1 der Reichsschuldenordnung vom 13.2. 24 für Rektaschuldverschreibungen des Reichs.[4]

3. Rektaschuldverschreibungen des Reichs

4. Am nächsten den Orderpapieren steht der GRUNDPFANDBRIEF gemäß § 1155 BGB.

4. Grundpfandbrief (§ 1155 BGB)

Ist Neuling durch eine zusammenhängende, auf den im Grundbuch eingetragenen Alt zurückführende Kette von öffentlich beglaubigten Abtretungserklärungen und den Besitz des Grundpfandbriefs ausgewiesen, so können dem gutgläubigen Nachmann die weder aus den Abtretungsurkunden noch aus dem Brief (§ 1140) ersichtlichen Einreden, die der persönliche Schuldner (§§ 1137/8) oder Grundstückseigentümer (§ 1157) gegen Neu (und Alt) hatte, nicht dem dinglichen Recht entgegengehalten werden. Standen Forderung und Hypothek dem Neu zu, so erwirbt Nachmann von dem ausgewiesenen Neuling beides kraft guten Glaubens.[5] War das Grundpfandrecht überhaupt, auch als Eigentümerpfand, noch nicht entstanden, z.B. weil der Eigentümer bei der Bestellung geschäftsunfähig war, so entsteht es kraft guten Glaubens für Nachmann: Das Grundpfandrecht des Nachmanns ist Hypothek, sofern die bereits vorher bestehende, wenn auch dem Neu zustehende Forderung auf Nachmann übergegangen ist. Es ist Grundschuld, wenn die Forderung nicht bestanden hat. Die Forderung kann somit - um der Hypothek willen - kraft guten Glaubens übergehen, aber nicht kraft guten Glaubens entstehen. Es gibt also Einredenausschluß und gutgläubigen Erwerb wie bei Umlaufpapieren.

3) § 11 III.
4) RGBl. 1924, Teil I S. 95 ff.
5) Wolff, Sachenrecht § 137 N. 8.

Aber das gilt nur für das dingliche Verwertungsrecht, nicht für die Forderung. Die Rechtsvermutung gilt nicht nur für Neuling (wie bei Art. 16 I WG),[6] sondern auch gegen ihn, z.B. wenn Neu von Neuling Berichtigungsbewilligung verlangt (§§ 891/4). Legitimiert ist nicht nur der Letzte der Reihe, wie (grundsätzlich) bei Art 16 I WG, sondern auch jeder Vormann, wenn er den Brief besitzt.[7] Die Abtretungsurkunden müssen - anders als die Indossamente - nicht auf dem Brief stehen, aber sie müssen bis auf Neuling öffentlich beglaubigt sein. Der gute Glaube des Nachmanns wird nur in dem gewöhnlichen, nicht in dem orderrechtlich erweiterten Umfange geschützt: also z.B. nicht bei Fälschung einer Abtretungsurkunde[8] (und materiell fehlendem Rechtsübergang), nicht bei fehlender Personengleichheit des Veräußerers mit dem Ausgewiesenen, nicht bei Geschäftsunfähigkeit des Neuling. Der Schutz gilt auch nur für die Personenfrage (einschließlich der Gegenrechte aus der Person des Vormanns), aber nicht für den Rechtsinhalt im übrigen: Lautet z.B. der Grundbucheintrag auf 30000, der Brief aber auf 50000 RM, so kann Nachmann gutgläubig nur ein Pfandrecht über 30000 RM erwerben.[9] Im übrigen wird das verbriefte Grundpfandrecht nicht, wie ein Orderpapier, schlechthin als Sache (§§ 808/831 ZPO), sondern als Recht und als Sache gemäß § 830 ZPO gepfändet.[10]

II. LEGITIMATIONSPAPIERE

II. LEGITIMATIONSpapiere sind alle Ausweispapiere: mag ein vollständiges Ausweispapier, wie beim Gepäckschein der Reichsbahn, oder nur ein Legitimationszeichen, wie bei Garderoben- oder Reparaturmarken, vorliegen. Mag das Papier nur ein Befreiungsrecht des Schuldners oder auch - was sich nicht von selbst versteht[11] - die Einziehungsrechtsvermutung zugunsten des Vorlegers begründen. Für den Erwerberschutz ist bei den schlichten Ausweispapieren kein, auch kein beschränkter Raum.

6) § 4 Ziff. 2.
7) Wolff, Sachenrecht S. 528 = § 142 VIII 1 b a.E.
8) Palandt § 1155 Anm. 3 b; Heck, Sachenrecht 400. A.A. RG 85, 60; 86, 262; 93, 43.
9) Heck, Sachenrecht 400.
10) § 22 II.
11) Es ist keineswegs selbstverständlich, daß die Vorlage eines Papiers mit Ausweisvorbehalt den Vorleger des Nachweises des Rechtserwerbs enthebt, wie Raiser ZHR 101, 60 das ohne Begründung annimmt. Das hängt vielmehr wesentlich von der Unübersehbarkeit des in Betracht kommenden Personenkreises ab: § 13 II am Ende.

III. **R E K T A - und A U S W E I S P A P I E R E**, also Vorlegungspapiere mit Befreiungsrechtsbeschränkung und Ausweisvorbehalt, sind die "qualifizierten Legitimationspapiere" des § 808 BGB, wie regelmäßig Sparkassenbücher, Versicherungs-, Depot- und Pfandscheine; ferner die ihnen entsprechenden qualifizierten Legitimationszeichen, z.B. Rabattmarken. Bei diesen Urkunden steht zwar der Schuldnerschutz im Vordergrund; aber der Erwerberschutz ist (von der Rechtsordnung) mitberücksichtigt.

III. Qualifizierte Legitimationspapiere (§ 808 BGB)

Die Einziehungsrechtsvermutung kann besonders vereinbart und bei Massenpapieren selbstverständlich, somit nach § 157 BGB zu ergänzen sein. Doch sind solche Fälle hier verhältnismäßig selten. Dementsprechend geht auch das Gesetz in § 808 I Satz 2 vom Fehlen der Einziehungsrechtsvermutung aus.[12)]

Einziehungsrechtsvermutung nur ausnahmsweise

I-III. Die Rektapapiere sind gegenüber den Umlaufpapieren "unvollkommene" Wertpapiere oder, wie die schlichten Ausweispapiere, nur wertpapierähnliche Urkunden.[13)]

I-III. Zusammenfassung

Für sie gelten **w e d e r die E r w e r b s f u n k t i o n e n**[14)] noch **d i e E i g e n t u m s t h e o r i e**. Sie entstehen daher nur kraft Vortrages, nie kraft guten Glaubens.[15)]

Für ihre A U S L E G U N G kommt es - abgesehen von Massenpapieren - nur auf den Empfängerhorizont des ersten Nehmers, nicht auf den Durchschnittshorizont der zu erwartenden Nachmänner an.[16)] Sie bedürfen grundsätzlich keiner, auch keiner faksimilierten, Unterzeichnung.[17)]

Zu ihrer ÜBERTRAGUNG bedarf es nach richtiger Ansicht - außer beim Grundpfandbrief (§ 1154 BGB) und der im BGB geregelten Anweisung (§ 792 I^3 BGB) - keiner Übergabe des Papiers (anders h.L.)[18)].

---

12) Vgl. § 12 II 1.
13) Zu dieser Einteilungs- und Bezeichnungsfrage: § 12 II.
14) Einzige Ausnahme: Einredeausschluß bei Rektaschuldverschreibungen des Reiches nach § 9 der Reichsschuldenordnung vom 13.2.24 (oben I 3).
15) § 15 I.
16) § 15 II 3.
17) § 15 II 4 c.
18) § 19 II 2 b.

Ihre PFÄNDUNG geschieht beim Grundpfandbrief durch Pfändungsbeschluß und Briefwegnahme (§ 830 ZPO), sonst nur durch Pfändungsbeschluß: nicht einfach durch Wegnahme der Urkunde (Sachpfändung), wie bei Umlaufpapieren. Ihre Verwertung geschieht, soweit sie nicht Mitgliedschaftsrechte verbriefen, durch Einziehung, wie bei sonstigen Rechten.[19]

Die Rechte aus ihnen können n i c h t , wie bei den Umlaufpapieren, durch Ersitzung, Vermischung, Fund oder Aneignung auf einen anderen übergehen.[20] Sie unterliegen unstreitig nicht dem Einbringungspfandrecht des Vermieters, Verpächters oder Gastwirts. Streitig und zweifelhaft ist, ob sie vom kaufmännischen Zurückbehaltungsrecht nach § 369 HBG erfaßt werden.[21]

Die Kraftloserklärung ist bei Grundpfandbriefen (§§ 1162/1192 BGB) und den qualifizierten Legitimationspapieren (§ 808 BGB) gesetzlich vorgesehen. Die herrschende Meinung zieht daraus für die bürgerlichrechtliche Anweisung, Rektalagerscheine, Rektaladescheine, Rektakonnossemente, "zivile Orderpapiere" und sonstige Rektapapiere (- Vorlegungspapiere) den Umkehrschluß. Zu Unrecht, soweit es sich nicht um Klein- oder Alltagswerte handelt.[22]

---

19) Näheres § 22.
20) § 23 II.
21) Dagegen Raiser ZHR 101, 46 f. Dafür Jakobi, Handbuch 370 f., Ritter § 369[7]. Die h.M. bejaht, nimmt aber folgeunrichtig Ausweispapiere, auch die qualifizierten, und den Hypothekenbrief, aus. In Wahrheit sind nur die schlichten Ausweispapiere vom kaufmännischen Zurückbehaltungsrecht auszunehmen: Dazu § 23 IV 2.
22) Vgl. § 25 I 1 c.

3. Kapitel. UMLAUF DER WERTPAPIERE.
I. Entstehung.
1. Grundsätze: insbesondere Begebungsvertrag.
§ 15.

Zwei Fragen sind zu unterscheiden: Was entsteht?

1. Wie entsteht das Recht aus dem Papier (Entstehungsfrage)?
2. Wie entsteht die wertpapiermäßige Verbindung von Recht und Papier (Verbriefungsfrage)?

Die zweite Frage wird meist übersehen. Und doch ist sie, wenn ihre Tragweite auch hinter der ersten Frage zurücktritt, keineswegs unwichtig: denn ihre Bejahung bedeutet die Unterstellung des Rechts unter die weitreichenden wertpapierrechtlichen Sondersätze (einschließlich der Eigentumstheorie bei Umlaufpapieren).

Die erste Frage ist gegenstandslos, soweit das Recht vor der Verbriefung entstanden und noch nicht erloschen ist: wie bei Aktien, Zwischenscheinen, Kuxscheinen, Konnossementen, Ladescheinen, Lagerscheinen, Versicherungsscheinen, Inhabergrundschuldbriefen und anderen nur rechtsbestärkenden, nicht rechtserzeugenden Wertpapieren. Sie hat aber doppelte Bedeutung, soweit das Recht erst mit dem Papier entsteht:, wie beim Wechsel oder der Inhaberschuldverschreibung. Denn hier gilt sie nicht nur für die Frage, wann das Recht erstmals entsteht, sondern, was meist verkannt wird, auch für die Frage, wann das, z.B. durch Zahlung, Erlaß, Aufrechnung oder dergleichen, bereits erloschene Recht wieder entsteht.[1]

1. das Recht aus dem Papier

---

1) Die Wiederentstehung des Rechts ist sogar dann möglich, wenn das Umlaufpapier einen Vermerk über den Empfang der gesamten (!) Leistung trägt. Denn der Besitz des Gläubigers macht es wahrscheinlich, daß die Vollquittung, wie üblich, im voraus erfolgte und die folgende Vorlegung erfolglos blieb. Freilich wird man verlangen müssen, daß der angebliche Gläubiger vor der Weiterbegebung den Quittungsvermerk durchstreicht und sich damit der Bestrafung wegen Urkundenunterdrükkung (§ 274 Z. 1 RSTGB) aussetzt, falls er in Wahrheit kein Streichungsrecht hat, weil er Zahlung doch erhalten oder den Wechsel dem Schuldner gestohlen hat. Näheres § 26 III 1.

2. Die Verbriefung des Rechts durch das Papier

Die zweite Frage hat ihren guten Sinn nicht nur bei rechtserzeugender, sondern auch bei nur rechtsbestärkender Verbriefung.[2] Während dort die Verbriefungsfrage im Schatten der Entstehungsfrage steht, spielt hier nur die Verbriefungsfrage eine Rolle: Die Frage also, wann das bereits vorher entstandene Recht den wertpapierrechtlichen Sondersätzen und damit einer Inhaltsänderung unterworfen wird.

Drei Beispiele:

(1) Der von Schulte ausgestellte, angenommene, an eigene Order ausgefüllte und mit einem Blankoindossament versehene Wechsel wird von dem Einbrecher Alt nachts aus dem Panzerschrank gestohlen und an den gutgläubigen Neu veräußert.

(2) Schulte vertraut seinem Angestellten Alt den Wechsel mit dem Auftrag an, ihn bei der D-Bank zu diskontieren. Alt veräußert indessen den Wechsel an den gutgläubigen Neu und geht mit dem Erlös durch.

(3) Alt ist Aktionär der Schulte AG. Er soll über seine Mitgliedschaftsrechte eine Inhaberurkunde abredegemäß erhalten. Die hergestellte Aktienurkunde wird indessen von dem Angestellten Neu entwendet und an den gutgläubigen Neuling gegen Barzahlung veräußert.

I. AUSNAHME bei Umlaufpapieren: Entstehung durch zurechenbare Herstellung und gutgläubigen Erwerb

I. In den beiden ersten Beispielen entstehen das Recht und Rechtsverbriefung, im dritten Beispiel wenigstens die umlaufpapiermäßige Verbriefung des bereits bestehenden Rechts ausnahmsweise durch zurechenbare Ausstellung und gutgläubigen Erwerb.[3] Die gutgläubige Entstehung ist zwar nie bei Rektapapieren, aber bei allen Inhaber- und Orderpapieren möglich.

Im 3. Beispiel geht das bereits bestehende Aktionärrecht des Alt auf den Neuling über (anders h.L.), weil Alt mit der Herstellung der Inhaberurkunde durch die AG einverstanden war, und ihm daher der Rechtsschein des Inhaberpapiers zuzurechnen ist.[4] Zugleich wird das Aktienrecht umlaufpapiermäßig verbrieft und damit u.a. der Eigentumstheorie unterworfen.

---

2) Das übersieht anscheinend v. Schwerin S. 19.

3) Darüber § 7.

4) Dazu § 7 I 3 b.

II. **R e g e l m ä ß i g** aber, bei Rektapapieren sogar ausnahmslos, entstehen das Recht aus dem Papier und seine Verbriefung in einem Wertpapier **d u r c h V e r t r a g** (§ 305 BGB).

II. REGEL: Entstehung durch Vertrag

1. Der Vertrag **i s t** bei RECHTSERZEUGENDEN Schuldpapieren, z.B. dem Wechsel oder Inhaberschuldpapier, Verpflichtungsgeschäft, nicht Verfügung.

1. INHALT

Weder Verfügung über die angebliche Forderung, die, wie Ulmer konstruiert,[5] dem Aussteller gegen sich selbst zustehen und deshalb bis zur Begebung ruhen soll. Ein Bild, aus dem dann Ulmer in typisch begriffsjuristischer Verirrung z.B. schließt, die Ehefrau könne den zu ihrem eingebrachten Gut gehörenden Wechsel nicht ohne Zustimmung ihres Mannes (§ 1395 BGB), der Gemeinschuldner den vor Konkurseröffnung ausgestellten Wechsel nicht mehr ohne Willen des Konkursverwalters (§§ 6/7 KO) begeben. In Wahrheit handelt es sich um unbewilligte Neuschulden, für die weder das eingebrachte Frauengut noch die Konkursmasse (§§ 1412 BGB/ 1 KO),[6] wohl aber der Neuerwerb des Konkursschuldners und das Vorbehaltgut der Frau haften.

Noch nicht einmal eine Verfügung über das Eigentum am Papier ist erforderlich: Denn die Urkunde über das Recht gehört, auch bei Umlaufpapieren, dem Berechtigten bereits kraft Gesetzes (§ 952 BGB) mit der Entstehung des Rechts. Daher geht das Eigentum am Papier bei rechtsbestärkenden Wertpapieren schon mit der Ausstellung und bei rechtserzeugenden mit der Begebung (aber nicht kraft Einigung und Übergabe, sondern kraft Gesetzes) auf den Berechtigten über.[7]

Bei rechtsbestärkenden Wertpapieren, z.B. der Aktie, ist der Vertrag auf Inhaltsänderung des Rechts aus dem Papier gerichtet, weil die wertpapiermäßige Verknüpfung des Rechts mit der

---

5) Ulmer S. 40 f.

6) Auch der gute Glaube späterer Nehmer an die vorkonkursliche oder voreheliche Begebung (sie, nicht die Ausstellung entscheidet!) macht die Forderung nicht zu einer Konkurs- oder Eingebrachten-Schuld. Der hier vertretene Vorrang des Art 16 II WG vor § 7 KO und § 1404 BGB betrifft nur den Erwerb bereits bestehender Rechte, nicht ihre Entstehung.

7) § 17 II 2 b.

Urkunde das Recht den Rechtsscheinfolgen der Urkunde unterstellt. Die Inhaltsänderung ist allerdings eine Verfügung über das Recht: aber keine Verfügung des Schuldners, sondern eine Verfügung des Berechtigten.

Die Ausgabe von Aktien und anderen rechtsbestärkenden Urkunden bedarf deshalb nicht nur, wie Ulmer glaubt,[8] der Aushändigung, sondern gleichfalls der vertraglichen Begebung. Sonst wird - vorbehaltlich der Entstehung von Umlaufpapieren kraft gutgläubigen Erwerbs - das Recht nicht den wertpapierrechtlichen Sondersätzen unterworfen.

Der Entstehungsvertrag ist von dem Übertragungsvertrag ebenso zu unterscheiden, wie die Begründung einer Forderung von ihrer Abtretung. Trotzdem hat sich bei den Umlaufpapieren für beides die gemeinsame Bezeichnung des "Begebungsvertrages" eingebürgert. Das ist unschädlich, wenn man sich darüber klar ist, daß die Entstehungsbegebung bei forderungsbegründenden Papieren reines Verpflichtungsgeschäft, bei rechtsbestärkenden Papieren ein auf die Inhaltsänderung des Rechts gerichteter Verfügungsvertrag ist, während die Übertragungsbegebung an sich nur eine Verfügung über das Recht am Papier oder wenigstens über das Recht aus dem Papier enthält.

Bei der Weiterbegebung eines Wechsels durch Indossament fallen allerdings die Verfügung über den Wechsel und die bereits entstandenen Rechte gegen Annehmer, Vormänner und etwaige Wechselbürgen mit der Verpflichtung des Indossanten aus seinem Indossament regelmäßig zusammen. Notwendig ist das indessen nicht: So ist die Indossierung ohne Gewähr (Art 15 I WG) oder bei Blankoübergabe des blankoindossierten Wechsels (Art 14 II Z. 3 WG) ausschließlich Verfügung, die Annahme des einem Dritten bereits gehörenden Wechsels oder die Wechselbürgschaft ausschließlich Verpflichtung.[9]

---

8) Ulmer S. 68 f.

9) Stranz Art 11, Anm. 3 a.

2. Der Vertrag über die Entstehung des Rechts und des Wertpapiers wird regelmäßig z w i s c h e n Aussteller und erstem Nehmer geschlossen. Stellvertretung und Vertrag zugunsten Dritter[10] sind jedoch in demselben Umfang wie sonst möglich.

2. PARTEIEN

Beispiele:

(1) Eine Bank verkauft die Teilschuldverschreibungen einer Fabrik, der Zigarrenhändler die Karten des Stadttheaters im Auftrage und für Rechnung des Fabrik- oder Theaterunternehmers, der damit die vereinbarte Provision bezahlt. Die Fabrik und das Theater sind noch nicht Wertpapierschuldner der Bank und des Zigarrenhändlers. Sie werden es vielmehr erst mit der Weiterbegebung der Papiere seitens der Bank und des Zigarrenhändlers. Gleichviel, ob die Bank und der Zigarrenhändler sich gegenüber dem Erwerber als Gläubiger ausgeben, also die Papiere im eigenen Namen nicht nur verkaufen, sondern auch veräußern (begeben). Aber das liegt nicht daran, daß die Bank und der Zigarrenhändler über die "ruhende" angebliche Forderung des Fabrik- oder Theaterunternehmers gegen sich selbst mit dessen Ermächtigung verfügen (§ 185 I BGB),[11] sondern daran, daß die kommissionsweise Überlassung der Papiere an die Bank und den Zigarrenhändler einen berechtigenden Verpflichtungsvertrag zuzugunsten des Erwerbers (§ 328 BGB) enthält.

Kommissionsweise Emission

(2) Nicht anders steht es, wenn Schulte gefälligkeitshalber den von Alt ausgestellten Wechsel annimmt, damit Alt sich durch Diskontierung des Wechsel die Darlehensvaluta verschaffen kann. - Wenn dagegen Schulte seinem Schwager Treu ein Blankoakzept gibt, damit Treu es als Sicherheit seinem Gläubiger Alt überläßt, der als Aussteller zeichnen soll, so ist der Begebungsvertrag zwischen Schulte und seinem Schwager Treu zwar gleichfalls ein berechtigender Vertrag zugunsten des Alt. Aber die Verpflichtung des Schulte gegenüber Alt soll abredegemäß erst mit der Weiterbegebung von Treu an Alt (und der Ausstellung durch Alt) entstehen (§ 328 BGB). Wird daher der Wechsel vorher

Gefälligkeitsakzept

---

10) Sachlich ist der Vertrag zugunsten Dritter ein Sonderfall der Stellvertretung, der sich tatbestandsmäßig von der sonstigen Stellvertretung nur dadurch unterscheidet, daß nach dem Willenserklärungsinhalt nicht alle Rechtsgeschäftsfolgen, sondern nur die Anspruchszuwendung in der Person des Dritten entstehen soll. A.A. Heck, Schuldrecht S. 150.

11) Wie Ulmer S. 40/117, dem das Beispiel entnommen ist, meint.

dem Schwager Treu gestohlen und nach Ausstellung sowie Indossierung durch den Dieb an den gutgläubigen Neu begeben, so wird Schulte kraft des guten Glaubens des Neu zum Wechselschuldner: Nicht aber kraft des mit seinem Schwager Treu geschlossenen Begebungsvertrages, wie es das Reichsgericht[12] zur Ehrenrettung seiner unter der Herrschaft der Wechselordnung für das Blankoakzept vertretenen reinen Vertragstheorie wahrhaben möchte.

3.AUSLEGUNG

3. Für die A u s l e g u n g des Begebungsvertrages ist zu unterscheiden:

a.bei Rektapapieren: persönliche

a. Bei REKTAPAPIEREN ist nach allgemeinen Grundsätzen ausschließlich der Empfängerhorizont, also der Gesichtskreis des ersten Nehmers maßgebend.

b. bei Umlaufpapieren:

b. Bei UMLAUFPAPIEREN ist nicht nur der erste Nehmer, sondern auch der für den Weitererwerb typisch in Betracht kommende Personenkreis Erklärungsgegner.

α. persönliche gegenüber dem ersten Nehmer

α. Solange sich das Papier in der Hand des ersten Nehmers befindet, ist - wie bei gewöhnlichen Rechtsgeschäften - sein Gesichtskreis für die Auslegung entscheidend (h.L.).

Das ist zwar streitig.[13] Aber es besteht kein Bedürfnis, die Auslegung zugunsten des ersten Nehmers auf die Umstände zu beschränken, die für den durchschnittlichen Weitererwerber an Hand des Papiers erkennbar sind. Die Gegenansicht will die Vereinheitlichung zwar schon beim ersten Nehmer durchführen, gleicht aber die dadurch entstehenden Härten für den Schuldner durch Gewährung einer persönlichen Einrede aus: Ein unnützer und durch die Notwendigkeit der Einredeerklärung verlängerter Umweg.

1. Bsp.: Hat Schulte gefälligkeitshalber den von Alt ausgestellten Wechsel angenommen, so haftet er dem Alt gegenüber nicht als Annehmer. Es bedarf also nicht erst der einredeweisen Erhebung des Befreiungsanspruchs Schultes gegen Alt aus der Gefälligkeitsabrede.

---

12) RG 142, 310 (II)

13) A.A. Ulmer S. 51/116.

2.Bsp.: Hat Schulte den Wechsel in blanko angenommen und den Aussteller Alt zur Ausfüllung bis zu 600 RM ermächtigt, füllt Alt dann aber abredewidrig 1000 RM aus, so haftet Schulte auch ohne unverzügliche Anfechtungserklärung wegen des Mehrbetrages von 400 RM dem Alt wechselmäßig nur auf 600 RM.- Hat freilich Alt umgekehrt den Wechsel nur mit 500 RM statt der verabredeten 600 RM ausgefüllt, so hat Schulte nur für 500 RM als Annehmer einzustehen: Denn für die weiteren 100 RM ist der Wechsel nicht formgerecht ausgestellt worden.

ß. Sobald aber das Papier in die Hand eines Weitererwerbers kommt, dürfen nur die Umstände zur Auslegung herangezogen werden, die für jeden Durchschnittsteilnehmer am Wertpapierverkehr ohne weiteres[14] an Hand des Umlaufpapiers erkennbar sind.[15] Denn durch die Verbriefung des Rechts in einem Umlaufpapier hat der Schuldner zu erkennen gegeben, daß er im Umlaufinteresse Fernerstehenden einheitlich nur nach dem Inhalt der Schrift("schriftgemäß") haften will.

ß.einheitliche gegenüber den Weitererwerbern

c. Bei sichtlich massenweiser Ausgabe inhaltsgleicher Papiere gilt freilich der Grundsatz einheitlicher Deutung unbeschränkt: Mag es sich um Rekta- oder Umlaufpapiere, mag es sich um den ersten oder einen späteren Nehmer handeln. Denn hier hat der Aussteller seine Bereitschaft zu erkennen gegeben, um der Vereinfachung (Rationalisierung) willen die Vernachlässigung seines etwa von der einheitlichen Deutung abweichenden Willens in Kauf zu nehmen. Es gilt daher der gleiche Grundsatz wie bei der Auslegung sonstiger allgemeiner Geschäftsbedingungen.[16]

c.bei Massenpapieren: stets einheitliche

14) Entsprechend Art 16 II WG/ 932 BGB muß sich der Weitererwerber eines Umlaufpapiers im Umlaufinteresse nur grobe Fahrlässigkeit zurechnen lassen.

15) So schon RG 15, 113.

16) Hildebrandt, Zivilarchiv 143, 342; Raiser, Das Recht der allgemeinen Geschäftsbedingungen S. 258 ff.

4. FORM.

4. Wertpapiere sind nicht notwendig aus Papier: Bsp.: Biermarken aus Blech. Aber sie sind stets Urkunden. Welcher F o r m bedarf die Urkunde?

a. Handschriftliche Unterzeichnung bei ORDERpapieren

a. Bei ORDERPAPIEREN ist eigenhändige (hand"schriftliche") Unterzeichnung des Ausstellers, also Schriftform im Sinne des § 126 BGB erforderlich. Doch genügt (anders als nach § 126 BGB) auch die Unterzeichnung durch einen Schreibgehilfen mit Zustimmung des Ausstellers, da der Zweck der Form nicht Schutz vor Übereilung ist.[17] Im einzelnen gilt das Eigenhändigkeitserfordernis:

α. Für alle wechsel- und scheckrechtlichen Skripturakte: Ausstellung und Indossament, Wechselbürgschaft und Ehrenannahme.

Für die Ausstellung des Wechsels und des Schecks stellt das Gesetz noch bestimmte weitere Erfordernisse auf (Art 1 WG/ 1 SchG). Hand"schriftlichen" Vollzug der Unterzeichnung setzt das Gesetz dabei als selbstverständlich voraus. Entsprechend beim Indossament, der Wechselbürgschaft und Ehrenannahme.

β. Für alle Indossamente, auch wenn sie nicht auf einen Wechsel oder Scheck, sondern auf ein sonstiges technisch indossables Papier gesetzt werden.

Das ergibt sich daraus, daß die wechselrechtliche Form des Indossamentes nach ausdrücklicher Gesetzesvorschrift (z.B. §§ 365 I HGB/ 61 II AktG) auch für die Indossierung der anderen technisch indossablen Papiere gilt.

γ. Für alle (sonstigen) selbständigen Schuldversprechen (§ 780 BGB) eines Nichtkaufmanns oder eines Minderkaufmanns (§ 350 HGB).

α. Für alle übrigen Orderakte: Mag das Gesetz ausdrücklich, wie beim Orderlagerschein (§ 38 II Z. 8 Orderlagerschein-VO vom 16.12.1931) oder dem an Order gestellten Bodmereibrief (§ 683 Z. 12 HGB), die "Unterschrift" des Ausstellers fordern oder nicht.

---

17) Näheres § 7 I 1 a ß. A.A. h.L.

Zweifelhaft und streitig ist, ob bei massenweiser (!) Ausstellung von kaufmännischen Orderpapieren oder von Namensaktien - entsprechend § 793 II^2 BGB - die bloße "faksimilierte Unterschrift" genügt. Die Frage hat z.B. für Industrieobligationen Bedeutung, die als Teilschuldverschreibungen in der Form des kaufmännischen Orderverpflichtungsscheines ausgegeben und von der die Ausgabe übernehmenden Bank meist mit einem Blankoindossament versehen werden. Die Antwort hängt von dem Verkehrsbedürfnis (Analogiebedürfnis) ab, das wohl nicht so stark ist, daß es eine Ausnahme rechtfertigt,[18] zumal beim Blankoindossament des ersten Nehmers das Faksimile zweifellos nicht ausreicht.

b.Faksimile bei Inhaberpapieren, außer Inhaberkarten

b. Bei Inhaberschuldverschreibungen und entsprechend bei anderen Inhaberpapieren "genügt" mit Rücksicht auf die Häufigkeit der massenweisen Ausgabe die "im Wege der mechanischen Vervielfältigung hergestellte Namensunterschrift" (§ 793 II^2 BGB): das sogenannte Faksimile. Dagegen reicht Druckschrift nicht aus.

Bei "Inhabermarken" aber, bei denen sich die Berechtigung des Inhabers nicht aus der Urkunde, sondern aus den Ausgabeumständen ergibt (§ 807 BGB), z.B. Bahnsteigkarten oder Biermarken, ist eine Namensunterschrift und erst recht eine faksimilierte Namensunterschrift weder erforderlich noch üblich.

c.Kein Unterzeichnungserfordernis grundsätzlich bei Rektapapieren

c. Rektapapiere bedürfen, sofern sie nicht das selbständige Schuldversprechen eines Nichtvollkaufmanns enthalten (§§ 780/BGB/ 350 HGB), der Unterzeichnung und erst recht der eigenhändigen Unterzeichnung grundsätzlich nicht.

Ausnahmen: z.B. der Ladeschein oder Bodmereibrief (§§ 445 II/ 683 Z. 12 HGB), auch wenn die Papiere nicht an Order lauten.[19]

---

18) So auch RG 74 ^{340}; Gruch 55^{826}; SeuffA 66^3; Ritter HBG § 363 Anm. 4.

19) Für die Annahme der bürgerlichrechtlichen Anweisung verlangt zwar § 784 II BGB eigenhändige Unterzeichnung auf der Anweisung. Aber die mündliche Annahme eines Vollkaufmanns (§§ 780 BGB/ 350 HGB) oder die schriftliche Annahme außerhalb der Anweisung (§ 780 BGB) ist nichtsdestoweniger gültig: Das Gesetz behandelt sie zwar nicht, aber seine Bestimmungen (§§ 783 ff. BGB) sind entsprechend anzuwenden (Ritter HGB § 363 Anm. 2 a u. k; Palandt BGB § 784 Anm. 2). § 784 II BGB enthält demgemäß kein wesentliches Formerfordernis.

a-c. Formfreiheit von Vorverträgen und "Nachverträgen"

a-c. Die Verbriefung und, soweit vorgeschrieben, die Schriftform dienen nicht dem Schutz vor Übereilung, sondern den Umlaufinteressen des Erwerbers und allenfalls den Beweisinteressen des Schuldners. Vorverträge sind daher in jedem Fall formfrei. Das gleiche gilt nicht nur, was schon aus § 182 II BGB folgt, für die Genehmigung des vom unberufenen Vertreter oder Fälscher abgeschlossenen Begebungsvertrages, sondern auch für die Vereinbarung, daß ein Wertpapier, dessen ursprüngliches Recht bereits erloschen ist, Träger eines neuen Rechts sein soll.

Vertretungsmachtbeschränkungen bei öffentlichrechtlichen Personen

Die Formvorschriften des Landesrechts sind außerhalb der vorbehaltenen Sondergebiete (Bsp.: der bergrechtliche Kux) für "privatrechtliche" Geschäfte durch Art 55 EG z. BGB aufgehoben. Aber die Beschränkungen der Vertreter (oder Organe) von Körperschaften des öffentlichen Rechts, insbesondere von Gemeinden und Sparkassen, sind nach Inhalt und Zweck häufig zugleich Beschränkungen der Vertretungsmacht und insoweit auch gültig ohne reichsgesetzliche Vorschrift, also auch außerhalb des Anwendungsbereichs von § 36 DGemO.

Erschwerungen durch Vermerk in der Urkunde

Jede Partei kann die Gültigkeit des Vertrages von weiteren Formerfordernissen abhängig machen (§ 125^2 BGB). Bei den Umlaufpapieren wirkt aber die Abrede nur dann gegen gutgläubige Weitererwerber (arg. § 794 BGB in seiner unmittelbaren und entsprechenden Anwendung), wenn sie aus der Urkunde ersichtlich ist. Für Inhaberschuldpapiere hebt das § 793 II^1 BGB ausdrücklich hervor. Um Mißbräuche, die sich aus der mechanischen Vervielfältigung ergeben, zu verhindern, wird die Gültigkeit der massenweise ausgegebenen Papiere nicht selten durch Vermerk in der Urkunde von der Anwendung einer besonderen Kontrollform, z.B. der Mitunterschrift eines Kontrolleurs oder der Beisetzung eines Stempels, abhängig gemacht.

5. ABSCHLUSSVORGANG

5. Der A b s c h l u ß des Begebungsvertrages kann auf verschiedene Weise vor sich gehen. Typisch sind zwei Fälle:

a. Aushändigung als Vertragsantrag

a. Die Unterzeichnung (der "Skripturakt") erfolgt ohne vorausgehende Vorlage durch einen Dritten.

Das ist die Regel bei Ausstellung von Inhaberschuldverschreibungen, bei Zeichnung durch Wechselaussteller oder Indossanten sowie beim Blankoakzept.

b. Die Unterzeichnung geschieht <u>auf Grund einer Vorlegung</u>.

b. Rückgabe als Vertragsannahme

So meist bei der Annahme des bereits ausgestellten Wechsels sowie bei der Unterschrift des Ehrenannehmers oder Wechselbürgen.

Regelmäßig ist die Erklärung des Unterzeichners im ersten Fall Vertragsantrag (Ersterklärung), im zweiten Fall Vertragsannahme (Zweiterklärung), <u>in keinem Fall also einseitiges Verpflichtungsgeschäft</u>.

Manche Schriftsteller erkennen dagegen im ersten Fall zwar einen Begebungsvertrag, im zweiten Fall aber nur ein einseitiges Verpflichtungsgeschäft an. Auch das Reichsgericht stand dem nahe, wenn es die Verpflichtungen des Wechselausstellers, des Indossanten oder des Blankoannehmers durch Vertrag, die des Annehmers eines fertigen Wechsels aber (unter der Herrschaft von Art 21 IV WO) schon durch einseitiges Rechtsgeschäft entstehen ließ. Zur Begründung beruft man sich in der Rechtslehre darauf, daß der Annehmer eines ausgestellten Wechsels bereits dem "derzeitigen Wechselinhaber", nicht erst dem gutgläubigen Weitererwerber, gegenüber auch dann verpflichtet sei, wenn die Vorlegung durch einen Unbefugten oder durch einen Geschäftsunfähigen oder die Annahme gegen den Widerspruch des Vorlegenden nur unter Beschränkungen erfolge. Indessen ist das teils in der Begründung, teils auch im Ergebnis unzutreffend:

α. Die Annahme oder eine sonstige wechselmäßige Verpflichtung kann, wenn Rechte des Ausstellers und eines Indossanten aus dem Wechsel bereits entstanden sind, stets nur zugunsten des jeweiligen Wechseleigentümers erfolgen. Der Annehmer vermag daher aus der Vorlegung nur auf einen Vertragsantrag zugunsten des Berechtigten (dessen, den es angeht) zu schließen, mag die Wechselvorlage durch einen Berechtigten oder (§ 328 BGB) durch einen Dieb geschehen, der sich für den Berechtigten ausgibt. Darum kann nach Art 21 WG der Wechsel nicht nur von dem Berechtigten, sondern "von jedem, der den Wechsel auch nur in Händen hat", zur Annahme vorgelegt werden.

α. Vorlage durch Unbefugte? § 328 BGB

β. Die Vorlegung durch einen nicht nur Geschäftsbeschränkten (§ 107 BGB!), sondern Willenserklärungsunfähigen enthält allerdings keinen gültigen Vertragsantrag (§ 105 BGB). Die Rückgabe des angenommenen Wechsels ist daher nicht Vertragsannahme, sondern Vertragsantrag, dessen Annahme durch den gesetzlichen Vertreter des Geschäftsunfähigen oder durch den geschäftsfähigen Berechtigten indessen gemäß § 151 BGB nur

β. Vorlage durch Geschäftsunfähige? Antrag des Unterzeichners

der Betätigung, nicht der Mitteilung des Annahmewillens und ihres Zugehens bedarf. Vorher ist eine Verpflichtung des Annehmers nicht entstanden: Daran ändert Art 28 I WG, der vom Regelfall ausgeht, so wenig etwas wie im umgekehrten Fall, in dem die Annahme durch einen Geschäftsunfähigen erfolgte.

β. Widerspruch gegen Beschränkungen? Art 26 WG

β. Der Widerspruch des Vorlegenden gegen die beschränkte Annahme schließlich hindert die unbedingte wechselmäßige Verpflichtung nicht (Art 26 WG). Denn die Regel des § 150 II BGB, wonach eine Annahme mit Einschränkungen als Ablehnung verbunden mit einem neuen Antrag zu bewerten ist, wird durch Art 26 WG überholt. Da auch die beschränkte Annahme dem Wechseleigentümer lediglich Rechte zuwendet, ohne ihm Pflichten gegenüber dem Annehmer aufzuerlegen, so entspricht es der interessengemäßen und der verkehrstypischen Bedeutung der Vorlage, daß dem Berechtigten die beschränkte Annahme immer noch lieber als gar nichts ist. Sein Widerspruch richtet sich daher nicht gegen die Annahme, sondern nur gegen ihre Beschränkung. Er geschieht überdies meist erst bei der Rückgabe und kann also auch deshalb an dem bereits zustandegekommenen Teil des Annahmevertrages nichts ändern.

a/b. Zugehen durch Begebung (Rückgabe) des Skripturakts

a/b. Die Verpflichtungserklärung des Unterzeichners eines Umlaufpapiers bedarf zu ihrer Wirksamkeit des wertpapiermäßigen Zugehens: Das unterzeichnete Umlaufpapier muß also mangels Vorlage (a) begeben, nach Vorlage (b) zurückgegeben sein: sei es an den Rechtsinhaber, sei es an den blossen Vorleger (Art 21 WG). Der sich verpflichtende Teil, insbesondere der Annehmer eines Wechsels, soll solange die Möglichkeit zum Widerruf, z.B. durch Streichung der versehentlich geleisteten Unterschrift, haben, als er dem Nehmer noch keine Vertrauensgrundlage gewährt hat. Richtunggebend: Art 29 I WG im Gegensatz zu Art 21 IV der alten WO.

Demgemäß wird die Rückgabe (Übergabe) durch Vereinbarung eines Besitzmittlungsverhältnisses, z.B. dadurch, daß die Bank den von ihr angenommenen Wechsel auftragsgemäß in Verwahrung nimmt, nicht ohne weiteres ersetzt,[20] sondern erst mit der

---

20) A.A. Ulmer S. 208.

Herbeiführung der Vertrauensgrundlage, also mit dem Zugehen der Mitteilung von der Inverwahrungnahme, wirksam. Entsprechendes gilt für den Übergabeersatz nach § 931 BGB.

Hat der Berechtigte oder der Vorleger ohne Rückgabe seitens des Unterzeichners, etwa durch Eigenmacht, durch Vermittlung der Polizei, die dem Dieb das Papier abgenommen und dem Ausgewiesenen ausgehändigt hat, oder dergleichen, das Umlaufpapier erhalten, so genügt (rechtsähnlich § 929[2] BGB) die Bestätigung durch den Unterzeichner und ihre stillschweigende Annahme durch den Besitzer: Die Bestätigung muß aber, um die erforderliche Vertrauensgrundlage herzustellen, dem Besitzer zugehen: Das kann unter besonderen Umständen auch durch Stillschweigen geschehen. Das schuldhafte Unterlassen rechtzeitiger Rückforderung genügt dazu aber noch nicht.[21)]

Garantieversprechen durch sonstige Mitteilung

Ist der Verpflichtungswille nicht durch Rückgabe (oder was ihr gleichsteht), sondern durch mündliche oder durch außerhalb des Umlaufpapiers schriftlich erfolgte Mitteilung zugegangen, so entsteht zwar eine vertragliche bürgerlichrechtliche Garantiepflicht gegenüber dem Mitteilungsempfänger, die abgetreten werden kann und entsprechend § 401 BGB sogar ohne weiteres auf den folgenden Papiereigentümer übergeht. Aber eine wertpapierrechtliche Verpflichtung mit Gutglaubensschutz und Einredenausschluß entsteht nicht. Davon macht auch Art. 29 II WG für die Annahme eines Wechsels nur insofern eine Ausnahme, als der Annehmer dem im Wechselverband bereits stehenden Empfänger seiner schriftlichen (wenn auch nicht unterschriebenen) Annahmeanzeige nach dem Inhalt der (wenn auch vorher oder inzwischen durchstrichenen) Wechselzeichnung wechselmäßig (Wechselprozeß!) haftet. Bsp.: Hat Schulte auf den Wechsel über 1000 RM seinen Annahmevermerk für 600 RM gesetzt und (vor oder nach Streichung der Teilannahme) dem Vorleger Neu seine unbeschränkte Annahme mitgeteilt, so ist Schulte wechselrechtlich dem Neu zu 600 RM und bürgerlichrechtlich zu 400 RM (Garantievertrag) verpflichtet; dem arglosen Zessionar Neuling aber kann Schulte die Einreden aus der Person des Neu nicht nur hinsichtlich der 400, sondern auch hinsichtlich der 600 RM entgegenhalten (§ 404 BGB); deshalb hatte Neu trotz der schriftlichen Annahmeanzeige den Rückgriff mangels Annahme nicht nur für die 400 RM, sondern auch für die 600 RM.

---

21) A.A. Ulmer S. 209.

Im Gegensatz zur Verpflichtungserklärung bedarf die vertragliche Äußerung des Erwerbers nach der Verkehrssitte nicht des Zugehens und selbstverständlich nicht des Zugehens durch Rückgabe des Wertpapiers (§ 151 BGB).

6. BEDEUTUNG

6. Die Regelentstehung durch Vertrag hat neben der durch gutgläubigen Erwerb von Umlaufpapieren selbständige (praktische) Bedeutung:

a. Genehmigungsfähigkeit

a. Anwendbar - und zwar unmittelbar, nicht nur entsprechend - sind die Vertragsvorschriften: §§ 108/177 BGB im Gegensatz zu §§ 111/180 BGB. Die Begebung durch einen Geschäftsbeschränkten oder durch einen unberufenen Vertreter ist daher nicht nichtig, sondern genehmigungsfähig.

b. Zeitpunkt: Begebung

b. Maßgebender Zeitpunkt ist die Begebung, nicht die Ausstellung (Herstellung) des Papiers. Genauer:

Persönliche Gültigkeitserfordernisse, insbesondere Geschäftsfähigkeit (§ 130 II BGB), müssen bei der Abgabe der Vertragserklärung, der Begebungshandlung,

gegenständliche Anforderungen, wie Rechtszuständigkeit und Vertretungsmacht, Verfügungsmacht und Abwesenheit von konkursrechtlichen oder güterrechtlichen Beschränkungen, müssen beim Zugehen der Vertragserklärung, beim Begebungserfolg vorliegen.

1. Bsp.: Hat Schulte, der am 1.2. 21 Jahre alt wurde, den ihm zur Annahme vorgelegten Wechsel am 31.1. unterzeichnet, aber am 1.2. zurückgegeben, so ist er ohne weiteres Annahmeschuldner. - Hat er umgekehrt die Annahme unmittelbar vor, die Rückgabe aber erst nach Inkrafttreten seiner Entmündigung vollzogen, so kann er (mangels Genehmigung durch Vormund und Vormundschaftsgericht) von Alt nicht aus Vertrag, aber von Neu kraft gutgläubigen Weitererwerbs in Anspruch genommen werden.

2. Bsp.: Hat Schulte vor Konkurseröffnung über sein Vermögen den Wechsel angenommen, ist aber der von ihm an Alt zurückgeschickte Wechsel erst nach Konkurseröffnung dem Alt zugegangen, so ist Schulte zwar Annahmeschuldner geworden, aber seine Annahmeschuld ist nicht aus der Konkursmasse zu befriedigen (sie ist Neuschuld, nicht Konkursschuld: § 3 KO). 22) Bei Rückgabe durch den Konkursverwalter oder bei Rückgabe mit seiner Zustimmung entsteht allerdings eine Masseschuld (§ 59 Z. 1 KO).

c. Redlichkeit des ersten Nehmers ist weder erforderlich noch genügend. c. Redlichkeit unnötig

Bsp.: Hat Schulte den angenommenen Wechsel dem Alt zurückgegeben, und Alt sodann den indossierten Wechsel an Neu weiterbegeben, so erwirbt Neu auch dann den Wechselanspruch gegen Schulte, wenn Neu irrtümlich glaubte, Alt habe sich den Wechsel eigenmächtig hinter dem Rücken des Schulte zurückgeholt.23)

---

22) Ungenau spricht Ulmer S. 40 (vom Standpunkt seiner Verfügungskonstruktion) davon, die vom Gemeinschuldner vorher ausgestellten Wechsel usw. könnten nur noch vom Konkursverwalter begeben werden.

23) Richtig Jakobi, Grundriss S. 61.

Haftung des unberufenen Vertreters und des Fälschers.

§ 16.

Zeichnung im fremden Namen

Wie jeder Vertrag, so kann auch der Begebungsvertrag im Namen eines Dritten (des Vertretenen) abgeschlossen werden.

Soll dabei dem Dritten lediglich ein Anspruch zugewendet werden, so bedarf der Versprechensempfänger (Vertreter) keiner Vertretungsmacht (§ 328 BGB) [1]: Der Dritte (Vertretene) kann aber den Anspruchserwerb durch Erklärung gegenüber dem Versprechenden zunichtemachen: Wohltaten werden nicht aufgezwungen (§ 333 BGB).

Soll dabei der Dritte aber verpflichtet werden, so muß die Unterzeichnung, soweit sie erforderlich ist, im Namen des Dritten erfolgen, und muß der Unterzeichnende durch vorherige (Vollmacht) oder nachträgliche (Genehmigung) Zustimmung des Dritten oder kraft Gesetzes dazu Vertretungsmacht haben.

Regelmäßig unterzeichnet der Vertreter mit seinem Namen; dann muß freilich die Urkunde aus ihrem übrigen Inhalt, z.B. durch den Zusatz "in Vertretung für Herrn Schulte", erkennen lassen, daß der Vertreter nicht sich, sondern den Dritten verpflichten will (§ 164 II BGB): Ein nicht in die Urkunde aufgenommener entsprechender Vorbehalt wirkt bei Umlaufpapieren nur gegenüber dem ersten Nehmer, aber nicht gegenüber den folgenden wertpapierrechtlichen Nachfolgern.
Der berufene Vertreter aber kann und darf (nach feststehender Rechtssprechung) auch ausschließlich mit dem Namen des Dritten zeichnen.[2]

Bei fehlender Vertretungsmacht hängt die Verpflichtung des Vertretenen von seiner Genehmigung ab (§ 177 BGB):[3] Sonst, also bei endgültig unberufener Vertretung, haftet der Vertreter selbst (I). Solche Fälle sind nicht selten; Beispiele:

---

1) § 16 II 2.
2) RG 74, 69.
3) Also von der nachträglichen Erteilung der Vertretungsmacht: § 7 I 2 b.

Order- oder Inhaberverpflichtung des Kindes, Mündels oder Pfleglings ohne Genehmigung des Vormundschaftsgerichtes (§ 1822 Z. 9 BGB). 4) Annahme eines vom Vertreter im eigenen Namen ausgestellten - wenn auch von einem Dritten vorgelegten - Wechsels namens des Vertretenen (§ 181 BGB).[5] Die Indossierung eines Wechsels durch den Geschäftsführer einer GmbH. an sich selbst ohne Haftungsausschluß, aber in Erfüllung einer Verbindlichkeit hat möglicherweise (§ 139 BGB) Übertragungs-, aber keine Verpflichtungsfolgen (§ 181 BGB)[5a]). Zeichnung durch einen Vertreter, der - wie es z.B. bei Sparkassen die Regel ist - nur mit einem anderen zusammen Vertretungsmacht hat.

I.Haftung des unberufenen Vertreters

I. Bei Abschluß des Begebungsvertrages durch einen UNBERUFENEN VERTRETER besteht zwar gleichwohl ein Recht gegen den Vertreter,[6] der seine Vertretungsmacht (oder die Genehmigung des Vertretenen) nicht nachweist. Zugleich wird dieses Recht wertpapiermäßig verbrieft, d.h. den wertpapierrechtlichen Sonderregeln unterworfen. Der unberufene Vertreter schuldet beim Wechsel und Scheck stets selbst so Erfüllung, wie wenn er im eigenen Namen gezeichnet hätte (Art 18 WG,11 SchG). Bei allen anderen Wertpapieren haftet er nach Wahl des Gläubigers auf Erfüllung oder auf das Erfüllungsinteresse (§ 179 I BGB), aber mit zwei Beschränkungen: Der unberufene Vertreter haftet nur auf das Vertrauensinteresse, wenn er nachweislich den Mangel der Vertretungsmacht nicht kannte (§ 179 II BGB); er haftet überhaupt nicht, wenn der "andere Teil" - das ist der erste Nehmer, aber auch jeder Nachmann, dem der Einredenausschluß zugutekommt - den Mangel der Vertretungsmacht

4) § 7 I 2, b.

5) A.A. RG 77, 140, weil es ständig (zuletzt RG 157, 31), aber zu Unrecht bei § 181 BGB formell auf die Art der Rechtsgeschäftsvornahme, nicht materiell auf den Interessenwiderstreit abstellt, und weil es unter der Herrschaft von Art 21 IV WO die Annahme des fertigen Wechsels als streng einseitiges (= nichtempfangsbedürftiges: Kreationstheorie) Rechtsgeschäft ansah, die daher, selbst bei Vorlage des Vertreters an sich selbst, nicht "gegenüber" dem Vertreter als Eigenpartei erfolgte (Begriffsjurisprudenz!).-Annahme im eigenen bei Ausstellung im fremden Namen dagegen bringt dem Vertretenen nur Vorteile und ist daher "gestattet" (§ 181 BGB).

5a)Vgl. § 7 II 2 b.

6) Er hat daher keine Einreden aus der Person des Vertretenen (Quassowski-Albrecht Art 8[12] WG): Er kann z.B. nicht mit Forderungen des Vertretenen aufrechnen, wohl aber hat er gegen den ersten Nehmer die Wandlungseinrede aus dem zugrundeliegenden mit ihm abgeschlossenen Kauf.

kannte oder kennen mußte (§ 179 III[1] BGB), oder wenn er selbst geschäftbeschränkt ist und ohne Zustimmung seines gesetzlichen Vertreters handelt (§ 179 III[2] BGB).

1. Wechselmäßige Verpflichtung

1. Beide Beschränkungen des § 179 BGB gelten für die wechselmäßige (und daher im Wechselprozess verfolgbare) Garantiehaftung des unberufenen Wechselvertreters aus Art 8 WG (- 11 SchG) nicht. Kannte freilich der "andere Teil" den Mangel der Vertretungsmacht und[7)] rechnete er mit der Genehmigung durch den Vertretenen nicht, oder war der Vertreter geschäftbeschränkt, und handelte er ohne Zustimmung seines gesetzlichen Vertreters sowie ohne die zur Zustimmung erforderliche Genehmigung des Vormundschaftsgerichtes (§ 1822 Z. 9 BGB), so entfällt seine Haftung nach allgemeinen Grundsätzen: Dort kraft Arglist gegenüber dem ersten Nehmer und seinem arglistigen (Art 17 WG) Zessionar, hier entsprechend §§ 108/179 III[2] BGB auch dem gutgläubigen Nehmer gegenüber.

2. Wechselmäßiger Einlösungserwerb

2. Beim Wechsel und Scheck gibt es die Rückgriffshaftung von Aussteller und Indossanten. Der vertretene Rückgriffsschuldner (nicht der Annehmer) könnte daher bei Einlösung des Wechsels im Rückgriffswege seinerseits gegen den Annehmer und seine Vormänner Rückgriff nehmen. Wird nun der Wechsel statt vom Vertretenen von dem dazu verpflichteten unberufenen Vertreter eingelöst, so gehen die Rückgriffsansprüche, die der Vertretene bei Einlösung gehabt hätte, mit der Zahlung kraft Gesetzes (Art 8 WG = 11 SchG) auf den Vertreter über. Denn Annehmer und Vormänner verdienen es nicht, deshalb besser gestellt zu werden, weil ein unberufener Vertreter ihr Nachmann ist:

---

7) Dieses Erfordernis übersieht Stranz Art 8 Anm. 16.

Sie haben daher gegen den Vertretenen sowenig Einreden aus der Person der Nachmänner, wie sie es bei Pflichtrückerwerb des Vertretenen hätten.[8] Annehmer und Vormänner sollen aber auch nicht schlechter stehen als bei Einlösung durch den Vertretenen: Sie haben daher gegen den Vertreter nicht nur die Einreden aus seiner Person (das ist selbstverständlich), sondern auch die aus der Person des Vertretenen; das gilt nicht nur für Wandlungs-, Bereicherungseinreden oder dergleichen, sondern sogar für die Aufrechnung mit Forderungen, die dem Annehmer oder Vormann gegen den Vertretenen zustehen.[9] Der Vertreter rückt also mit der Pflichtzahlung wechselmäßig in die Rechtsstellung ein, die er bei wechselmäßigem Rückerwerb des Vertretenen und gleichzeitigem gewöhnlichen (§§ 412-404 ff. BGB) Weitererwerb vom Vertretenen hätte.[10]

Es tritt also eine ähnliche Rechtslage ein wie bei Zahlung durch einen Wechselbürgen (Art 32 III WG). Nur daß der Wechselbürge auch einen Wechselanspruch gegen den erwirbt, für den er sich verbürgt hat, während der Vertreter selbstverständlich keine Wechselrechte gegen den unbefugt Vertretenen erhält. Ferner, daß sich der

8) Darauf (hier § 11 II 7), nicht auf der entsprechenden Anwendung des Art 17 beruht die wechselmäßige Besonderheit des gesetzlichen Rechtsübergangs.

9) Stranz Art 8 Anm. 28 WG gewährt dem Schuldner nur ein Leistungsverweigerungsrecht, und auch das nur unter der Voraussetzung, daß er die Abtretung der Gegenforderung dem Vertreter anbietet. Aber der unberufene Vertreter verdient nicht mehr als den Bereicherungsanspruch (§ 812 I[1] BGB) gegen den Vertretenen, der auf Kosten des Vertreters von seiner (bürgerlichrechtlichen) Schuld an den Rückgriffsschuldner frei wurde.

10) Anders der Zahlungserwerb des Wechselbürgen (Art 32 III WG) oder Ehrenzahlers (Art 63 I WG). Drei Unterschiede:
a. Ihnen haftet auch derjenige, für den die Verbürgung oder Ehrenzahlung erfolgte; nicht nur sein Vormann.
b. Er haftet nicht nur auf das Gezahlte, sondern erweitert auch für Zinsen, Auslagen und Provision nach Art 49 WG.
c. Nimmt der Zahlungserwerber die Vormänner (einschl. des Annehmers bei der Wechselbürgschaft) in Anspruch, so können sie dem Wechselbürgen oder Ehrenzahler Einreden aus der Person dessen, für den die Verbürgung oder Ehrenzahlung geschah, nicht entgegensetzen.

Wechselbürge Einreden aus der Person des Hauptverpflichteten nicht entgegenhalten lassen muß. - Entsprechendes wie für den Wechselbürgen gilt (nach § 63 I WG) für den Ehrenzahler.

3. Streitfragen

3. STREITIG ist der Anwendungsbereich der wechselmäßigen Haftung des unberufenen Vertreters, insbesondere wegen seines gesetzlichen Zahlungserwerbs:

a. Sondersatzeigenschaft des Art 8 WG gegenüber § 179 BGB

a. Kann neben der wechselmäßigen Haftung aus Art 8 WG noch ein gemeinbürgerlicher Anspruch aus § 179 BGB bestehen?
Das ist zu verneinen:[11] Art 8 WG übernimmt als Sondersatz dieselben Aufgaben, die sonst § 179 BGB hat.

b. Anwendbarkeit des Art 8 WG auch bei Zeichnung nur mit dem Namen des Vertretenen.

b. Tritt die wechselmäßige Haftung aus Art 8 WG auch dann ein, wenn der Vertreter, was er bei Vertretungsmacht durfte, ausschließlich mit dem Namen des Vertretenen gezeichnet hat?

Die herrschende Lehre verneint es: Da hier der Name des Vertreters aus dem Wechsel nicht ersichtlich ist, könne er nicht wechselmäßig verpflichtet[12] und solle bei Einlösung nicht wechselmäßig berechtigt sein.[13]

Die Frage ist indessen gerade die, ob ausnahmsweise jemand, nämlich der unberufene Vertreter (und entsprechend der Fälscher), wechselmäßig haftet, obwohl sein Name nicht aus dem Wechsel hervorgeht. Das Gesetz unterscheidet nicht: "Seine Unterschrift als Vertreter" leistet der Unberufene auch bei Zeichnung allein mit dem Namen des Vertretenen. Die Entstehungsgeschichte ergibt nichts Zwingendes, obwohl die Frage schon unter der Herrschaft der Wechselordnung (Art 95 WO) streitig war. Entscheidend ist die Brauchbarkeit der Ergebnisse: Nach der h.L. haftet niemand wechselmäßig; der Vertretene nicht mangels Vertretungsmacht, der Vertreter nicht mangels Namensnennung; dies, obwohl der Schutz des Verkehrs die verschärfte wechselmäßige Haftung gerade hier besonders erfordert, weil das Vertretungsverhältnis und damit die Gefahr fehlender Vertretungsmacht aus dem Wechsel nicht zu ersehen ist. Die nur gemeinbürgerliche (kein Wechselprozess!) Haftung aus § 179 BGB bietet, zumal bei ihren sachlichen Beschränkungen, keinen vollen Ausgleich; die Beschränkungen

---

11) A.A. Stranz Art 8 Anm. 12.
12) Stranz Art 8 Anm. 15; Quassowski-Albrecht Art 8 Anm. 10; Michaelis zu Art 95 Anm. 9 WO (für das Einheits-Wechselgesetz, anders für die WO).
13) Ulmer S. 180.

des § 179 II und III[1] BGB aber in "entsprechender" Anwendung des Art 8 WG auszuschließen, wie es Ulmer will,[14] ist eine willkürliche Halbheit, die die Kirche ums Dorf trägt. Der gesetzliche Übergang, den Ulmer damit ausschließen möchte, ist keine "schon an sich bedenkliche" Regel, sondern eine Folgeerscheinung der Rückgriffshaftung, die das unverdiente Freiwerden des Annehmers und der Vormänner verhindern soll: Deshalb hält denn auch Stranz[15] den Gläubiger für verpflichtet, entsprechend § 255 BGB (!) seine Wechselansprüche an den zahlenden Vertreter abzutreten; aber dann bekäme ja der Vertreter auch den Anspruch des bisherigen Gläubigers gegen den Vertretenen! Oder soll das wieder entsprechend Art 8 WG ausgeschlossen sein? Alle diese Umwege beweisen nur, daß die Lösung des Art 8 WG praktisch allein befriedigt, gleichviel wie der Vertreter gezeichnet hat.[16] Im übrigen ist das Vorurteil, daß wechselmäßig nur der haften kann, dessen Name aus dem Wechsel hervorgeht, auch sonst nicht durchführbar: Oder soll jemand, der nicht über seine Vertretungsmacht, auch nicht über seine Identität (daher keine Urkundenfälschung), sondern lediglich über seinen Namen getäuscht hat, z.B. der Handwerker Alt, der mit seinem zu Unrecht angenommenen Firmennamen zeichnete, deshalb von der Wechselhaftung aus seiner Unterschrift frei sein?

c. bei Überschreitung der Vertretungsmacht Haftung nur für den Mehrbetrag

c. Haftet schließlich der Vertreter, der nur zur Ausstellung eines Wechsels über 600 RM bevollmächtigt ist, aber einen Wechsel über 1000 RM ausstellt, auf die ganze Summe von 1000 RM oder nur auf den Mehrbetrag von 400 RM (Art 8[2] WG - 11[2] SchG)?

Die h.L.[17] läßt den Vertreter auf das Ganze (1000 RM) haften, um eine Spaltung der Rechte aus dem Wechsel zu vermeiden. Aber die Mehrzahl ihrer Vertreter verpflichtet gleichwohl den Vertretenen zur Zahlung von 600 RM, insoweit als Gesamtschuldner mit dem Vertreter. Die Verpflichtung des Vertretenen in Höhe von 600 RM ist zwar billig; sie ermöglicht aber gerade die Spaltung, um deren Verhinderung willen dem Vertreter die unverdiente Belastung mit dem Gesamtbetrag zugemutet werden soll. Überdies kommt die Spaltung des Rechts auch sonst vor: z.B., wenn der Gläubiger von dem einen Rückgriffsschuldner nur den Teilbetrag von 600 RM und die restlichen 400 RM von einem anderen Rückgriffsschuldner erhält. Die dabei sich ergebenden Schwierigkeiten sind keineswegs unlösbar:

---

14) Ulmer S. 180.
15) Stranz Art 8 Anm. 23.
16) Seinen Einlösungserwerb kann der Vertreter bei entsprechender Fassung der Quittung auch dann leicht nachweisen, wenn sein Name vorher nicht auf dem Wechsel stand.
17) Quassowski-Albrecht Art 8 Anm. 16; Ulmer S. 179 N 24.

Die Teilzahlung wird entsprechend 39 III WG abquittiert, aber erst dem Restzahler, mag es der Vertreter oder der Vertretene sein, händigt der Gläubiger den Wechsel (entsprechend Art 39 I WG) aus. Soweit der besitzende Restzahler den Wechsel nicht zur Geltendmachung seines Rückgriffsanspruchs braucht, kann der Erstzahler als Miteigentümer des Wechselpapiers (arg. §§ 952 - 743 II BGB)[18] die Überlassung des Wechsels zur Ausübung seines Rückgriffsanspruchs verlangen. Hat der Restzahler bereits gegen Aushändigung des Wechsels, die bei Teilzahlung nicht nötig ist, Rückgriff gegen Neu genommen, so kann der Erstzahler seinerseits gegen Neu ohne Wechselvorlage Rückgriff nehmen, da die Vorlage des Wertpapiers zur Ausübung des Rechts nicht erforderlich ist, wenn der Schuldner es bereits besitzt. Will aber der Erstzahler Rückgriff gegen Alt nehmen, so kann er kraft seines Miteigentums am Wechselpapier die Überlassung des Wechsels zu diesem Zweck von Neu verlangen. Da somit durch die Spaltung keine unüberwindlichen Schwierigkeiten entstehen, da der Gläubiger eine Gesamtschuldnerschaft hinsichtlich von 600 RM nicht verdient, und da schließlich eine Spaltung des Rechts gerade auch über diese Gesamtschuldnerschaft eintreten kann, ist die h.L. abzulehnen und Art 8^2 entsprechend den allgemeinen Regeln nur auf den die Vertretungsmacht überschreitenden Mehrbetrag (die 400 RM) zu beziehen.

II. Haftung des Fälschers entsprechend

II. Entsprechend dem unberufenen Vertreter ist der F Ä L S C H E R zu behandeln (str.).[19]

Der Vertreter erklärt, daß die Vertragsfolgen einen anderen treffen sollen; der Fälscher behauptet, selbst der andere zu sein: Er gibt also den Vertrag nach Tatbestand und Rechtsfolgen als Geschäft eines anderen aus. Er verdient daher noch weniger Rücksicht als der Vertreter ohne Vertretungsmacht.

daher:

Aus der entsprechenden Anwendung der Bestimmungen über den unberufenen Vertreter folgt:

1. Genehmigungsfähigkeit

1. Wie dort der Vertretene (§ 177 BGB), so kann hier der Namensträger den von dem Fälscher abgeschlossenen Begebungsvertrag genehmigen. Damit wird der Namensträger rückwirkend (§ 184 I BGB) anstelle des Fälschers zum Wertpapierschuldner, z.B. zum Wechselschuldner.

---

18) Das übersieht Stranz Art 8 Anm. 21 ff., der im übrigen die oben dargelegte Ansicht vertritt.

19) Näheres dazu § 7 I 2a: insbesonders RG 145, 92 (II).

Die Genehmigung kann stillschweigend dadurch erfolgen, daß der Namensträger auf Anfrage erklärt, die Unterschrift gehe "in Ordnung" oder sie sei "echt".

Die Genehmigung kann auch durch Stillschweigen auf die Anfrage erklärt werden, sofern der Anfragende aus dem Schweigen ohne Fahrlässigkeit darauf schließen durfte, daß die Unterschrift nicht beanstandet werde. Doch ist dabei Vorsicht geboten. Regelmäßig wird nur ein Schadenersatzanspruch auf das Anzeige-(Vertretungs-) Interesse aus sittenwidriger vorsätzlicher Schadenszufügung[20] oder aus sogenanntem "Verschulden beim Vertragsschluß"[21] entstehen. Dies aber auch dann, wenn das Schweigen die Fälschung eines Angehörigen decken sollte (str.)[22].

Kannte der Namensträger die Fälschung nicht, wußte er also nicht, daß aus seinem Verhalten auf seine Genehmigung geschlossen werden konnte, so kann er die Genehmigungserklärung wegen Inhaltsirrtums um den Preis des Vertrauensinteresses anfechten (§§ 119 I Fall 1/122 BGB). Damit entfällt zwar seine Verpflichtung gegenüber dem Anfragenden aus der Genehmigung des von dem Fälscher vorgenommenen Begebungsvertrages. Aber dem gutgläubigen Nachmann des Anfragenden haftet der Namensträger gleichwohl: Denn die Genehmigung der Herstellung des Papiers durch den Fälscher ist (im Gegensatz zur Genehmigung des Begebungsvertrages) kein Rechtsgeschäft, sondern eine unanfechtbare Rechtshandlung, die fortan die Zurechenbarkeit des Rechtsscheines gegen den Namensträger begründet.[23]

2. Mangels Genehmigung haftet der Fälscher ebenso wie der unberufene Vertreter (entsprechend Art 8 WG/ 11 SchG oder § 179 BGB).

2.Fälscherhaftung

Der Wechselfälscher haftet also wechselmäßig.

3. Bei Einlösung des Wechsels oder Schecks durch den Fälscher der Unterschrift eines Rückgriffsschuldners erwirbt der Fälscher wechselmäßig die Ansprüche gegen den Annehmer und die Vormänner (entsprechend Art 8[2] WG).

3.gesetzlicher Einlösungserwerb des Fälschers

Zwar ist der Fälscher nicht schutzwürdig. Aber Annehmer und Vormänner verdienen keine Befreiung auf Kosten des Fälschers.

---

20) Vgl. Stranz Art 69 Anm. 12.
21) Vgl. Hildebrandt, Erklärungshaftung (1931) S. 125.
22) Stranz Art. 69 Anm. 12.
23) Näheres § 7 II 2.

III. Haftung des nur falsch Benannten

III. Wer sich dagegen lediglich einen ANDEREN NAMEN beilegt, ohne sich für den anderen auszugeben, verpflichtet nur sich selbst.

Der zufällige Namensträger kann also nicht durch Genehmigung die Schuld samt der Anwartschaft auf den Rückerwerb übernehmen.

Bspe.: Zeichnung mit dem Künstlernamen; mit der zu Unrecht geführten "Firma" eines Minderkaufmanns (Handwerkers oder Kleingewerbetreibenden); mit dem Namen des für den Ehemann ausgegebenen Geliebten; mit dem Mädchennamen.

Eine Urkundenfälschung liegt nicht vor: Der Betreffende täuscht vor, anders zu heißen; er täuscht nicht vor, ein anderer zu sein.

Auch Formnichtigkeit der Zeichnung ist nicht anzunehmen. Das erkennt auch die neuere Rechtssprechung wenigstens für den Fall an, daß der Name ständig im Rechtsverkehr geführt wird. Aber es ist nicht einzusehen, warum die junge Frau, die versehentlich noch mit ihrem Mädchennamen zeichnet, oder das Mädchen, das auf einer gemeinsamen Reise mit dem ledigen Geliebten als dessen Ehefrau einen Wechsel unterschreibt, daraus nicht verpflichtet sein sollte, obwohl sich ihre Identität zweifelsfrei ermitteln läßt.

Wertpapierrechtstheorieen.

§ 17.

Methodisches

Entsteht die Verpflichtung aus Inhaber- und Orderpapieren durch Vertrag oder durch einseitiges Rechtsgeschäft oder durch Gesetz? Eine der berühmtesten Streitfragen des gemeinen Rechts, die - trotz der gesetzlichen Anordnung in § 794 BGB - noch heute mit Vorliebe breit erörtert wird, weil man begriffsjuristisch an die rechtssatzbildende Kraft der rechtlichen Einordnung glaubte und teilweise heute noch glaubt. In Wahrheit sind für die Findung der Rechtssätze ausschließlich die Untersuchung und Bewertung der Interessenkonflikte maßgebend, die zwischen dem Unterzeichner und dem ersten Nehmer[1] (§ 16) sowie zwischen dem Unterzeichner und Weiterbewerber[2] (§ 7) entstehen können: Die Entscheidungen darüber sind Erkenntnisfragen, die Einordnung der dabei gefundenen Ergebnisse unter die Ordnungsbegriffe, wie Vertrag, einseitiges Rechtsgeschäft usw., aber ist eine bloße Darstellungsfrage von nebensächlicher Bedeutung.[3] Über die Erkenntnisfragen ist man sich, trotz gelegentlicher Verwechslungen mit Darstellungsfragen, heute im wesentlichen einig. Gleichwohl empfiehlt sich ein kurzer Ausblick auf den Theorieenstreit, um den Sinn für das historisch Gewordene zu vertiefen und den Blick für Trugschlüsse durch Auswechslung von Darstellungs- und Erkenntnisfragen zu schärfen.

---

1) Darüber § 16.

2) Dazu § 7.

3. Ursachenreihe:
   1. Die Bedürfnisse des Rechtslebens, hier insbesondere die Verkehrsbedürfnisse - die Interessenlage.
   2. Ihre Bewertung und die sich daraus ergebenden Rechtssätze - die Interessenwertung und Erkenntnisfragen.
   3. Die rechtliche Einordnung der Ergebnisse - Darstellungsfragen.

I. KREATIONSTHEORIE

I. In der gemeinrechtlichen Wissenschaft war die KREATIONSTHEORIE (- Ausfertigungslehre) allmählich zur Vorherrschaft gelangt. Sie schwebte als (unverbindlicher) "Erklärungsversuch" wohl auch den Verfassern des BGB, insbesondere bei § 794 BGB, vor.

Nach der (folgerichtig zu Ende gedachten) Kreationstheorie:

entsteht 1. die Forderung aus dem Umlaufpapier mit der Herstellung des Papiers durch einseitiges nicht empfangsbedürftiges Rechtsgeschäft, und

steht 2. die Forderung aus dem Papier dem Eigentümer am Papier zu (Eigentumstheorie).

1. Solange also der Aussteller das von ihm ausgefertigte Papier noch in Händen hat, ruht die Forderung wegen Personengleichheit von Gläubiger - Eigentümer und Schuldner - Aussteller. Daher muß
2. zur Auslösung der Verpflichtung noch der Eigentumserwerb eines Dritten am Papier hinzutreten.

1. Ausstellung

1. Die Schöpfung des Umlaufpapiers ist also nach der Kreationstheorie (und darin besteht ihre Besonderheit):

a. Rechtsgeschäft

a. Rechtsgeschäft,[4] nicht bloße "Rechtshandlung". Dadurch unterscheidet sich die Kreationstheorie von der Rechtsscheintheorie.

Theoretisch hat dagegen Jakobi den Einwand erhoben, dem Aussteller fehle gewöhnlich jeder Wille, sich schon durch die bloße Ausstellung zu verpflichten. Das werde besonders deutlich,

---

4) Darin sieht Jakobi, z.B. Grundriß S. 55, den Kern der Kreationstheorie, weil über die Möglichkeit der Forderungsentstehung durch einseitigen Akt angesichts des § 794 BGB kein Zweifel bestehen könne. Das ist zwar nach geltendem Recht richtig. Aber das geschichtliche Verdienst der Kreationstheorie liegt in der Zurückverlegung des Schöpfungsaktes in die Papierherstellung, um im Verkehrsinteresse spätere Papiererwerber zu schützen.

wenn er das Papier in den diebessicheren Schrank lege.[5] Das ist gewiß richtig. Aber der Einwand übersieht, daß Gegenstand der als gewollt bezeichneten Rechtsfolge nicht die Verpflichtung des Ausstellers sein muß. Vielmehr kann schon die Verbriefung der künftigen Forderung in einem Umlaufpapier und damit ihre Unterstellung unter die Sonderregeln des Wertpapierrechts (im Bilde: die Entstehung der gegen den Aussteller selbst gerichteten und daher vorläufig ruhenden Forderung) Ziel eines durch die Niederschrift geäußerten Rechtsfolgewillens sein.

Praktisch verlangt indessen die Kreationstheorie mehr, als ihr das Umlaufinteresse zugestehen kann. Folgerichtig müßte sich nämlich der Aussteller auch dem gutgläubigen Nehmer gegenüber z.B. darauf berufen können, daß er ein Umlaufpapier oder auch nur ein Umlaufpapier dieser Art oder dieses Inhalts überhaupt nicht unterschreiben wollte (§ 119 I BGB), oder daß er dazu widerrechtlich durch Drohung bestimmt wurde (§ 123 I BGB).[6]

Deshalb ist es verkehrswidrig, die Ausstellung ohne weiteres den Rechtsgeschäftsvorschriften zu unterstellen.

b. Einseitiges, nicht empfangsbedürftiges Rechtsgeschäft, kein Vertrag. Darin besteht der Gegensatz zur Vertragstheorie.

b. streng einseitiges

Praktisch ergäbe sich daraus:

(1) Die Genehmigungsunfähigkeit bei Ausstellung durch Geschäftsbeschränkte oder unberufene Vertreter (§§ 111[1] /180[1] gegenüber §§ 108/ 177 BGB).

(2) Maßgebender Zeitpunkt wäre nicht die Begebung, sondern die Herstellung des Papiers. Wer also (eigenmächtig) das Papier als Zwanzigjähriger ausstellt, aber als Einundzwanzigjähriger begibt, haftete nicht.

---

5) Jakobi, z.B. Grundriss S. 56.

6) Davor vermag auch Manigks Lehre vom "Willensgeschäft", den rechtsgeschäftlichen Willensakten ohne Willensmitteilung, nicht zu retten. Ist das Papier dem Aussteller gestohlen worden, so fehlt es freilich an einer Willenskundgabe des Ausstellers, die dann nur Rechtsgeschäft (Akt der Selbstgestaltung), nicht Willens"erklärung" ist, und die daher in den Fällen des § 119 I BGB nicht einmal der Anfechtung bedarf, um nichtig zu sein (so Manigk, das rechtswirksame Verhalten 1939 S. 450, sogar für den Fall des § 119 II BGB).

(3) Läßt man (zu Unrecht, aber mit dem Reichsgericht) für das Verbot des In-Sich-Geschäfts (§ 181 BGB) nicht die Interessenlage, sondern die Art der Rechtsgeschäftsvornahme entscheiden, so hätte der Vertreter des Ausstellers die Macht, namens seines Machtgebers den von ihm selbst im eigenen Namen ausgestellten Wechsel anzunehmen: so in der Tat das Reichsgericht, z.B. RG 77, 140!

(4) Die Annahme eines vorgelegten (fertigen) Wechsels müßte folgerichtig schon mit der Niederschrift unwiderruflich verpflichten, wie es Art. 21 IV WO vorschrieb. Nachdem aber das Wechselgesetz (Art. 29 I) nunmehr das Gegenteil bestimmt, wäre der Annehmer mit der "Rückgabe" an den geschäftsunfähigen Wechselberechtigten diesem sofort, nicht erst mit der Billigung durch seinen gesetzlichen Vertreter, verpflichtet.[7]

(5) Der Grundsatz der einheitlichen Deutung hätte auch für den ersten Nehmer eines Einzelpapiers Geltung.

Die Folgerungen zu (1/2/3) sind vermeidbar und über die Zweckmässigkeit zu (4/5) läßt sich streiten.

(1) Die Genehmigungsfähigkeit ist bei (streng) einseitigen Rechtsgeschäften, durch die der andere Teil lediglich einen rechtlichen Vorteil erlangt, wie bei der Stiftung, Auslobung, der Bestellung einer Eigentümergrundschuld oder wertpapierrechtlichen Skripturakten, in gebotsbeschränkender Auslegung der §§ 111[1]/180[1] BGB und entsprechender Anwendung der §§ 108/177 BGB durchaus vertretbar und vertreten;[8] denn die Nichtigkeit nach §§ 111[1]/180[1] BGB soll ja den anderen Teil nur vor Schwebezuständen schützen, die ihn ohne sein Zutun belasten.

(2) Die Begebung durch den volljährig Gewordenen kann formlos gültige Bestätigung der vorher erfolgten Ausstellung sein.

(3) Über die Abgrenzung des Insichgeschäfts und damit über die (mangels besonderer Zustimmung dazu oder mangels Zuwendung lediglich eines rechtlichen Vorteils an den Vertretenen) fehlende Vertretungsmacht (§ 181 BGB) entscheidet

---

7) Dazu § 15 II 5 b.

8) Ulmer S. 49 f.

m.E. nicht formal die Art der Rechtsgeschäftsvornahme, sondern das Bestehen eines Interessenkonfliktes. Der Vertreter hat daher keine Vertretungsmacht, um den von ihm selbst ausgestellten Wechsel namens des Vertretenen anzunehmen.

(4) Es ist zwar nicht einzusehen, warum der vorlegende Geschäftsunfähige früher als sonst ein Geschäftsunfähiger Rechte erwerben soll. Aber der Rechtserwerb ohne Rücksicht auf die Billigung seines gesetzlichen Vertreters gefährdet den Geschäftsunfähigen jedenfalls nicht.

(5) Nimmt Schulte den von Alt ausgestellten Wechsel z.B. gefälligkeitshalber an, so ist es zwar einfacher und richtiger zu sagen, Schulte haftet dem Alt nicht. Läßt man aber für die Auslegung auch gegenüber dem ersten Nehmer nur Umstände zu, die jedem Durchschnittsnehmer (ohne weiteres) erkennbar sind, so ist Schulte zwar wechselmäßig dem Alt verpflichtet, kann aber die Verpflichtung durch Einrede aus der Gefälligkeitsvereinbarung entkräften: ein Umweg, der, von rechtstechnischen Unterschieden im Versäumnisverfahren abgesehen, schließlich zum gleichen Ergebnis führt.

2. Das Gebot des Eigentumserwerbs (Eigentumserwerbstheorie) verlangt zu wenig. Die Umlaufinteressen fordern nicht, daß ein Künstler, der zum Scherz eine wertvolle Federzeichnung auf die Rückseite einer von seinem Freunde ausgestellten Inhaberschuldverschreibung setzt, ausser dem Eigentum am Papier (§ 950 BGB) auch die Forderung daraus erwirbt. Auch nicht, daß der Ersitzer oder Finder eines dem Aussteller gestohlenen Wechsels mit dem Eigentum am Papier auch die Forderung aus dem Papier erhält. — 2. Eigentumserwerb

Solche Erwägungen führten schon im gemeinen Recht zu Einschränkungen der Eigentumstheorie. So verlangte z.B. Grünhut gutgläubigen Besitzerwerb (Redlichkeitstheorie). Entsprechend fordern heute überwiegend auch die Anhänger der Kreationstheorie Eigentumserwerb des Dritten kraft guten Glaubens. — rechtsgeschäftlicher (gutgläubiger)

Umgekehrt gab Stobbes sogenannte Emissionstheorie, die das Recht durch einseitige Ausgabe seitens des Ausstellers und daher auch ohne weiteres bei Begebung an einen Geschäftsunfähigen entstehen ließ, die Vorteile der Kreationstheorie zum größten Teil preis. Denn sie ließ die Fälle des Abhandenkommens schutzlos und verließ doch den sicheren Boden des überkommenen Vertragsrechts.

II. VERTRAGS-THEORIE

II. Erst recht ist freilich die <u>VERTRAGSTHEORIE</u> ohne gesetzliche Ergänzung unbrauchbar: Denn es ist mit den Umlaufbedürfnissen unvereinbar, den Einwand des nicht oder nicht gültig zustandegekommenen Begebungsvertrags auch gegen gutgläubige Weitererwerber zuzulassen.

Vertragsinhalt

Die reine Vertragstheorie vermag diesem verkehrswidrigen Ergebnis auch nicht dadurch zu entgehen,
daß sie a. den mit dem ersten Nehmer geschlossenen Begebungsvertrag zu einem Vertrag zugunsten der Weitererwerber (§ 328 BGB) ergänzt, oder
daß sie b. in der Begebung des Unterzeichners ein unmittelbar an jeden künftigen Weitererwerber gerichtetes, durch die Vormänner als Boten übermitteltes Vertragsangebot sieht, daß der Nachmann nach § 151 BGB annimmt.[9]

Zwar ist eine derartige Vertragsergänzung nach § 157 BGB möglich, wenn es zur Erreichung des Vertragszwecks notwendig ist. Ja, der Unterzeichner kann seine Erklärung nicht einmal mit der Begründung anfechten, er habe an eine derartige Ergänzung seiner Erklärung nicht gedacht: Denn die Ergänzung nach "Treu und Glauben" (nach dem mutmaßlichen Gesetzeswillen) ist nicht Inhalt, sondern gesetzliche Nebenfolge der Erklärung; ein (unbewußter) Zwiespalt zwischen Wille und Erklärung (§ 119 I BGB) liegt daher nicht vor.[10]
Aber die Vertragsergänzung setzt die Gültigkeit des Begebungsvertrags voraus. Die Geschäftsunfähigkeit des ersten Nehmers ist dafür zwar nur beim Vertrag zugunsten Dritter (a), nicht beim Vertragsangebot ad incertas personas (b) ein Hindernis. Alle übrigen Unwirksamkeitsgründe aber treffen beide Vertragsabschlüsse gleich und ebenso wie jeden anderen Vertragsabschluß.[11]

Ergänzung durch Rechtsscheintheorie

Die Vertragstheorie bedarf daher der <u>Ergänzung durch die Rechtsscheintheorie</u>. Danach entsteht das Recht (und seine Unterwerfung unter Wertpapierrechtssätze) regelmäßig durch Vertrag,

---

9) So die Erklärung von Schwerins S. 23.

10) Hildebrandt, Erklärungshaftung S. 230 ff.; Manigk, das rechtswirksame Verhalten S. 290.- Die Polemik Jakobis, z.B. Grundriß S. 44 ff., gegen v. Schwerin übersieht das im Text Ausgeführte.

ausnahmsweise aber kraft Gesetzes: nämlich durch zurechenbare Herstellung (Ausstellung) des Umlaufpapiers und gutgläubigen Erwerb.[12)]

Die Herstellung ist danach nicht Rechtsgeschäft, sondern eine vorbereitende Rechtshandlung, auf die zwar die Vorschriften über Willenserklärungsunfähigkeit (§§ 104 - 115 BGB), aber nicht die sonstigen Rechtsgeschäftsvorschriften, insbesondere nicht die Bestimmungen über Willensmängel (§§ 116 ff. BGB), entsprechende Anwendung finden. Für die Ausstellung gelten also die Rechtsgeschäftsvorschriften nur, soweit sie passen. Aber die Rechtsgeschäftsvorschriften sind nicht etwa deshalb grundsätzlich unanwendbar, weil die Ausstellung kein Rechtsgeschäft ist; sondern die Ausstellung ist deshalb kein Rechtsgeschäft, weil die Rechtsgeschäftsbestimmungen - mit Ausnahme der über Willenserklärungsunfähigkeit - zu verkehrswidrigen Ergebnissen führten.

Vertrags- und Rechtsscheintheorie herrschend

Diese namentlich von Ernst Jakobi[13)] scharfsinnig entwickelte Vertrags- und Rechtsscheintheorie ist heute herrschende Lehre.[14)] Sie gilt nicht nur für den Wechsel, sondern für alle Umlaufpapiere, insbesondere auch für die Inhaberpapiere.

Reichsgericht uneinheitlich

Das Reichsgericht hat freilich in früheren Entscheidungen für die Inhaberpapiere die Kreationstheorie, für die Entstehung der gewöhnlichen Wechselverpflichtung die Vertragstheorie, für die Verpflichtung aus dem Akzept die Kreationstheorie und schließlich für das Blankoakzept wiederum die Vertragstheorie vertreten.[15)] Die Entscheidungen sind indessen, soweit sie den Wechsel betreffen, noch unter der Herrschaft der Wechselordnung, insbesondere des Art 21 IV WO, ergangen, aber auch sonst durch die Rechtsentwicklung überholt.

11) /Anmerk.v.S.196/ Der Vertrag zugunsten Dritter oder der unmittelbar mit den späteren Nachmännern, die es angeht, vermag lediglich bei den sogenannten "zivilen" Orderpapieren einen rechtsgeschäftlichen Ersatz für den gesetzlich versagten Einredenausschluß zu bieten. Freilich ist dieser Ersatz unvollkommen: Insbesondere ist er der Irrtumsanfechtung ausgesetzt, wenn der Unterzeichner den Einredenausschluß nicht gewollt hat (§ 119 I BGB); denn eine Rechtsgeschäftsergänzung nach § 157 BGB scheidet bei Rektapapieren aus, da nicht der vermutete Parteiwille, sondern der vermutete Gesetzeswille entscheidet (Hildebrandt Erklärungshaftung S. 230), und das Gesetz die Zahl der Wertpapiere mit echtem Einredenausschluß geschlossen hält. Näheres § 12 III.

12) Darüber eingehend § 7.

13) Z.B. Jakobi, Grundriß S.54 ff.; ZHR 99 (1933) S.1 ff.; Handbuch (1917) S. 282 ff.

14) z.B. Hueck S.43 ff.; v.Schwerin S.21 ff.; Lehmann bei Enneccerus Schuldverhältnisse S.654 f.; Heck, Schuldrecht S. 411 f.

15) RG 24, 87; 35, 75;, 72, 216; 74, 98; 112, 202; 142, 308 (II).

Stranz's Wortauslegung

Martin Stranz[16] suchte in der Neuauflage des Staubschen Erläuterungswerks zum Wechselrecht (1934) die früher vertretene reine Vertragstheorie dadurch zu retten, daß er willkürlich die unglückliche Fassung des Einredenausschlusses in Art 17 WG dazu mißbrauchte, um wenigstens einige Fälle des ungültigen Begebungsvertrages als Einwendungen aus den "unmittelbaren Beziehungen" des Unterzeichners zum Vormann dem arglosen Weitererwerber gegenüber auszuschließen. Danach soll der Unterzeichner dem arglosen Nehmer z.B. entgegenhalten können, daß ihm der Wechsel abhandengekommen, insbesondere gestohlen, sei, aber nicht, daß er ihm von seinem Besitzmittler[17] veruntreut (unterschlagen) wurde. Ferner z.B., daß er sich geirrt habe (§ 119 BGB), sofern nicht der Irrtum von dem ursprünglichen Wechselgläubiger hervorgerufen oder erkannt wurde.[18] Alle derartigen Unterscheidungen sind dem Gesetz fremd. Sie schützen den Erwerber in einigen Fällen unverdient sogar bei grober Fahrlässigkeit (Art 17, nicht 16 II WG!). In den meisten Fällen aber lassen sie ihn - entgegen den Verkehrsbedürfnissen - im Stich.

Ulmer Eklektizismus

Eine merkwürdige Verbindung sämtlicher Wertpapierrechtstheorien versucht Ulmer.[19] Nach ihm ist die Herstellung des Umlaufpapiers stets einseitige, nicht empfangsbedürftige (nicht an eine bestimmte Person gerichtete) Willenserklärung: insofern vertritt er die Kreationstheorie. "Rechtsbedingung ihrer Wirksamkeit" aber soll sein:

entweder die vertragliche Begebung[20] (Vertragstheorie!) und bei Unterzeichnung auf Grund einer Vorlegung das in der Rückgabe liegende einseitige Bestätigungsgeschäft (Emissionstheorie!)
oder der gutgläubige Erwerb (im Dienst des Rechtsscheingedankens: Rechtsscheintheorie!).

---

16) Stranz, Allgemeine Einleitung Anm. 18 u.Art. 17 Anm.4a/8/23.
17) Stranz Art 17 Anm.4a übersieht in dem von ihm gebildeten Bsp., in dem der mit der Diskontierung beauftragte Angestellte den Wechsel entwendet, daß es sich dabei um Abhandenkommen (im Sinne des § 935 BGB) und strafrechtlich um Diebstahl handelt, da der Bote besitzrechtlich nur Besitzdiener (§ 855 BGB) u. strafrechtlich höchstens Mitgewahrsamsinhaber ist.
18) Stranz Art 17 Anm. 41
19) Ulmer S. 32 ff./48 ff./68/116 f./175/207 f.
20) Die vertragliche Begebung ist nach ihm nicht Schuldvertrag,sondern Verfügung über das Papiereigentum und die damit verbundene "ruhende" Forderung des Ausstellers gegen sich selbst! Gegen Ulmers begriffsjuristische Versuchung, aus diesem Bild - daß es nur das ist, betont freilich Ulmer S. 39 selbst - praktische Schlüsse zu ziehen: vgl. § 15 II 1.

Gegen diese Theorie der Theorieenverbindung - Ulmer selbst hält sich freilich für einen Anhänger der Kreationstheorie und Rechtsscheinlehre - läßt sich theoretisch ihre (durch die Annahme eines Gesamtgeschäfts nur formulierungstechnisch überbrückte) Uneinheitlichkeit, logisch die Folgeunrichtigkeit ihrer Durchführung[21] und praktisch alles das ins Feld führen, was gegen die Einseitigkeit der (rechtsgeschäftlichen) Wechselrückgabe spricht.[22]

Bedingte Äquivalenz der Konstruktionen

Läßt man Willensmängel (§§ 116 - 124 BGB) und Sittenwidrigkeit (§ 138 BGB) dem gutgläubigen Weitererwerber gegenüber nicht zu, sieht man ferner von dem Fall der Rückgabe an den (völlig) geschäftsunfähigen Vorleger sowie von der Frage der persönlichen Deutung gegenüber dem gutgläubigen Weitererwerber eines einzelnen Umlaufpapiers ab, so handelt es sich bei dem Gegensatz zwischen Kreationstheorie und der (durch den Rechtsscheingedanken "modifizierten") Vertragstheorie nur um ein Formulierungs-, kein Normierungsproblem, nur um eine Darstellungs-, keine Erkenntnisfrage.[23] Darstellungsmäßig hat dabei die Vertragstheorie den Vorzug, sich sowohl rechtsgeschichtlich wie rechtsdogmatisch zwangloser dem System des geltenden Rechts (insbesonders dem § 305 BGB) einzufügen.

---

21) Ulmer verleugnet sachlich die Rechtsgeschäftsnatur der Ausstellung und damit seine Kreationstheorie; denn er läßt den Einwand aus Willensmängeln und Sittenwidrigkeit (freilich ergebnisrichtig) nicht gegenüber dem gutgläubigen Weitererwerber zu: Ulmer S. 120 f./242.

22) § 15 II 5 b.

23) Dazu Heck, Schuldrecht S. 410 ff./479 f.

UMLAUF der Wertpapiere.

II. Übergang.

Eigentums- und Zubehörtheorie.

§ 18.

Eigentums- und Zubehörtheorie

Die Regel ist: Das Papier ist Zubehör, es folgt daher dem Recht (§ 952 BGB - "Zubehörtheorie").[1] Bei Umlaufpapieren aber gilt umgekehrt der Grundsatz: Das Recht folgt dem Papier - berechtigt aus dem Papier (Gläubiger) ist der Eigentümer des Papiers - "Eigentumstheorie". Soweit die Eigentumstheorie reicht, überholt sie den Zubehörgedanken (§ 952 BGB). Soweit das nicht der Fall ist, aber bleibt es - auch für Umlaufpapiere - bei der Regel des Rechtsvorrangs (§ 952 BGB). Daraus ergeben sich zwei Fragen: Wieweit reicht die Eigentumstheorie? Wieweit die Grundregel vom Rechtsvorrang?

I. Anwendungsbereich der EIGENTUMSTHEORIE

SINN: Verweisung auf die Vorschriften des Fahrnissachenrechts zur Steigerung der Umlaufsfähigkeit

I. Die EIGENTUMSTHEORIE hat den Sinn, zur Steigerung der Umlaufsfähigkeit den Rechtsübergang unter die Grundsätze des Fahrnissachenrechts zu stellen. Damit knüpft sie rechtstechnisch an die Regeln an, die auf der Zeichenfunktion des Besitzes, auf dem Fahrnisbesitz als Publizitätsmittel beruhen: an die Rechtsvermutung zugunsten des Fahrnisbesitzers (§ 1006 BGB) sowie an den Übergabegrundsatz bei der Übertragung (§ 929 ff. BGB) und insbesondere bei der Verpfändung (§§ 1205/6 - 1292/3 BGB).[2] Vor allem aber weist die Eigentumstheorie auf die Rechtsscheingrundlage hin, die den gutgläubigen Papiererwerb vom Nichtberechtigten ermöglicht. Gewiß, das Gesetz könnte alle diese Rechtssätze auch ohne die Eigentumstheorie aufstellen. Aber

---

1) So nenne ich den in § 952 BGB ausgesprochenen Grundsatz des Rechtsvorrangs.

2) Darauf scheint Ulmer § 7 I (- S. 74) abzuheben, wenn er (zu eng) die Bedeutung der Eigentumstheorie darin sieht, daß das verbriefte Recht in "wertpapierrechtlicher" Form übertragen wird.

die Vorstellung, Gläubiger ist der Papiereigentümer, erleichtert die rechtstechnische Anknüpfung.[3] Die Eigentumstheorie baut auf drei Voraussetzungen auf[4]: erstens auf dem Rechtsschein, den der Papierbesitz zugunsten des gutgläubigen Erwerbers entfaltet (1); zweitens auf dem Willen der Beteiligten, die durch Übereignung des Papiers den Übergang des Rechts bezwecken (2); drittens auf der regelmäßigen Wertlosigkeit des Papiers an sich (3). Die Eigentumstheorie gilt daher:

VORAUSSETZUNGEN: Rechtsschein, Wille, Wert

GELTUNG

1. Nur bei Umlaufpapieren, nicht bei Rektapapieren[5]. Denn nur bei jenen, nicht bei diesen ist das Papier die Grundlage für den gutgläubigen Erwerb des Papiereigentums vom Nichtberechtigten. Für die Eigentumstheorie ist daher kein Raum:

1. nur bei Umlaufpapieren

a. Solange das Papier noch nicht Umlaufpapier ist.

a. nicht vorher

Entsteht das Recht, wie beim Wechsel oder der Inhaberschuldverschreibung, erst mit dem Umlaufpapier, also erst mit dem gültigen Begebungsvertrag oder dem gutgläubigen Rechtserwerb, so gehört das Papier vorher kraft Verarbeitung (§ 950 BGB) dem "Hersteller" der Urkunde.[6]

Bestand das Recht, wie bei der Inhaber- oder Orderaktie, schon vorher, so steht die Aktienurkunde (oder der Zwischenschein) nicht erst mit der Ausgabe,[7] sondern schon mit der Ausstellung im Eigentum des Aktionärs (§ 952 BGB: str.). Unter den Grundsatz, daß das Recht dem Papier folgt (unter die Eigentumstheorie), tritt die Aktienurkunde erst kraft gültigen Begebungsvertrages (kraft Ausgabe an den Berechtigten) oder, sofern man das bei Mitgliedschaftsrechten - entgegen der h.M. - für möglich hält[8], kraft gutgläubigen Rechtserwerbs

---

3) Formal gesehen sind die in Umlaufpapieren verbrieften Rechte also "Realrechte" (insofern richtig Eckhardt, Beiträge zum Wirtschaftsrecht II S. 1060 ff.). Während aber bei der Grunddienstbarkeit das herrschende Grundstück den Hauptwert ausmacht, ist das Umlaufpapier als Papier wertlos: unscharf Ulmer § 6 I (- S. 74).

4) Richtig Jakobi, Grundriß S. 76 N. 1

5) H.M., z.B. neuerdings Raiser ZHR 101, 38.

6) Unten II 2 a.

7) A.A. Ulmer § 6 II 1 a am Ende.

8) § 7 I 3 b. Für die h.L. Ulmer § 6 II 1 a.

auf Kosten des bisher Berechtigten, der mit der order- oder inhabermäßigen Verbriefung sein Einverständnis erklärt und damit ihre Gefahren übernommen hat: wird daher die Aktienurkunde vom Vorstand (versehentlich) an einen Nichtberechtigten, z.B. an einen Betrüger oder an einen Vertreter ohne Vertretungsmacht, ausgehändigt, so erwirbt der Nichtberechtigte weder das Mitgliedschaftsrecht (denn der Begebungsvertrag ist überhaupt nicht auf Begründung des Rechts, sondern auf Inhaltsänderung des Rechts durch order- oder inhabermäßige Verbriefung gerichtet) noch das Papiereigentum; dieses hat vielmehr nach wie vor der Berechtigte (§ 952 BGB), er kann somit die Herausgabe vom nichtberechtigten Besitzer verlangen (§ 985 BGB).

b. nicht mehr nachher

b. Sobald das Papier nicht mehr Umlaufpapier ist.

Beim protestierten oder präjudizierten Wechsel, der nur noch mit Abtretungsfolgen "indossiert" werden kann (Nachindossament: Art 20 WG), folgt daher nicht mehr die Forderung dem Papier, sondern das Papiereigentum der Gläubigerstellung (§ 952 BGB).

2. nur zu <u>Umlaufzwecken</u>: daher

2. Nur zu Umlaufzwecken gilt die Eigentumstheorie, wenigstens soweit es sich nicht um den gesetzlichen Sachenrechtserwerb handelt. Die Eigentumstheorie greift daher nicht ein:

a. nicht bei Ausstellung neuer Urkunden

a. Wenn neue Urkunden für das Recht ausgestellt werden.

1. Bsp.: Wird für einen Wechsel (nachträglich) eine zweite Ausfertigung ausgestellt, so ist der Wechselgläubiger schon mit der Ausstellung, nicht erst mit der Begebung an ihn, ihr Eigentümer (§ 952 BGB).

2. Bsp.: Wird gemäß § 798 BGB die beschädigte Inhaberschuldverschreibung gegen eine neue Urkunde umgetauscht, so wird der Gläubiger auch dann Eigentümer der neuen Urkunde, wenn der Umtausch durch den Dieb vorgenommen wurde. Aber nicht kraft Übereignung der neuen Urkunde an den, den es angeht, sondern kraft Gesetzes (§ 952 BGB)[9] und daher auch dann, wenn die Übereignung - etwa wegen Geschäftsunfähigkeit oder Willensmängeln - unwirksam wäre. Der Umtausch steht nicht unter dem Übertragungs-, sondern unter dem Ersetzungsgedanken.

---

9) Jacobi, Grundriß S. 78.

b. Wenn die Übertragungseinigung oder der gesetzliche Übergang an sich nur das Recht, nicht das Eigentum (an dieser Urkunde: 4. Bsp.!) betrifft.

b. nicht bei Übergang nur des Rechts

1.Bsp.: Wer den Wechsel nicht wechselmäßig begibt, sondern die Wechselforderung abtritt, bezeichnet nur den Rechtsübergang, nicht den Eigentumsübergang als gewollt. Trotzdem wird der Zessionar Eigentümer des Papiers: Aber nicht, weil der Abtretende das Papier übereignet hat, sondern, weil das Papier dem Recht folgt (§ 952 BGB).[10]

2.Bsp.: Der Nießbraucher des verzinslichen Rechts erwirbt mit dem Recht an den fälligen Zinsen auch (arg. § 952 BGB) das Eigentum am fälligen (Zins-) Schein[11].

3.Bsp.: Der zahlende Wechselbürge, Rückgriffsschuldner oder Ehrenzahler erwirbt nicht nur die Rechte "aus dem Wechsel" (Art. 32 III/49/63 I WG), sondern - auch ohne Aushändigung des Papiers (str.) - das Recht am Wechsel, das Eigentum (§ 952 BGB)[12].

4.Bsp.: Der Erwerber der zweiten Wechselausfertigung erhält das Eigentum an der zur Annahme versandten ersten Wechselausfertigung auch dann (§ 952 BGB), wenn insoweit eine (gültige) Übertragungseinigung nicht vorliegt.

c. Wenn die Übertragungseinigung nur das Eigentum, nicht das Recht erfaßt.

c. nicht bei Übertragung nur des Eigentums

Meistens bezeichnen Gesetz und Willenserklärung kurz das Papier (pars pro toto), um damit in erster Linie das Recht zu erfassen. Im Zweifel ist daher mit der Papierübereignung die Rechtsübertragung (mit) gewollt.[13] Ausnahmen sind indessen möglich:

1.Bsp.: Neu erwirbt von dem Antiquitätenhändler Alt eine Handzeichnung. Auf der Rückseite befindet sich ohne Vorwissen beider ein Wechsel mit Blankogiro. Neu wird nur Eigentümer, nicht Wechselgläubiger.[14]

---

10) Richtig Ulmer § 7 I (= S. 75).

11) Jacobi, Grundriß S. 78.

12) Dazu § 23 I 2.

13) Jacobi, Grundriß S. 74 f.

14) v. Schwerin S. 16.

2\. Bsp.: Alt wirft aus Unmut über die Zahlungsunfähigkeit des Schulte den Wechsel in den Sack Altpapier, den Neu von ihm gekauft hat und gerade fortzutragen im Begriff ist. Neu erwirbt das Eigentum, aber nicht die Forderung.[15]

3\. Bsp.: Nicht anders, wenn Alt den Wechsel seines berühmt gewordenen Schuldners einem Autographensammler (unter Einbehaltung der Forderung) veräußert.[16]

Ausdehnung auf gesetzlichen "Sachen"-rechtserwerb nicht ohne Prüfung

Soweit es sich um den gesetzlichen Eigentumserwerb durch Ersetzung, Vermischung, Fund oder Aneignung, um den gesetzlichen Pfandrechtserwerb des besitzenden Kommissionärs oder des nicht besitzenden Vermieters, Verpächters und Gastwirts an "Sachen" seines Schuldners handelt, versteht sich die Eigentumstheorie und damit die Unterstellung der Umlaufpapiere unter das Recht der Fahrnissachen keineswegs so von selbst, wie man es meist annimmt. Denn die Eigentumstheorie ist nur eine rechtstechnische Konstruktion, die sich aus der Anschauung der Übertragungstatbestände entwickelt hat. Ihre Ausdehnung auf andere Fälle ist nicht zulässig ohne Untersuchung und Bewertung der Lebensrichtigkeit der Ergebnisse [17].

Geltung der Eigentumstheorie
3\. nur bei Wertlosigkeit des Papiers

3\. Nur bei Wertlosigkeit des Papiers endlich ist die Eigentumstheorie sinnvoll. Dafür zwei Schulbeispiele, die indessen methodisch wie dogmatisch aufschlußreich sind:

1\. Bsp.: Neu erwirbt als erster Nehmer von dem Aussteller Alt einen Wechsel. Als er ihn umdreht, um sein Blankogiro darauf zu setzen, entdeckt er eine kunstvolle Federzeichnung, Neu wird nicht Eigentümer. Denn die Wertlosigkeit des Papiers war für beide die selbstverständliche Voraussetzung der Übereignung, deren Berücksichtigung beiden Teilen zuzumuten ist. Aber Neu wird Gläubiger: Und zwar kraft Wechselrechts, also (Art. 16 II WG) auch dann, wenn Alt den Wechsel gestohlen hatte. Neu kann sogar, wenn ihn der Eigentümer der Zeichnung nicht daran hindert (§§ 985 BGB/ 935 ZPO), den Wechsel

---

15) Ist dagegen der Wechsel versehentlich in den Sack Altpapier geraten, so wird er (kraft beschränkender Vertragsauslegung: § 157 BGB; Hildebrandt, Erklärungshaftung S. 179/196/201) nicht einmal von der Papierübereignung mitumfaßt: v. Schwerin S. 17, Ulmer § 7 N. 43.
16) Bsp. nach Wolff, Sachenrecht § 75 N. 13.
17) Sachlich darüber § 23 II/III.

mit allen wechselrechtlichen Folgen weiterindossieren. Der zuletzt Legitimierte kann Zahlungsprotest erheben lassen, er kann den Wechsel vorlegen und einziehen. Nur wird sich der Schuldner, der dem Recht des Eigentümers der Zeichnung weichen muß, mit der Aushändigung einer beglaubigten und quittierten Abschrift des Wechsels begnügen müssen. Im übrigen aber - und das ist das methodisch wie dogmatisch Interessante daran - können sich sämtliche Erwerbsfunktionen an dem Wechsel vollenden, obwohl die Eigentumstheorie hier ausnahmsweise durch den Wert der Federzeichnung außer Kraft gesetzt ist. Das zeigt, daß die Eigentumstheorie nicht mehr ist als ein rechtstechnischer Anknüpfungspunkt für die Anwendung der Vorschriften des Fahrnissachenrechts.

2. Bsp.: Neu hat den Wechsel ohne Federzeichnung von Alt erworben. Ehe Neu sein Indossament darauf setzt, macht sich sein Freund, ein berühmter Künstler, den Scherz, die Rückseite des Wechsels mit einer wertvollen Federzeichnung zu versehen. Dann wird der Künstler Eigentümer des Wechsels, aber - die Eigentumstheorie gilt mangels Wertlosigkeit des Papiers nicht mehr - nicht der Gläubiger der Wechselforderung. Er muß aber (aus §§ 823 I / 249^{I} BGB)[18] dem Neu das Papier zur Weiterbegebung oder Einziehung vorübergehend überlassen.

II. Anwendungsbereich der ZUBEHÖRTHEORIE: Auffangstellung

II. Der Rechtsvorrang, die Zubehörtheorie (§ 952 BGB), ist das Natürliche und daher die Regel.

Sie gilt für alle Rechtsurkunden: Mögen sie Forderungen oder Sachenrechte (§ 952 BGB), Mitgliedschaftsrechte [19] oder bloße Machtbefugnisse (wie die Vollmacht oder die bürgenrechtliche Anweisung) verbriefen. Mögen sie nur Beweisurkunden wie der schlichte Schuldschein, Geschäftsurkunde wie das Bürgschaftsversprechen (auch des Vollkaufmanns) oder Wertpapier sein.

ERFORDERNISSE

Die Zubehörtheorie (§ 952 BGB) ist daher auf Rektapapiere unbeschränkt und auf Umlaufpapiere hilfsweise (soweit die Eigentumstheorie nicht eingreift) anwendbar.

---

18) Nicht aus § 812, wie v. Schwerin S. 17 meint, der § 951 BGB übersieht.

19) Wolff, Sachenrecht § 75 I 1.

1. Wertlosigkeit des Papiers

1. Sie geht von der Erfahrung des Lebens aus, daß der Wert des Stoffes erheblich geringer zu sein pflegt als der Wert des Rechts.

Trifft das ausnahmsweise nicht zu, weil sich auf der Rückseite des Rektawechsels eine kunstvolle Federzeichnung befindet[20], oder weil ein Snob den Rektaschuldschein auf einer goldenen Platte eingravieren ließ[21], so ist der Gläubiger auch nicht kraft Gesetzes Eigentümer der Urkunde geworden gebotsbeschränkende Auslegung des § 952 BGB).

2. Entstehung des Rechts

2. Die Zubehörtheorie setzt den Bestand des Rechts, aber nur die Ausstellung (- Herstellung), nicht die Ausgabe (- Begebung) der Urkunde voraus.

a. Vor der Entstehung des Rechts ist daher Eigentümer der Urkunde ihr Hersteller, auch wenn er dazu (gut- oder schlechtgläubig) fremdes Papier benutzt hat (§ 950 BGB).

"Hersteller" ist nicht der Schreiber, sondern der Geschäftsherr, nicht der Vertreter, sondern der Vertretene, für den der Vertreter handelt. Ein Bedürfnis für eine entsprechende Anwendung des § 952 BGB besteht daher nicht.[22]

b. Mit der Entstehung des Rechts ist Eigentümer des Papiers der Berechtigte, auch wenn die Urkunde noch beim Schuldner liegt.[23]

c. Mit dem Erlöschen des Rechts fällt das Eigentum ohne Rücksicht auf die Rückgabe der Urkunde dem "Schuldner" zu. Denn er hat das (aus ideellen wie materiellen Gründen) gerechtfertigte Bedürfnis, die Schuldurkunde von jedermann, nicht nur vom Gläubiger (§ 371^{1} BGB), sondern auch von einem besitzenden Dritten

---

20) Für die Federzeichnung ergebnisgleich WO § 75 N 4, der (zu eng) auf die ausschließliche (!) Bestimmung der Urkunde zur Verbriefung abstellt.

21) Dagegen hält Wolff, Sachenrecht § 75 I 1, den Wert des Materials für gleichgültig. - Selbstverständlich ist, daß der Gläubiger die Goldplatte kraft (stillschweigender) Übereignung erwerben kann.

22) H.M., z.B. Wolff, Sachenrecht § 75 Nr. 7 . A.A. Ulmer § 7 1 (- S.74).

23) A.A. Ulmer § 6 II 1 a (- S. 69).

herausverlangen zu können: Niemand soll mit der Schuldurkunde seines berühmt gewordenen Schuldners hausieren gehen; niemand soll den Inanspruchgenommenen deshalb nachträglich zur Doppelzahlung zwingen können, weil er die Schuldurkunde nicht vorlegen und daher die frühere Zahlung nicht beweisen kann.

Das räumt auch die herrschende Ansicht ein. "Systemwidrig" gibt man daher vereinzelt dem Schuldner einen "schuldrechtlichen" Rückgabeanspruch auch gegen Dritte[24], statt sein "System" nach den Lebensbedürfnissen zu richten. Aber die herrschende Meinung sieht das Hindernis in § 797² BGB, wonach der Schuldner das Eigentum an der Inhaberschuldverschreibung "mit der Aushändigung erwirbt", "auch wenn der Inhaber zur Verfügung über sie nicht berechtigt war". Die Bestimmung will indessen den Rechtserwerb des Schuldners nur begünstigen. Sie hat den Regelfall im Auge, in dem der Schuldner die Urkunde Zug um Zug gegen die Leistung ausgehändigt erhält[25]. Überdies wäre eine irrtümliche Unterstellung des Gesetzes nicht Gesetzesinhalt. § 797² BGB schließt daher die Ergänzungsfähigkeit nicht aus. Die Analogie des § 952 BGB ist daher geboten: Der Schuldner erwirbt mit der Erfüllung gewissermaßen das gegen ihn selbst gerichtete Recht zurück. Er wird daher entsprechend § 952 BGB auch ohne Aushändigung Eigentümer des Papiers. Das gilt beim Wechsel ebenso für den Hauptschuldner wie für den Rückgriffsschuldner, den Ehrenannehmer oder den Wechselbürgen.

3. Die Zubehörfolge ist nachgiebiges Recht. Zweiung kraft Vertrages ist möglich. Somit kann sich der Schuldner das Eigentum an der Schuldurkunde vertraglich vorbehalten.

3.keine anderweitige Abrede

Daher kann der Gläubiger den Schuldschein seines berühmt gewordenen Schuldners einem Autographensammler veräußern und das Recht behalten[26]. Aber der Schuldner ist berechtigt, nach dem Erlöschen der Schuld, die er bei Annahmeverzug des Gläubigers durch Hinterlegung unter Rücknahmeverzicht herbeiführen kann (§§ 372¹/378 BGB), kraft des Eigentumsrückfalls (2 c) den Schuldschein von dem Autogrammsammler herauszuverlangen (§ 985 BGB).

---

24) So Palandt, BGB § 371 Anm. 1.
25) Richtig Ulmer § 11 VI/ § 29 II 2 c.
26) Insoweit richtig Wolff § 75 N 13, der aber das im Text Folgende als Anhänger der herrschenden Meinung folgerichtig ablehnen dürfte.

1. Übertragung.
a. Arten: Begebung und Abtretung.
§ 19.

Der rechtsgeschäftliche Übergang, die Übertragung, setzt einen Vertrag voraus.

Verfügungsvertrag

Der Vertrag ist Verfügungsvertrag. Er ist:

contra Grundvertrag

1. Von dem zugrundeliegenden Vertrag, z.B. dem Kauf, der Hingabe zahlungshalber, der Schenkung, der Sicherungsabrede, dem Einziehungsauftrag usw., (im Drittinteresse) grundsätzlich ebenso unabhängig wie die Übereignung vom Verkauf einer gewöhnlichen Sache.

contra Entstehungsvertrag

2. Von dem Vertrag, der das übertragene Recht zur Entstehung gebracht hat, dem Entstehungsvertrag, zu unterscheiden, obwohl Entstehungs- und Übertragungsvertrag bei Wertpapieren vielfach einheitlich als "Begebungsvertrag" bezeichnet werden.[1]

Die Übertragung kann nach Wertpapiersonderrecht oder nach allgemeinbürgerlichem Recht, sie kann durch "Begebung" oder durch "Abtretung" erfolgen.

I. Begebung

I. Nur die BEGEBUNG, nicht die Abtretung, hat den Gutglaubensschutz und Einredenausschluß sowie bei Wechsel und Scheck[2] auch die Rückgriffshaftung zugunsten des Erwerbers zur Folge.

1. Begebungsfähigkeit

1. Begebungsfähig sind daher nur Umlaufpapiere, nicht Rekta-[3] und schlichte Legitimationspapiere.

2. Begebungstatbestände

2. Die Begebung erfolgt bei Inhaberpapieren durch Übereignung des Papiers, bei (zuletzt) namensindossierten Orderpapieren durch Übereignung und Indossament, bei blankoindossierten Orderpapieren durch Übereignung mit oder ohne Indossament. Notwendig ist dementsprechend:

a. Einigung

a. Die Einigung über den Rechtsübergang.

Regelmäßig wird das "Papier" genannt, um den Übergang des Rechts als gewollt zu bezeichnen. Die Einigung erstreckt sich dann auf beides: auf Papier und Recht.

---

1) Dazu § 15 II 1.
2) Auch Inhaberschecks: Art 20 SchG.
3) Einzige Ausnahme: Rektaschuldverschreibungen des Reiches, weil bei ihnen die Indossierung nach § 9 der Reichsschuldenordnung wenigstens Transportfunktion hat.

Wird ausnahmsweise das Papier nicht um des Rechts, sondern um der Sache willen, z.B. wegen einer Federzeichnung auf der Wechselrückseite oder an einen Autographensammler, übertragen, bezieht sich also die Einigung nur auf das Eigentum, nicht auf das Recht, so geht nur das Eigentum, nicht das Recht mit über.[4]

Wird umgekehrt nur das Recht genannt, so geht mit dem Recht auch das Eigentum über (§ 952 BGB), außer wenn das Papier, z.B. wegen einer wertvollen Federzeichnung auf seiner Rückseite, ausnahmsweise einen besonderen Wert hat.[5] Entscheidend ist also letzten Endes die Einigung über den Rechtsübergang. Insofern unterscheidet sich der Begebungs- nicht vom Abtretungstatbestand. Darüber hinaus fordert er aber:

b.Übergabe und (bei namensindossierten Orderpapieren) Indossierung

b. Übergabe des Papiers und, sofern nicht, wie bei Inhaber- und blankoindossierten Orderpapieren, jeder Inhaber durch das Papier ausgewiesen ist, außerdem die Indossierung, sei es ohne (Blankoindossament), sei es mit namentlicher Bezeichnung des Erwerbers (Namensindossament).

Die Übergabe entfällt, wenn der Erwerber schon das Papier besitzt (§ 929 S. 2 BGB). Sie ist bei der Übereignung, nicht der Verpfändung (§ 1205 BGB), ersetzbar durch Vereinbarung eines bestimmten Besitzmittlungsverhältnisses, z.B. durch die Abrede, daß der Veräußerer das Papier noch zur Einziehung für den Erwerber behalten soll (§ 930 BGB); ferner, wenn ein Dritter, z.B. die verwahrende Bank,dem Veräußerer den Besitz (nach § 868 BGB) vermittelt, durch Übertragung des mittelbaren Besitzes, also durch Abtretung des Herausgabeanspruchs, auf dem der mittelbare Besitz beruht (§§ 931 - 870 BGB).

Anders als im Abtretungsrecht ist bei der Begebung von Umlaufpapieren die Verschaffung der Legitimation mithin nicht nur Voraussetzung der Rechtsausübung gegenüber dem Verpflichteten, sondern darüber hinaus Wirksamkeitserfordernis der Begebung.

Grund: Nur wer vom Legitimierten die volle Legitimation erhält, verdient den Schutz durch die Legitimationsfolgen, insbesondere durch gutgläubigen Erwerb und Einredenausschluß.

4) § 18 I 2 c / II 3.
5) § 18 I 3.

3. Konstruktionsfragen: Übergangs- contra Verdeckungstheorie

3. Eine bloße Darstellungsfrage, aus der Rechtsfolgen nicht abgeleitet werden dürfen, ist es, ob der Veräußerer oder beim gutgläubigen Erwerb vom Nichtberechtigten der bisher Berechtigte sein Recht an den Erwerber verliert (Übergangstheorie), oder ob der Begebungserwerber ein neues Recht erwirbt, das das Recht des bisher Berechtigten zwar verdeckt, aber bei Rückerwerb wieder aufleben läßt (Verdeckungstheorie).[6] Da der bisher Berechtigte, der das Papier nicht mehr in Händen hat, und der vom Erwerber auch nicht zur Einziehung besonders ermächtigt ist (§ 185 I BGB), keinerlei Rechtsbefugnisse neben dem Erwerber besitzt, ist die Übergangsvorstellung schärfer und einfacher. Dementsprechend bezeichnet man, wie im Fahrnissachenrecht, so auch hier zweckmäßig den Begebungserwerb vom Berechtigten als "derivativ" (= abgeleitet), den vom Nichtberechtigten als "originär" (= ursprünglich): Dort erwirbt der Nehmer des Papiers, weil der Veräußerer berechtigt war, hier, obwohl er es nicht war, mit der Folge, daß das Recht des bisher Berechtigten auf den gutgläubigen Erwerber übergeht. - Die Bevorzugung der wechsel- und scheckrechtlichen Rückgriffsschuldner (hinsichtlich des Aufrechnungsrechtes im Konkurs eines Vormannes und des Ausschlusses der Einreden aus der Person des Nachmannes bei Rückerwerb infolge der Einlösungspflicht) beruht darauf, daß angesichts der wertpapierrechtlichen Rückgriffshaftung jeder von vornherein mit diesem Rückerwerb rechnen muß. Bedeutungslos ist es, ob man diese Rechtslage als "Anwartschaft" auf den Rückerwerb[7] oder als kraft Gesetzes auflösend "bedingte" Rechtsübertragung umschreibt, bei der der Rückgriffsschuldner aufschiebend "bedingt" Gläubiger geblieben ist.[8] Die Sonderbehandlung des Rückerwerbs im übrigen (die Wiederherstellung des früheren Rechtszustandes) ist kein Sonderrecht der Wertpapiere und überdies ausschließlich auf wirtschaftliche Erwägungen, nicht auf konstruktive Vorstellungen zurückzuführen.[9]

II. Abtretung

II. Durch ABTRETUNG vermag der Nehmer des Papiers nicht mehr Rechte zu erwerben, als der Veräußerer hatte.[10]

Bei Wertpapieren ist allerdings der Zessionar, der das Papier in Händen hat, davor sicher, sein Recht durch Rechtshandlungen zwischen dem früheren Gläubiger und dem abtretungsunkundigen Schuldner zu verlieren (Beschränkung des § 407 BGB).[11]

6) RG 77, 189; v. Schwerin 31.
7) Ulmer 264.
8) Vorherrschende Formulierung: Stranz Art 14, Anm. 7 a; Hueck 52 f.
9) § 11 II 7.
10) Ausnahmen: §§ 405; 892/1155 BGB.
11) § 2.

1. Abtretungsfähig sind alle wertpapiermäßig verbrieften Rechte: nicht nur Rekta- und Legitimations-, sondern auch Order- und Inhaberpapiere.

1.abtretungsfähig

Die herrschende Lehre erkennt das zwar für die Orderpapiere, auch die blankoindossierten, an, leugnet es aber für die Inhaberpapiere.[12] Daß Inhaberpapiere als Sachen behandelt werden (Eigentumstheorie), zwingt nicht; denn daß sie nur durch Papierübereignung übertragen werden können, soll ja gerade erst bewiesen werden, kann also nicht Beweisgrund sein. Sachlich aber ist nicht einzusehen, warum die Begebungsmöglichkeit mit ihrem gesteigerten Erwerberschutz und der darauf beruhenden erhöhten Umlaufsfähigkeit des Papiers die gewöhnliche Abtretung ausschließen soll. Das Bedürfnis nach Zulassung der Abtretung ist bei Order- und vollends bei blankoindossierten Orderpapieren nicht größer als bei Inhaberpapieren. Das Gesetz der Verbriefung schreibt jedenfalls dort wie hier "ein anderes" nicht vor (§ 413 BGB).

2. Zur Abtretung ist nur die Einigung über den Rechtsübergang erforderlich. So für Forderungen § 398 BGB, für andere Rechte § 413 BGB.

2.Abtretungstatbestände

a. Anerkannt ist, daß die Einigung sich nicht auf das Papiereigentum erstrecken muß; daß also keine Übereignung des Papiers nötig ist. Das Eigentum folgt hier dem Recht (§ 952 BGB), auch bei Umlaufpapieren.[13]

a.Einigung über Rechtsübergang

b. Streitig aber ist, ob die Papierübergabe (oder ihr Ersatz entsprechend §§ 930/931/1205 II BGB) nicht nur bei Grundpfandrechten und bürgerlichrechtlicher Anweisung (§§ 1154/792 BGB), sondern bei allen Umlaufpapieren und insbesondere bei den Rektapapieren (nicht den schlichten Ausweisurkunden) zur Wirksamkeit der Abtretung erforderlich ist. Die herrschende Rechtslehre bejaht,[14] das Reichsgericht verneint es jedenfalls für die qualifizierten Legitimationspapiere.[15] Die Frage ist zu verneinen.[16] Aus folgenden Gründen:

b.Übergabeerfordernis

---

12) Enneccerus-Lehmann, Schuldverhältnisse § 207 I; Wolff, Sachenrecht § 65 III. Dagegen mit Recht Heck, Schuldrecht 404.

13) § 18 I 2 b.

14) Brunner, die Wertpapiere (in Endemanns Handbuch des Handelsrechts) Bd II (1882) S.149, weniger entschieden S.179 (Abtretung ohne Übergabe des Rektapapiers sei "unvollkommen"); Jakobi, Handbuch 206/440 ff.; Stranz Art 11, Anm. 17; Hueck 46 f.; Ulmer 77/101/212.

15) RG 51, 84; 68, 281.

16) Richtig Raiser ZHR 101, 39 ff. (für Rektapapiere).

Die wertpapiermäßige Verbriefung hat den Sinn, die Umlaufsfähigkeit des Rechts zu steigern (Umlaufpapiere) oder doch zu begünstigen (Rektapapiere). Sinnwidrig ist es daher, wegen der Verbriefung die Abtretung durch das Übergabeerfordernis zu erschweren.[17] Eine Ausnahme gilt für absolute Rechte: Was gegen jedermann wirkt, soll "jedermann" sichtbar gemacht werden; daher das Übergabeerfordernis für Grundpfandbriefe (§ 1154 BGB). Die entsprechende Vorschrift für den bürgerlichrechtlichen Anweisungsbrief (§ 792 I BGB) ist dagegen singulär: Sie beruht auf dem in der ganzen Regelung der §§ 783 ff BGB erkennbaren Bestreben, diese Anweisung zu einer besonderen Rechtseinrichtung auszugestalten und deshalb aus dem allgemeinen Anweisungsgedanken herauszuheben.[18] Die Gegeninteressen fehlen: Der Erwerber braucht zwar zu seiner Legitimation die Übergabe (und das Indossament); aber das ist kein Grund, ihm wegen Fehlens der Legitimation auch das Recht abzusprechen, zumal er das Papier schon nach § 402 BGB vom Zedenten und nach §§ 952/985 BGB von jedem Besitzer herausverlangen kann; wie sonst, so fallen gerade bei der Abtretung Rechtserwerb (§ 398 BGB) und Legitimationserwerb (§§ 409/410 BGB) nicht zusammen. Der Schuldner ist vor der Gefahr der Doppelleistung infolge Unkenntnis oder Unwirksamkeit der Abtretung dort durch § 407 BGB in Verbindung mit dem Vorlegungszwang, hier durch § 410 BGB geschützt. Weitererwerber sind nur bei Umlaufpapieren und auch da nur schutzwürdig, wenn sie vom Legitimierten erwerben. Die Gläubiger aber des alten und des neuen Berechtigten können aus dem Besitz des Wertpapiers sowenig wie bei sonstigen Schuldurkunden oder bei Eintragung von Forderungen in den Geschäftsbüchern und dergleichen einen zuverlässigen Schluß auf die Rechtszuständigkeit und die sich daraus etwa ergebende Kreditwürdigkeit ziehen; ihnen ist ja auch mit dem selbst nach der Gegenansicht zulässigen Übergabeersatz durch Besitzmittlungsvereinbarung (entsprechend § 930 BGB) kaum gedient. Die Beschwörung des "Wesens der Sache" (RG 88, 292) oder die auf dasselbe herauskommende Berufung auf die "fest verwurzelte Auffassung von der Verbindung von Recht und Papier"[19] sind nichtssagende Redensarten, die zweckfremde Darstellungs- und Erkenntnisfragen miteinander vertausch en.

17) Für den Kux lehnt z.B. § 105 des preuss. Allg. Berggesetzes den Übergabegrundsatz deutlich ab.

18) Raiser ZHR 101, 41; Ulmer Zivilarchiv 126, 130 ff. Auf die Wechsel- und Scheckanweisung ist § 792 nicht hilfsweise (Wechsel- und Scheckgesetz sind gegenüber den §§ 783 ff. erschöpfende Regelungen) und auch nicht entsprechend anzuwenden. Das wird auch für das Erfordernis der schriftlichen Übertragungserklärung allgemein anerkannt, folgewidrig aber zuweilen (z.B. von Wolff, Sachenrecht § 178 I) hinsichtlich der Übergabe angenommen.

19) Ulmer 77.

c. Folgerichtig bedarf die Verpfändung, wenn sie nicht bei Umlaufpapieren durch Begebung erfolgt, bei Forderungen (nicht z.B. bei Mitgliedschaftsrechten), zu deren Übertragung der Abtretungsvertrag genügt (Gegensatz: Hypothekenforderung wegen § 1154 BGB), nicht der Verpfändungsanzeige des Verpfänders an den Schuldner gemäß § 1280 BGB.

c. Verpfändung nach § 1280 BGB

Das ist insbesondere für Rektaschuldpapiere wichtig[20] und für Rektapapiere, die gleichzeitig Ausweispapiere sind, wie Sparkassenbuch und Versicherungsschein, auch in ständiger Rechtsprechung[21] anerkannt. Die herrschende Lehre muß umgekehrt entscheiden, da ja nach ihr zur Übertragung der Abtretungsvertrag - ohne Übergabe oder Übergabeersatz - nicht genügt.[22]

Eine Ausnahme gilt kraft Sondervorschrift (§§ 424/450/647 HGB) für die Traditionspapiere. Und zwar auch dann, wenn sie als Rektapapiere ausgestellt werden. Das ist freilich nicht beim Lagerschein, sondern nur beim Ladeschein und dem Konossement möglich und auch bei ihnen selten.[23]

3. Die Abtretung kann bedingt und daher ausnahmsweise von der Gültigkeit des ihr zugrundeliegenden Rechtsverhältnisses abhängig ("kausal") sein. Die Abtretung kann sich auch auf einen Teil der Forderung beschränken.

3. bedingte und Teilabtretung

Das ist freilich für Orderpapiere streitig, weil ein bedingtes Indossament unbedingt gilt (Art 12 I WG / 15 I SchG), ein Teilindossament aber nichtig ist (Art 12 II WG / 15 II SchG). Grund der Sondervorschriften: Das Indossament soll die Umlaufsfähigkeit steigern, ein bedingtes oder eingeschränktes Indossament aber behindert tatsächlich die Umlaufsfähigkeit. Die entsprechende Anwendung, die insbesondere für die Teilabtretung verschiedentlich vertreten wird,[24] ist daher abzulehnen. Die Spaltung der Forderung aus dem Wechsel läßt sich auch sonst nicht immer vermeiden:

---

20) Für sie Raiser ZHR 101, 42 f.
21) RG 51, 84; 68, 281.
22) Statt aller Jakobi, Grundriß 96 (für Rektapapiere).
23) § 13 III3
24) Stranz, Art 11 Anm. 19.

Z.B. nicht bei Teilzahlung durch einen der Rückgriffsschuldner, der seinerseits zum Einlösungsrückgriff gegen seine Vormänner berechtigt ist[25]. Sie bereitet auch keine unüberwindlichen Schwierigkeiten.[26] Vor allem führte die Nichtigkeit der Teilabtretung zu der unpraktischen Folgerung, daß bei Vollstreckung in einen Wechsel, der über einen höheren Betrag lautet als die zu vollstrekkende Forderung, die Überweisung (zur Einziehung und erst recht die an Zahlungsstatt) nicht möglich und daher stets eine anderweitige Verwertungsanordnung des Vollstreckungsgerichts nach § 844 ZPO nötig wäre,[27] weil die Überweisung hinsichtlich des Mehrbetrages prozessual unzulässig ist und für den Vollstreckungsschuldner eine unbillige Mehrbelastung bedeutete.

1-3. Vorteile der Abtretung

1-3. So bietet die Abtretungsmöglichkeit auch bei Umlaufpapieren gewisse Vorteile gegenüber der Begebung, weil sie die Übergabe des Papiers nicht erfordert, und weil sie bedingende und betragsmäßige Beschränkungen ermöglicht.

Bsp.: Bereden Alt und Neu bei der Übernahme eines Handelsgeschäftes, daß sämtliche Außenstände sofort übergehen sollen, so stehen dem Neu nicht nur die Sparbuchguthaben, sondern auch die Wechselforderungen des Alt sofort zu, auch wenn das Sparkassenbuch und der Wechsel erst später in seinen Besitz gelangen. Neu kann daher gegen Gläubiger des Alt, die das Sparguthaben oder den Wechsel pfänden lassen, auf Unzulässigerklärung der Pfändung in diese Rechte klagen (§ 771 ZPO), wenigstens dann, wenn er selbst den Gläubigern nicht haftet.[28]

Begebung - Übertragung von Recht über Legitimation

Dogmatisch aufschlußreich ist Untersuchung des inhaltlichen Unterschiedes zwischen der Einigung über die Abtretung und über die Begebung. Besteht überhaupt ein Unterschied zwischen Begebung und Abtretung, wenn z.B. ein blankoindossierter Wechsel als Ausdruck der Einigung über den Rechtsübergang übergeben wird?

---

25) Ein weiterer Fall § 16 I 3 c.

26) § 16 I 3 c.

27) So in der Tat (folgerichtig aber unpraktisch) Stranz § 11 Anm. 22.

28) Der Pfändungsgläubiger muß, wenn ihm Neu haftet, seinen wechselrechtlichen Anspruch der Widerspruchsklage einredeweise ebenso entgegenhalten können, wie etwa einen (schuldrechtlichen) Anspruch aus dem Anfechtungsgesetz. Doch ist das seltsamerweise streitig: A.A. Jonas ZPO § 771 III 4; Baumbach ZPO § 771 Anm. 3 F (solange kein Vollstreckungstitel für den Anspruch des Pfändungsgläubigers gegen Neu besteht!).

Man hat behauptet, bei der Abtretung richte sich die Einigung darauf, dem Erwerber die Rechte zu übertragen, die der Veräußerer hatte; die Begebungseinigung aber habe zum Inhalt, dem Erwerber das Recht zu verschaffen, weil der Schuldner unmittelbar Leistung an den zukünftigen Indossanten versprochen hatte.[29] Das ist indessen nur eine Einkleidung für die Konstruktion des Schuldnerversprechens unmittelbar an die künftigen Nachmänner (des Schuldangebotes ad incertas personas), die den Rechtsscheinschutz bei den Umlaufpapieren weder zu begründen noch zu "erklären" vermag.[30] Entkleidet man die Unterscheidung ihrer konstruktiven Verhüllung, so zeigt sie ein und denselben Gehalt.

Man kann auch nicht sagen, der Zedent erkläre: Wenn und soweit ich berechtigt bin, sollst dur es fortan sein; der Indossant aber: Auch wenn und soweit ich nicht berechtigt bin, wirst du es sein. Denn für jenen Zedenten wird sich kein Erwerber, und für diesen Indossanten vor allem der Staatsanwalt interessieren.

In Wahrheit richten sich Begebungs- wie Abtretungseinigung beide auf die Übertragung des Rechts. Ein sachlicher Unterschied besteht darin nicht. Bei der Begebung aber tritt zu der Einigung über den Rechtsübergang die Legitimation durch Übergabe (und Indossierung) des Papiers hinzu, an die das Gesetz die besonderen Rechtsschein- (und Garantie-) Folgen knüpft. Die Abtretung ist also bei Umlaufpapieren nichts anderes als die Übertragung des Rechts ohne Übertragung der Legitimation, die Begebung eine mit den Legitimationsmitteln des Umlaufpapiers ausgestattete Abtretung.

Eine mangels Übergabe oder mangels (gültigen) Indossaments unwirksame Begebung kann daher als Abtretung aufrechterhalten werden, wenn beiden Parteien bei der Übertragungshandlung die Abtretungsfolgen vermutlich lieber als gar nichts gewesen wären (§ 140 BGB).[31]

Die Vorschriften der §§ 401-403 des Abtretungsrechts gelten daher auch für die Begebung.[32]

---

29) So Jakobi, Grundriß 102.- Stranz Art 14 Anm. 15 dagegen begnügt sich mit der Verschiedenheit der Worte "Begebung" und "Abtretung"!

30) Das legt Jakobi, Grundriß 44 ff., selbst dar.

31) Stranz Art 14 Anm. 8 nimmt bei Formwidrigkeit des Indossaments ohne Rücksicht auf den mutmaßlichen Willen der Parteien die Abtretungsfolgen an. Aber daß die Begebung die Abtretung enthält, zwingt nicht dazu, sie den Parteien gegen ihren Willen aufzudrängen.

32) So auch Stranz Art 14 Anm. 6, wenigstens für § 401 BGB (für den Übergang der sog. Nebenrechte, zu denen aber nach deutschem Recht selbstverständlich nicht die Forderung aus dem Grundgeschäft, z.B. der Kaufpreisanspruch, gehört).

Begebung durch Indossament.

§ 20.

I. BEDEUTUNG

I. Das Indossament hat

1. Legitimationskraft zugunsten des Berechtigten wie des Verpflichteten: Rechtsvermutung und Ausweisvorbehalt.[1]
2. Legitimationskraft zugunsten des Erwerbers: Gutglaubensschutz und Einredenausschluß, und insofern Begebungskraft.[2]
3. Verpflichtungskraft bei Wechsel und Scheck: Rückgriffshaftung.[3]

II. INDOSSABEL sind

II. INDOSSABEL sind nur die gesetzlich zugelassenen Orderpapiere, mag die Anorderstellung durch den Aussteller

1. gekorene (nicht gewillkürte)

1. notwendig sein: gekorene Orderpapiere, wie die kaufmännischen Orderpapiere des § 363 HGB oder die Orderschuldverschreibungen von Reich und Ländern nach Maßgabe der Schuldenordnungen, insbesondere nach § 8 der Reichsschuldenordnung vom 13.2.24 und nach § 8 der preuss. Staatsschuldenordnung.

2. geborene Orderpapiere

oder 2. überflüssig sein: geborene Orderpapiere, wie Wechsel (Art 11 I WG) und Scheck (Art 14 I SchG), wie Namensaktien (§ 61 II AktG) und Zwischenscheine (§ 61 IV/II AktG).

außer bei

a. Rektaklausel des Ausstellers

a. Doch kann die Orderpapiereigenschaft durch Indossierungsverbot des Ausstellers auf dem Papier ausgeschlossen werden:

Das ist für den Wechsel (Art 11 II WG) und den Scheck (Art 14 II SchG) ausdrücklich gesagt, für Namensaktien und Zwischenscheine allerdings streitig, weil Art 61 II AktG nur die Art 12/13 und 16, aber nicht den Art 11 des Wechselgesetzes für anwendbar erklärt: Da für Rektapapiere indessen Gestaltungsfreiheit gilt, muß auch die Rektaaktie und der Rektazwischenschein möglich sein.

Das Indossierungsverbot (- die sog. "Rektaklausel") des Ausstellers macht das Papier von der Übertragung seitens des ersten Nehmers an zum Rektapapier. Nicht später, aber auch nicht vorher: Das hat für den gezogenen und bereits angenommenen Wechsel Bedeutung, wenn der Aussteller (Alt) nicht sich selbst, sondern einen anderen (den Neu) als ersten Nehmer

---

1) §§ 4 und 5.

2) §§ 6-8. Ungenau spricht man hier meist von "Übertragungswirkung", obwohl zur Übertragung des Rechts ohne die orderrechtliche Legitimation (zur Abtretung) das Indossament nicht erforderlich ist, und obwohl bei Indossierung das Recht kraft guten Glaubens nicht nu übergehen, sondern auch entstehen kann.

3) § 9.

bezeichnet; der Rechtsübergang von Alt auf Neu steht hier unter Gutglaubensschutz und Einredenausschluß; insoweit ist daher sogar der Rektawechsel ein Orderpapier! Die Rückgriffshaftung des Ausstellers gegenüber dem ersten Nehmer (und seinen bürgerlichrechtlichen Nachfolgern) greift sogar unabhängig davon ein, ob der Aussteller sich selbst oder einen anderen als ersten Nehmer benannt hat (Art 9 WG/ 12 SchG). Der Rektawechsel kann vom ersten Nehmer an nur abgetreten, nicht begeben werden. Die Abtretung bedarf, wie grundsätzlich bei Rektapapieren, zu ihrer Wirksamkeit - entgegen der vorherrschenden Meinung - nicht der Papierübergabe oder des Übergabeersatzes.[4] Indossamente haben nur die Bedeutung von Abtretungsurkunden (§§ 409/410 BGB), Vollmachtsindossamente (str.)[5] nur die von gewöhnlichen Vollmachtsurkunden (§ 172 BGB).

Das Indossierungsverbot eines Indossanten, das sogenannte Rektaindossament, macht dagegen das Papier nicht zum Rektapapier, sondern beschränkt nur die wechsel- oder scheckrechtliche Rückgriffshaftung des Indossanten (Neu) auf die Person seines Indossatars (Neuling): Art 15 II WG/ 18 II SchG. Das hindert indessen die Abtretung des Rückgriffsanspruchs, die (entsprechend § 401 BGB) in der Weiterindossierung ohne weiteres zu erblicken ist, nicht.[6] Kommt es aber durch die Weiterindossierung zum mehrfachen Rückgriff, so braucht der Rektaindossant für die entstandenen Mehrkosten auch seinem unmittelbaren Nachmann gegenüber nicht aufzukommen.[7]

Die Rektaklausel des Ausstellers muß daher, damit sie nicht mit einem Rektaindossament des Ausstellers, der sich, wie üblich, selbst als erster Nehmer bezeichnet hat (Wechsel "an eigene Order"), verwechselt werden kann, und damit sie angesichts des Grundsatzes, daß Erklärungen des Ausstellers nur auf der Vorderseite des Wechsels oder Schecks zu suchen sind, nicht leicht übersehen wird, auf der Vorderseite des Wechsels oder Schecks stehen.[8] Sie muß vom Aussteller besonders unterschrieben oder durch die Ausstellerunterschrift gedeckt sein, um eindeutig das Herrühren vom Aussteller erkennen zu lassen. Die Aufnahme in den Wechselsatz oder eine besondere Formel sind indessen nicht vorgeschrieben:

Es bedarf daher nicht der Worte "nicht an Order", sondern es genügen auch Vermerke wie "Indossierung ausgeschlossen", "nur an Herrn Neu", "nur an mich selbst" oder dergleichen. Dagegen reicht

---

4) § 19 II 2 b.
5) Stranz Art 11 Anm. 11.
6) Richtig Stranz Art 15 Anm. 8; str.
7) Hueck 54.
8) Stranz Art 9^{15}, 11^{10}, 22^{4}.

die Bezeichnung als "Depot"- oder "Kautionswechsel" nicht aus, obwohl typisch nur die zu Sicherungszwekken begebenen Wechsel als Rektawechsel ausgestellt werden. Auch die Streichung des Formularvordrucks "oder an dessen Order" ist nicht eindeutig, da der Wechsel geborenes Orderpapier ist.[9]

b. nach Präjudizierung oder Protestierung (sog. Nachindossament)

b. Sodann werden auch Orderwechsel und Orderschecks zum Rektapapier,[10] sobald sich ihr "Notleiden" aus dem Papierinhalt ergibt: Denn dann sind sie zum ordentlichen Umlauf nicht mehr geeignet. Die nachher erfolgte Übertragung hat nur Abtretungsfolgen, das "Nachindossament" nur die Bedeutung einer Abtretungsurkunde (Art 20 WG/ 24 SchG). Dementsprechend tritt die Rektapapiereigenschaft ein:

α. Mit dem fruchtlosen Ablauf der für die Zahlung bestehenden Vorlegungs- (und Protest-) Frist - der "Präjudizierung". Die Versäumung infolge höherer Gewalt hindert zwar den Verlust der Rückgriffsrechte (Art 54 WG/ 48 SchG), aber nicht den der Orderpapiereigenschaft, da das Vorliegen höherer Gewalt nicht aus dem Papier zu ersehen ist.- Bei undatierten Indossamenten auf einem präjudizierten[11] Wechsel oder Scheck spricht die Vermutung gegen das Nachindossament (Art 20 II WG/ 24 II SchG).

β. Mit der Protestierung mangels Zahlung (oder einer gleichbedeutenden Feststellung beim Scheck gemäß Art 40 SchG), auch wenn sie (was nur beim Wechsel in Frage kommt) lediglich wegen Zahlungseinstellung oder Pfandlosigkeit des Bezogenen gemäß Art 44 V WG erfolgt.

γ. Entsprechend mit der Protestierung des Wechsels (der Scheck kann nicht angenommen werden) mangels Annahme.
Dagegen genügt Protest mangels Datierung der Annahme (Art 25 II² WG) nicht, da sie keinen Rückgriff vor Fälligkeit eröffnet und daher kein Notleiden des Wechsels ergibt.[12]

---

9) Stranz Art 11[10]

10) Das bestreitet Stranz Art 20[14] mit ganz unzureichenden Gründen.

11) Beim protestierten Wechsel dagegen ergibt sich angesichts des Art 81 II WG eine tatsächliche Vermutung aus der Raumfolge (Stranz Art 20[13]).

12) Stranz Art 20[6a].

III. Das Indossament muß: III. FORM

1. Auf dem Wechsel - dazu gehört auch der Wechselanhang (Art 13 I^1 WG / 16 I^1 SchG) - oder auf einer Wechselabschrift (Art 67 III WG) stehen. 1.Stelle

Üblicherweise steht es auf der Rückseite; daher der Name (in dorso - auf dem Rücken). Nur das Blankoindossament muß, wenn es ausschließlich in der Unterschrift des Indossanten besteht, auf der Rückseite stehen, zu der - entsprechend der regelmäßigen Übung, die "Allonge" nicht am äußersten Papierrand der Rückseite anzukleben - auch der Anhang (Vorder- wie Rückseite)[13] gehört (Art 13 II^2 WG / 16 II^2 SchG); denn die bloße Unterschrift auf der Vorderseite des Wechsels gilt als Bürgschaftserklärung für den Aussteller (Art 31 III/IV WG / 26 III/IV SchG).

2. Handschriftlich unterzeichnet sein (Art 13 I^2 WG / 16 I^2 SchG), wie jeder orderrechtliche Skripturakt.[14] Angabe des Zunamens genügt. 2.Unterschrift

Für den Text bestehen keine Vorschriften. Er kann beim Blankoindossament auf der Rückseite ganz fehlen. Typisch: "für mich an die Order des Herrn Neu" oder "an Herrn Neu" mit folgender Unterschrift "Alt". Angabe der Anschrift des Indossanten empfiehlt sich wegen der Notanzeigepflicht (Art 45 III WG / 42 III SchG). Datierung ist trotz der gegen das Nachindossament sprechenden Vermutung bei präjudizierten Wechseln oder Schecks (Art. 20 II WG / 24 II SchG) zur Klarstellung ratsam, aber selten. Ein Vermerk über den Indossierungszweck, z.B. "zur Bezahlung des Kaufpreises aus dem Vertrag vom 1.3.43", "schenkungshalber" usw., ist ebenso unschädlich wie die Valutaklausel, z.B. "Inhalt empfangen", "Wert empfangen" (- Barzahlung), "Wert in Rechnung" (- Gutschrift), "Wert in Waren" (wenn als Gegenwert Waren geliefert sind), "Wert in mir selbst"(wenn der Wechsel an eigene Order gestellt ist), die eine wertpapierrechtlich bedeutungslose und daher im neuen Formular des Einheitswechsels nicht mehr vorgedruckte Bescheinigung des Indossanten über den Empfang der Gegenleistung vom Indossatar enthält (Quittung). Da indessen eine

---

13) Stranz Art 13^7.

14) § 15 II 5 a.

solche Quittung bei Begebung des Wechsels häufig ist, sieht das Reichsgericht mit Recht die Quittung auf der Rückseite des Wechsels, z.B. die Unterschrift mit dem Zusatz "Inhalt empfangen", auch dann als Blankoindossament an, wenn es sich in Wahrheit nur um die Zahlung des (in der Quittung ungenannten) Bezogenen handelt.[15)]

Legitimation des Indossanten ist nicht vorgeschrieben und daher kein Formerfordernis.[16)]

IV. BEZEICHNUNG des BERECHTIGTEN

IV. Das Indossament kann als den Nehmer (als Indossatar)

1. Namensindossament

1. eine namentlich bestimmte Person bezeichnen: Namensindossament. Angabe des Zunamens genügt.

Bsp.: "für mich an die Order des Herrn Neu", "an Herrn Neu".

2. Blankoindossament

oder 2. dessen Name offenlassen: Blankoindossament (Art 13 II / 14 II WG / 16 II/17 II SchG).

Inhaberindossament

Blankoindossament ist auch das Indossament auf den Inhaber, was Art 12 III WG / 15 IV SchG klarstellen. Nach Art 14 II Z. 1 WG/ 17 II Z. 1 SchG darf daher der Nehmer die Inhaberklausel streichen und das Indossament mit seinem Namen oder dem eines Weitererwerbers ausfüllen. Gleichgültig ist die Fassung der Inhaberklausel: "an den Inhaber", "Überbringer" oder "Vorleger". Gleichgültig die wahlweise Benennung eines bestimmten Namensträgers: "an Herrn Neu oder Überbringer"; zwar ist ein alternatives Namensindossament, z.B. "an Herrn Neu oder Herrn Neuling" unwirksam; aber die alternative Inhaberklausel bezeichnet nicht wahlweise zwei Personen nebeneinander, sondern in Wahrheit nur den Inhaber und nur als solchen auch den Namensträger als Indossatar.[17)]

legitimiert auch Indossanten

Das Blankoindossament ist schon für den Indossanten deshalb vorteilhaft, weil es jeden legitimiert, der den Wechsel in Händen hat: Daher auch den Blankoindossanten selbst.[18)] Der Blankoindossant braucht daher nicht, was er allerdings vor Weiterbegebung oder bei Rückerwerb als Rückgriffsschuldner (Art 50 II WG/ 47 II SchG) darf, das von ihm gezeichnete Namensindossament zu durchstreichen, um seine Legitimation herzustellen.

---

15) RG JW 14, 533. A.A. Stranz Art 13[8].
16) unten VI 1.
17) Stranz Art 12[6]. Ausdrücklich so Art 5 II SchG.
18) RG 166, 310 (II); 160, 342 (II); Stranz Srt 14[10].

berechtigt zur: Blankotradition

Das Blankoindossament bietet aber vor allem für den Indossatar Vorteile. Der Nehmer kann nämlich das Papier ohne eigenes (Namens- oder Blanko-) Indossament weiterbegeben:[19] Diese sogenannte Blankotradition löst ebenso wie die Begebung durch Indossament den Gutglaubensschutz und den Einredenausschluß aus. Aber die Rückgriffshaftung tritt nicht ein: Die Blankotradition erspart daher die Angstklausel (Art 15 I WG/ 18 I SchG), die den Wert des Wechsels mindern kann. Blankoindossierte Orderpapiere kommen also insofern den Inhaberpapieren gleich.

Weiterindossierung

Aber der Inhaber kann, wie übrigens auch beim Inhaberscheck (Art 20 SchG), sein Namens- oder Blankoindossament auf das Papier setzen, um seine Rückgriffshaftung und damit eine zusätzliche Sicherheit zu schaffen (Art 14 II Z. 2 WG/ 17 II Z. 2 SchG).

Ausfüllung

Der Inhaber des Papiers (und des Rechts) darf das letzte, ihn legitimierende Blankoindossament (nicht frühere Blankoindossamente) mit seinem Namen oder mit dem Namen eines anderen ausfüllen (Art 14 II Z. 1 WG/ 17 II Z. 1 SchG); aber er darf die Ausfüllung nach Weiterbegebung nicht mehr streichen. Er darf bei der Ausfüllung Zusätze beifügen, soweit sie dem vorgegebenen Blankoindossament nicht widersprechen und die Haftung des Blankoindossanten nicht verschärfen: wie Ort- und Zeitangabe, Valutaempfangsbekenntnis, Angst- oder Rektaklausel (Art 15 WG/ 18 SchG), "in Prokura" (Art 18 WG/ 23 SchG) und dergleichen: dagegen nicht z.B. "ohne Protest" (Art 46 WG/ 43 SchG).[20] Die Ausfüllung des Namens vermindert die Gefahr des Rechtsverlustes durch Papierverlust und gutgläubigen Erwerb eines Dritten. Freilich kann der Dieb oder unterschlagende Finder das Indossament des Verlierers fälschen und dadurch doch den gutgläubigen Dritterwerb ermöglichen. Aber das zwingt ihm die Gefahr der Bestrafung wegen Urkundenfälschung (§ 267 RStGB) auf.[21]

Selbstverständlich darf der Namensindossatar nicht (ohne besondere Ermächtigung des Indossanten) das Namensindossament mittels Durchstreichens seines Namens zum Blankoindossament machen, um sich die Angstklausel bei der Weiterbegebung zu ersparen.[22]

---

19) Stranz Art 12[6]. Ausdrücklich so Art 5 II SchG.
20) Stranz Art 14[12]; Quassowski-Albrecht Art 14[10] WG.
21) Meist wird Tateinheit mit (vollendetem oder versuchtem) Betrug nach §§ 263/73 StGB vorliegen.
22) Stranz Art 13[8]; Obst 29, der aber übersieht, daß durchstrichene Indossamentteile entsprechend Art 16 I[2] WG den Rechtsschein für einen späteren gutgläubigen Erwerber begründen können (Stranz a.a. O.).

V. BESCHRÄNKENDE Vermerke

V. Hinsichtlich der BESCHRÄNKUNGEN des Indossamentes ist zu unterscheiden:

1. Nichtigkeit von Bedingungen der Begebung, aber nicht der Verpflichtung (str.)

1. Wie sonstige Wechsel- und Scheckverpflichtungen ist das Indossament bedingungsfeindlich. Bedingungen gelten nicht als geschrieben (Art 12 I WG/ 15 I SchG). Das bedingte Indossament hat daher die Legitimations- und damit die Übertragungskraft eines unbedingten. Grund: Die Wirksamkeit der Bedingung verminderte tatsächlich die gesteigerte Umlaufsfähigkeit; die (unter der WO angenommene) Nichtigkeit des Indossamentes wegen der Bedingung aber wirkte sich ähnlich aus. Dagegen kann die Verpflichtungskraft des Indossamentes, die Rückgriffshaftung, nach Art 15 I WG/ 18 I SchG ausgeschlossen und daher erst recht durch eine Bedingung beschränkt werden (str.)[23]. Dafür sprechen auch Gesetzesgrund und Gesetzeszusammenhang der Art 12 I WG/ 15 I SchG.

Bsp.: Indossiert Neu den Wechsel "für den Fall der Gültigkeit des Kaufs vom 1.2.43" oder "für den Fall meines Todes Herrn Neuling", so erwirbt Neuling mit der Übergabe des Wechsels unbedingt die Ansprüche des Neu gegen den Annehmer Schulte und den Aussteller Alt, aber nur bedingt den Rückgriffsanspruch gegen Neu.

Unstreitig kann der Indossant die Verjährung seiner Rückgriffsschuld durch entsprechenden Vermerk beschränken.[24]

2. Teilindossamente sind nichtig (Art 12 II WG/ 15 II SchG). Sie haben keine Begebungskraft und, da die Rückgriffshaftung des Indossanten eine gesetzliche Nebenfolge der Begebung ist, auch keine Verpflichtungskraft. Grund: Die Spaltung der Gläubigerschaft hindert den erhöhten Umlauf. Teilabtretungen sind daher möglich (str.)[25].

---

23) A.A. Stranz Art 12^{2}.
24) Stranz Art $12^{3}/15^{7}/70^{5}$. Anders der Aussteller hinsichtlich des Rückgriffs mangels Zahlung wegen Art 9 WG/12 SchG: Stranz Art 70^{5}.
25) § 19 II 3.

Ebenso Indossamente über den nach Tilgung eines Teiles der Forderung verbliebenen Restbetrag.[26] Dagegen nicht Teilbegebungen durch Blankotradition.

3. Entsprechend sind alle sonstigen Beschränkungen der Begebungskraft des Indossamentes, die das Gesetz nicht ausdrücklich vorsieht, ungültig, da sie den Zweck des Indossamentes, die Ermöglichung des gesteigerten Umlaufs, beeinträchtigen.

3.Nichtigkeit gesetzlich nicht zugelassener Begebungsbeschränkungen

Ob die Nichtigkeit der Beschränkung die Nichtigkeit des Indossamentes nach sich zieht, richtet sich nach dem, was jeder Durchschnittsnachmann als mutmaßlichen Willen des Indossanten vermuten muß (§ 139 BGB). Nebensächliche Beschränkungen werden daher die Gültigkeit des Indossamentes unberührt lassen.

Zulässig sind außer dem Eigentumsindossament - dem Vollindossament[27] das Pfandindossament (Art 19 WG) und das Vollmachtsindossament (Art 18 WG/ 23 SchG).

Voll-,Pfand-, Vollmachtsindossament

Beim Scheck ist angesichts der kurzen Vorlegungsfrist für ein Pfandindossament kein Bedürfnis; es ist daher nicht zugelassen,[28] kann aber in ein Vollmachtsindossament umgedeutet werden (§ 140 BGB). Dagegen wird man bei den kaufmännischen Orderpapieren und den Orderaktien (in Gesetzesergänzung) Pfand- wie Vollmachtsindossament gestatten müssen; das Gesetz freilich schweigt.

Auch ein Nießbrauchindossament ist dem Gesetz unbekannt. Für seine Zulassung besteht beim Scheck kein und auch beim Wechsel kein besonderes Bedürfnis, obwohl (im Gegensatz zur WO) Art 5 WG den Zinsvermerk bei Wechseln mit unbestimmter Verfallzeit ermöglicht. Dem praktischen Bedürfnis bei Orderaktien und verzinslichen Orderschuldverschreibungen entsprechend und der Gesetzeszulassung des Nießbrauchs auch an nicht fruchttragenden Rechten (§§ 1074 f. / 1081[1] BGB) gemäß dürfte indessen die Gültigkeit des Nießbrauchsindossamentes (in Gesetzesergänzung) anzuerkennen sein.

Nießbrauchindossament

---

26) Stranz Art 12[5].
27) Zuweilen wird das Namensindossament im Gegensatz zum Blankoindossament als Vollindossament bezeichnet. Doch empfiehlt sich dieser Sprachgebrauch nicht, da er leicht zu Mißverständnissen führt.
28) Quassowski-Albrecht Art 23[17] SchG. A.A. Ulmer 326.

Gültigkeit von Verpflichtungsbeschränkungen, bes. Angstklausel u. Rektaindossament

Dagegen sind Beschränkungen der Verpflichtung aus dem Indossament auch ohne besondere gesetzliche Zulassung gültig. Das Gesetz erwähnt ausdrücklich das Indossierungsverbot und das Weiterindossierungsverbot durch den Indossanten - die ANGSTKLAUSEL und das REKTAINDOSSAMENT (Art 15 WG / 18 SchG). Jene schließt die Rückgriffshaftung gegenüber jeden, dieses nur die gegenüber den mittelbaren Nachmännern aus.[29]

VI. PARTEIEN

VI. Indossant und Indossatar, Geber und Nehmer des Orderpapiers kann jede Person sein, mag sie in dem Orderverband bereits stehen oder nicht.

1. INDOSSANT: auch Nichtlegitimierte

1. INDOSSANT muß nicht der Legitimierte sein. Das Indossament eines Nichtlegitimierten ist nicht etwa formnichtig (str.). Dafür fehlt jeder gesetzliche oder gesetzespolitische Anhalt. Vielmehr ist nicht nur der bürgerlichrechtliche Gesamtrechtsnachfolger, insbesondere der Erbe, sondern auch der gewöhnliche Einzelrechtsnachfolger, voran der Zessionar, eines Namensindossatars voller Rechtsinhaber und daher auch zur Indossierung befugt.[30] Die Legitimationslücke wird durch den Nachweis der gemeinbürgerlichen Rechtsnachfolge geschlossen.

2. INDOSSATAR: auch Wechselverpflichtete - keine Konfusion durch Rückindossament (oder Rückabtretung)

2. INDOSSATAR kann auch ein Wechselverpflichteter, insbesondere der Wechselannehmer, der Aussteller oder Indossant, sein: sog. RÜCKINDOSSAMENT. Seine Zulässigkeit stellen Art 11 III WG / 14 III SchG klar. Das bedeutet: Solange das Papier begebungsfähig, der Wechsel oder Scheck also noch nicht präjudiziert oder protestiert ist, soll durch die Vereinigung von Gläubiger- und Schuldnerstellung, durch sog. Konfusion, der Anspruch nicht erlöschen,[31] damit das Papier weiterbegeben werden kann. Damit erhalten insbesondere

---

29) Näheres zum Rektaindossament oben II 2 a.

30) Näheres § 24 V 4. Wie hier Stranz Art 14[3a]. A.A. RG 114, 368 f. (II) und für den Zessionar, nicht den Erben, Quassowski-Albrecht Art 16[10/13] WG.

31) Auch nicht vorläufig.

die Banken die Möglichkeit, von ihnen angenommene Wechsel, die sie vor Verfall erworben haben, zwecks Mobilisierung ihres Wechselbestandes wieder in den Verkehr zu bringen, ohne daß überdies die Weiterbegebung stempelsteuerrechtlich als Begebung eines neuen Wechsels angesehen wird.[32] Da es sich indessen bei der Rückbegebung nur rechtlich um Begebung, wirtschaftlich aber um Schuldtilgung handelt, wird der Rückindossatar, der vor Verfall vom Nichtberechtigten, aber Legitimierten erwirbt, nicht geschützt: Art 40 II geht Art 16 II WG vor (str.). Sonst stünde sich der Blankorückindossatar ja schlechter, wenn er zu seiner Sicherung einen Quittungsvermerk gemäß Art 39 I WG auf den Wechsel setzen ließ.[33]

1. Bsp.: Der Wechselannehmer Schulte kauft vor Verfall den Wechsel gegen Rückindossierung[34] von Nachmann, dem letzten Berechtigten. Dann kann er die Rückgriffsansprüche Nachmanns gegen den Aussteller Alt und den Indossanten Neu zwar nicht durchsetzen; denn Alt und Neu können ihm entgegenhalten, daß Schulte ihnen als Annehmer hafte. Anders nur gegenüber Alt, wenn Schulte ihm ein Gefälligkeitsakzept gegeben, und Alt daher keinen Wechselanspruch gegen Schulte aus der Annahme hat, weil sie beim Gefälligkeitsakzept nur zugunsten der Nachmänner des Alt erfolgte.[35] Begibt Schulte den Wechsel vor Ablauf der Zahlungsprotestfrist und vor der etwaigen Protestierung weiter an Jung, so kann Jung den Schulte nicht nur als Annehmer und (außer bei Blankotradition oder Angstklausel) überdies als Indossanten, sondern Jung kann auch Alt als den Aussteller und Neu als Indossanten in Anspruch nehmen, weil Alt und Neu ihre Gegenansprüche gegen Schulte dem Jung kraft des Einredenausschlusses (Art 17 WG) nicht entgegensetzen können. Dagegen hat Alt und Neu gegen Jung die Einrede aus der Person des Schulte, wenn Schulte den Wechsel nach seiner Präjudizierung oder Protestierung, somit nur mit den Folgen der Abtretung (§ 20 WG) und daher ohne **Einredenausschluß** (§ 404 BGB), an Jung übertragen hat.

---

32) Quassowski-Albrecht Art 11^{11} WG.
33) § 26 II 1. Wie hier Stranz Art 40^{10}.
34) Bei Rückabtretung gilt - abgesehen von dem Legitimationsmangel - nichts anderes: Quassowski-Albrecht Art 11^{11} WG; str.
35) § 15 II 2.A.A. Stranz Art 11^{14}, der den Gefälligkeitsannehmer auf den (daneben) bestehenden bürgerlichrechtlichen Erstattungsanspruch aus der Geschäftsbesorgung (§§ 675/670 BGB) verweist.

2. Bsp.: Hat Alt sich von Nachmann den Wechsel rückindossieren lassen und ihn dann auf Jung weiterindossiert, so erhält Jung den Anspruch Alts und den früheren Anspruch Nachmanns (wichtig, wenn Alt keinen eigenen Anspruch hat, weil Schulte ihm ein Gefälligkeitsakzept gab) gegen Schulte aus der Annahme einredefrei auch dann, wenn das Indossament an Jung nur ein Nachindossament ist und daher nur die Kraft einer Abtretung hat. Der Rückgriffsanspruch Nachmanns gegen Neu aber geht von Alt auf Jung nur dann einredefrei, nämlich ohne Rücksicht auf den Rückgriffsanspruch Neus gegen Alt, über, wenn das Indossament Alts an Jung die Einreden aus der Person Alts ausschließt, wenn es also kein Nachindossament ist.

3. Bsp.: War Nachmann zwar durch das Blankoindossament Neus legitimiert, hat er aber dem Blankoindossatar Neuling den Wechsel entwendet und ihn (mit oder ohne eigenes Indossament) vor Fälligkeit an Schulte zurückbegeben, so wird Schulte trotz guten Glaubens weder von seiner Annahmeschuld frei noch auch nur Eigentümer des Wechselpapiers (Art 40 II gegen 16 II WG). Jung aber erwirbt von Schulte den Wechsel kraft guten Glaubens, wenn er Indossatar (Art 16 II WG), nicht etwa nur Nachindossatar und daher bloß Zessionar ist.

Indossament an Bezogenen

Möglich ist selbstverständlich auch ein Indossament an den Bezogenen, der den Wechsel nicht angenommen hat, und dem daher Aussteller und Indossanten keine Annehmerhaftung entgegenhalten können. Doch gilt beim Scheck das Indossament an den Bezogenen grundsätzlich nur als Quittung (Art 15 V SchG); das Indossament des Scheckbezogenen ist, damit nicht das Verbot der Scheckannahme umgangen werden kann, sowieso nichtig (Art 15 IV SchG).

an mehrere

Ein Indossament an mehrere ist möglich bei Rechtsgemeinschaft; mag sie Bruchteilsgemeinschaft oder, wie insbesondere bei der OHG, Gesamthandgemeinschaft sein. Unwirksam aber ist die wahlweise Benennung von Neu oder Alt als Indossatar.[36]

---

36) Stranz Art 11[13].

Übertragung zur Veräusserung, Sicherung und Einziehung.

§ 21.

Bedeutung des Übertragungszwecks

Die Übertragung ist zwar in ihrer Gültigkeit von dem zugrundeliegenden Verhältnis grundsätzlich losgelöst. Trotzdem aber ist der ÜBERTRAGUNGSZWECK bedeutsam: Nur wenn und soweit die Begebung im Interesse des Nehmers, nicht des Gebers, erfolgte, gelten Gutglaubensschutz, Einredenausschluß und Garantiefunktion.[1)]

Die Verpflichtungsfolge aus dem Indossament tritt auch gegenüber dem PFANDGLÄUBIGER ein (str.);[2)] freilich nur bis zur Höhe des Anspruchs, der durch die Pfandrechtsbestellung gesichert werden soll: Denn insoweit ist die Übertragung eigennützig. Gleichviel, ob ein Eigentums- oder ein Pfandindossament (Gegensatz: Vollmachtsindossament) gewählt wird.

Entsprechendes gilt für den NIESSBRAUCH (str.),[3)] den das Gesetz auch an unverzinslichen Rechten zuläßt (§§ 1074 f./1081^{1} BGB). Doch hat er schon beim Wechsel und erst recht beim Scheck keine Lebensbedeutung.

Bei der Übertragung, sowohl des Vollrechts wie eines verselbständigten Vollrechtssplitters (- der Belastung), und ihren Abwandlungen ist sorgfältig zu unterscheiden:

1. Recht

1. Das Recht kann durch Veräußerung, Sicherungsübertragung, Verpfändung, Nießbrauchbestellung, (Verwaltungs-) Treuhandübertragung an einen anderen weggegeben sowie durch Einziehungsermächtigung und Vollmacht ohne eigene Rechtseinbuße auf andere erweitert werden.

2. Legitimation

2. Die umlaufrechtliche L e g i t i m a t i o n kennt - von der Blankotradition der inhaber- und blankoindossierten Orderpapiere abgesehen - nur vier Arten des Begebungsvermerks: Eigentums-Vollindossament, Pfandindossament, (in Gesetzesergänzung das allerdings seltene) Nießbrauchindossament sowie das Vollmachtsindossament. Weitere Abwandlungen gibt es nicht.

1) § 11 II 6.
2) Stranz Art. 19^{8}.- A.A.(zur WO) RG 120, 210; Ulmer 217.
3) A.A. Ulmer 217.

1/2. Jede Art der Rechtsübertragung oder Rechtserweiterung kann sich bei Orderpapieren mit jeder Indossamentsform verbinden. Typisch sind die nachstehenden Fälle:

I. VERÄUSSERUNG

I. Die VERÄUSSERUNG erfolgt regelmäßig

1. erfüllungshalber

1. erfüllungshalber: § 364 II und entsprechend § 788 BGB.[4)]

2. diskontierungshalber
Diskontierung

2. diskontierungshalber.

"Diskontieren" heißt, eine später fällige unverzinsliche Forderung, in der Regel einen Wechsel, unter Abzug des (wirtschaftlich in der übertragenen Forderung enthaltenen) Zwischenzinses, des Diskontes, verkaufen. Regelmäßig werden von den Banken dem Kunden berechnet: 1 - 2 % über dem von der Reichsbank festgesetzten amtlich (im Reichsgesetzblatt Teil I) veröffentlichten Zinsfuß-dem Reichsbankdiskont; etwa 1/4 % Provision; eine Pauschalsumme für Einzugsspesen; dazu, zuweilen auch anstelle von Provision und Pauschalsumme, tritt die von der größeren Seite des Kundenkontokorrents (- des sogenannten Lorokorrents) berechnete Umsatzprovision sowie eine (um 1-2 Tage) verspätete Wertstellung.

Rediskontierung

Der Weiterverkauf an die Reichsbank, die Rediskontierung, erfolgt nach bestimmten von der Reichsbank herausgegebenen Bedingungen, die üblicherweise auch dem Weiterverkauf von einer Bank an eine andere zugrundegelegt werden. Die Rechnung wird hier nicht vom Käufer, dem Diskonteur (Reichsbank), sondern vom Verkäufer, dem Diskontanten, ausgestellt. Der Ankauf erfolgt zum Reichsbanksatz; doch sind gewisse Mindestsätze eingeführt. Die Reichsbank kauft nur Wechsel mit längstens dreimonatlicher Verfallzeit vom Ausstellungsdatum an, deren Ausstellung eine wirtschaftliche Leistung (Warenverkauf, Arbeitsleistung und dergleichen, nicht etwa nur eine Kreditgewährung) zugrundeliegt (sogenannte "Warenwechsel"- Handelswechsel im Gegensatz zu den "Finanzwechseln"), die eine Giro an die und von der Bank, mindestens aber zwei sichere Unterschriften, tragen, und die an einem Reichsbankplatz zahlbar (domiziliert) sind. Die Anforderungen der Reichsbank wirken sich auf das gesamte Wechselmaterial aus, da die Banken auf die

---

4) § 13 E 3 a.

Rediskontierungsmöglichkeit bei der Reichsbank um der Flüssigkeit ihres Materials an Diskontwechselnwillen angewiesen sind. Als Diskontwechsel bezeichnet der Bankverkehr die angekauften Wechsel im Gegensatz zu den Inkasso- und Depotwechseln, d.h. den zur Einziehung oder zur Sicherheit übergebenen Papieren.

rechtlich: stets **Kauf**, nicht Darlehen

Rechtlich ist das Diskontgeschäft Kauf[5] und die Einräumung des sogenannten Diskontkredits nicht Vorvertrag zum Kauf, sondern ein (durch Inanspruchnahme des "Kredits" bis zur vereinbarten Höchstgrenze) aufschiebend bedingter Kauf. Der Verkäufer haftet daher nur für den Bestand, nicht für die Güte des Rechts (§ 437 BGB); der Verkäufer hat darum bei (nachträglicher) Abwertung der Wechselwährung keinen Gewährleistungs- und bei Abwertung um nur 7-8% auch keinen Ausgleichsanspruch aus § 242 BGB[6]. Da Ansprüche aus arglistiger (§§ 823 II/826 BGB) oder doch fahrlässiger Täuschung (sog. Verschulden beim Vertragsschluß) nur selten gegeben sind und dann auch nur auf das Anzeigeinteresse (§ 249[1] BGB) gehen, behalten sich die Banken in ihren Geschäftsbedingungen ein "Zurückberechnungsrecht" vor, wenn die von der Bank eingeholten Auskünfte über Wechselverpflichtete nicht zu ihrer Zufriedenheit ausfallen, wenn Akzepte protestiert werden, oder wenn in den Verhältnissen eines Wechselverpflichteten nachträglich eine Verschlechterung eintritt. Darin liegt die Einräumung eines vertraglichen Rücktrittsrechts, dessen Besonderheit darin besteht, daß die Bank das Papier dem Kunden zu den (Zins- und Provisions-) Sätzen zurückzugewähren hat, die sie bei der Rückdiskontierung an den Kunden erzielte[7]. Dementsprechend pflegen die Banken ihren Kunden den Kaufpreis auch jeweils nur vorbehaltlich Eingangs der Wechselsumme gutzuschreiben.

Obwohl wirtschaftlich eine Art Kreditierung (sog. Diskontkredit), bleibt das Diskontgeschäft auch dann und insoweit "Kauf", als der Diskontant nicht Ansprüche gegen Dritte, sondern einen Wechselanspruch gegen sich selbst (aus dem Akzept oder dem Indossament) dem Diskonteur verschafft.[8] Auch hier gilt nach oder entsprechend § 365 BGB Kaufgewährleistungsrecht.

---

5) H.M.; RG 142, 26 f (II).

6) RG 142, 35 (II).

7) § 9 N 12.

8) **A.A. Ulmer 221.**

II. SICHERUNG durch

1. Sicherungs-übertragung

II. Die S I C H E R U N G erfolgt

1. meist durch SICHERUNGSÜBERTRAGUNG (sog. Sicherungstreuhand).

Sie besteht in der Übertragung des Vollrechts aus dem Vermögen des Sicherungsgebers (des Alt; Gegensatz: rechtsgeschäftlicher Neuerwerb in mittelbarer Stellvertretung),[9] aber mit der schuldrechtlichen Verpflichtung des Sicherungsnehmers (des Neu), von dem Vollrecht nur zu seiner Sicherung Gebrauch zu machen. Mangels anderweitiger Vereinbarung, die indessen regelmäßig in dem Sicherungsübertragungsvertrag oder doch in den übernommenen Geschäftsbedingungen[10] getroffen wird, darf der Sicherungsnehmer bei Gefahr der Schadensersatzpflicht das verpfändete Papier nur unter den Voraussetzungen und in den Formen des Pfandrechts verwerten. Das Innenverhältnis hat hier indessen auch nach außen, nämlich gegenüber den Gläubigern und gegenüber dem Schuldner Bedeutung:

Zwangsvollstreckung u. Konkurs

In der Zwangsvollstreckung und im Konkurs hat Neu die Stellung eines, sei es unmittelbar, sei es (bei Besitzmittlungsvereinbarung nach § 930 BGB) mittelbar, besitzenden Pfandberechtigten: Daher gegen Pfändung bei Alt die Widerspruchsklage gemäß § 771 ZPO, nicht nur die Klage auf vorzugsweise Befriedigung aus dem Erlös nach § 805 ZPO; im Konkurs des Alt hat Neu freilich nur ein Absonderungsrecht entsprechend § 48 KO, der (anders als § 805 ZPO) nicht zwischen besitzenden und nichtbesitzenden Pfandgläubigern unterscheidet.

Einreden

Im Einziehungsprozess zwischen Neu, dem das Umlaufpapier zwecks Einziehung begeben wurde, und dem Schuldner (Schulte) hat Schulte in Höhe der gesicherten Schuld keine Einreden aus der Person des Alt, sondern nur die Einreden aus der Person des Neu, während für den Mehrbetrag (also soweit die Übertragung "uneigennützig" ist) das Umgekehrte gilt.[11]

---

9) Hildebrandt, Rechtsfindung 72 f.

10) So in Ziffer 13 der Allgemeinen Bankgeschäftsbedingungen, herausgegeben vom Zentralverband des deutschen Bank- und Bankiergewerbes.

11) § 11 II 6: Streitig ist hier insbesondere, ob Schulte dem Neu Einreden aus seiner Person entgegenhalten kann, weil Neu ja Leistung (= Übereignung) an sich, wenn auch insoweit für fremde Rechnung fordert. Dazu auch Hildebrandt, Rechtsfindung 74.

a. Die Sicherungsübertragung kann sich bei Umlaufpapieren durch Begebung vollziehen: also durch Einigung und Übergabe des Papiers (oder Übergabeersatz nach § 1205 BGB, nicht § 930 BGB). Bei namensindossierten Orderpapieren muß das Vollindossament oder das (hier ungebräuchliche) Pfandindossament hinzukommen. — a.durch Begebung

b. Die Sicherungsübertragung kann aber auch ohne Begebung und daher bei namensindossierten Orderpapieren ohne Indossament durch bloße ABTRETUNG erfolgen. Bei verbrieften Forderungen, zu deren Übertragung allein der Abtretungsvertrag genügt, bedarf es nach feststehender **Rechtsprechung** 12) nicht der Verpfändungsanzeige des § 1280 BGB. Die Sicherungsabtretung wird gerade deshalb gegenüber der Verpfändung bevorzugt. Kann doch die Verpfändungsanzeige den Kredit des Alt gefährden. — b.durch Abtretung

2. Die Sicherung erfolgt zuweilen nur durch V e r p f ä n d u n g (durch sog.Faustpfand): also durch Übertragung nicht des Vollrechts, sondern eines verselbständigten Vollrechtssplitters (- durch sogenannte Belastung des Vollrechts). — 2.Verpfändung

Die PFANDRECHTSVERWERTUNG kann sich vollziehen: — Verwertung

(1) Durch (Kündigung und) Einziehung gemäß §§ 1282/3 BGB bei Forderungspapieren und Grundpfandbriefen (§ 1291 BGB), die bei Order- und Inhaberpapieren sogar schon vor Pfandreife (der gesicherten Forderung: § 1228 II BGB) zulässig ist (§ 1294 BGB).

(2) Durch Verkauf nach Pfandreife seitens einer öffentlich dazu ermächtigten Person
   (a) bei börsengängigen Orderpapieren freihändig zum laufenden Börsenpreis (§§ 1295/1221 BGB);
   (b) bei Inhaberpapieren entweder freihändig zum etwaigen Börsenpreis (§§ 1293/1221 BGB) oder in öffentlicher Versteigerung (§§ 1293/1235 I / 383 II BGB).

(3) Durch Duldungstitel für das Pfandrecht und durch Zwangsvollstreckung in das Wertpapier nach den Vorschriften der ZPO (§ 1277 BGB).

---

12) Entsprechend Hildebrandt, Rechtsfindung 63.

a. nach Begebungsrecht

a. Umlaufpapiere können durch BEGEBUNG verpfändet werden: Da dazu mehr als die Einigung über den Rechtsübergang, nämlich die Papierübergabe und bei namensindossierten Orderpapieren außerdem die Indossierung gehört, bedarf es bei Umlaufpapieren nicht der Verpfändungsanzeige nach § 1280 BGB.

Das stellen § 1292 BGB für Orderpapiere und § 1293 BGB für Inhaberpapiere klar.

α. "verstecktes" Pfandindossament

α. Das Indossament kann Vollindossament - sogenanntes verstecktes Pfandindossament (§ 1292 BGB) sein.

Das Vollindossament begründet freilich eine Vermutung für die (Sicherungs-) Übertragung des Vollrechts, auch wenn der Sicherungszweck feststeht.[13]

Es verschafft - im Gegensatz zum Pfandindossament - dem Pfandgläubiger zwar nicht das volle Recht, aber die volle Legitimation und daher auch die Möglichkeit zur unbeschränkten Weiterindossierung mit den Folgen der Art. 16/17 WG.[14]

β. "offenes" Pfandindossament

β. Das Indossament kann aber auch nur Pfandindossament - sogenanntes offenes Pfandindossament nach Art. 19 WG[15] sein.

Der Pfandvermerk, die Verpfändungsklausel, muß den Verpfändungswillen irgendwie zum Ausdruck bringen: z.B. durch den Zusatz "zum Pfand", "zum Depot", "Pfandindossament", "Kautionsindossament", "Wert zur Sicherheit" und dergleichen.[16]

---

13) RG 120, 210.-
A.A. Stranz Art 19[9].

14) Stranz Art. 19[10].- Zur Diskontierung eingereichte vollindossierte Wechsel, deren Ankauf nicht zustandekommt, sollen nach den allgemeinen Geschäftsbedingungen der Bank (als Inkassowechsel) zum Einzug verbleiben. Doch werden sie kraft des Vorrangs der Einzelerklärung (Hildebrandt, Zivilarchiv 143, 339), hier des Diskontierungsantrages, nicht dem geschäftsbedingungsmäßigen Pfandrecht der Bank für alle Kundenschulden an allen Kundenwerten unterworfen (RG 126, 350; Stranz Art 19[12]). Vgl. aber § 369 HGB.

15) Bewußt nicht erwähnt und daher ausgeschlossen (str.) beim Scheck: § 20 V 3.

16) Stranz Art 103.

Auch der offene Pfandindossatar hat alle Einziehungsrechte, selbst vor der Pfandreife (Art. 19 I WG - 1294 BGB)[17]. Er kann den Wechsel insbesonders protestieren und gegen Annehmer wie Rückgriffsschuldner einklagen. Dazu gibt ihm das Pfandindossament **obendrein die Legitimation.**

Aber das Pfandindossament legitimiert nicht zur Weiterbegebung: Neuling, der vom Pfandindossatar Neu das Eigentum oder auch nur das Pfandrecht erhalten soll, erwirbt kraft Redlichkeit weder das Eigentum noch das Pfand noch die **Einredenfreiheit.** Denn das Indossament des Pfandindossatars hat nur die Kraft eines Vollmachtsindossamentes (Art 19 I WG).

Dagegen erwirbt der redliche Pfandindossatar seinerseits das Pfandrecht. Desgleichen, freilich nur soweit es zu seiner Sicherung nötig ist, **die Einredenfreiheit (Art. 19 II hebt das ausdrücklich hervor)** und (mangels Angstklausel) sogar den Rückgriffsanspruch gegen den Pfandindossanten.[18]

b. Rektapapiere können nur und Umlaufpapiere können auch nach ABTRETUNGSRECHT verpfändet werden (§ 1274 BGB). Bei Forderungspapieren (Gegensatz: insbesondere Aktien, Kuxen, Reichsbankanteilscheinen), bei denen zur Abtretung die Einigung genügt (also nicht bei Hypothekenbriefen wegen § 1154 BGB), bedarf es dann freilich der Verpfändungsanzeige nach § 1280 BGB (str.)[19]. b.nach Abtretungsrecht

Wie bei der Abtretung, so entfallen bei der bürgerlichrechtlichen Verpfändung Gutglaubensschutz, Einredenausschluß und Rückgriffshaftung, gleichviel ob die Verpfändung

α. ohne jedes Indossament oder

β. mit (offenem) Vollmachtsindossament erfolgt.

17) Bei Einziehung vor Pfandreife tritt zwar dingliche Ersetzung am Geld ein (§ 1287 BGB); gleichwohl sind wegen der Verzinsung und der Veruntreuungsgefahr Pfandgläubiger und Verpfänder einander zur mündelsicheren Anlage des Geldes unter gleichzeitiger Bestellung eines Pfandrechts an der Guthabenforderung verpflichtet (§ 1288 BGB).
18) str., dazu § 11 II 6.
19) § 19 II 2 c.

In diesem Falle hat Neu die Wahl, ob er ohne weiteren Nachweis die Forderung im Namen des Alt einziehen, oder ob er sie unter Darlegung der Verpfändung im eigenen Namen geltendmachen will.[20]

III. EINZIEHUNG

III. Die E I N Z I E H U N G eines Anspruchs kann im eigenen oder im fremden Namen geschehen. Dort verlangt der Neu Übereignung an sich, hier Übereignung an Alt; genauer: Einigung über den Eigentumsübergang an Alt (§ 164 BGB) und Besitzverschaffung an sich zwecks Besitzmittlung für Alt als dessen Beauftragter oder Geschäftsführer ohne Auftrag (§ 868 BGB).

1. im EIGENEN Namen

1. Für die **Einziehung eines fremden Anspruchs** IM EIGENEN NAMEN gibt es

a. Rechtslage

a. zwei Berechtigungsformen: Die Treuhandübertragung und die **Einziehungsermächtigung.**

α. Treuhandübertragung

α. Die TREUHANDÜBERTRAGUNG (Verwaltungstreuhand) ist Vollrechtsübertragung aus dem Vermögen des Alt, aber mit der schuldrechtlichen Treuverpflichtung, von dem Recht nur wie ein **Einziehungsbeauftragter.** Gebrauch zu machen. Sie ist, wie die Sicherungsübertragung, eine zwecküberschreitende (- fiduziarische) Zuwendung, die aber, im Gegensatz zur Sicherungsübertragung, nur im Interesse des Gebers (des Alt), nicht des Erwerbers (des Neu) erfolgt, und die deshalb als "uneigennütziger" Erwerb weder den Gutglaubensschutz noch den Einredenausschluß noch die Garantiefunktion zugunsten des Neu auslöst.[21] Somit beeinflußt das Innenverhältnis zwischen Alt und Neu die Aussenstellung Neus zu seinen Ungunsten, obwohl er (rechtlich) ein eigenes Recht im eigenen Namen einzieht. Dementsprechend muß es sich der Schuldner andererseits gefallen lassen, daß ihm Einreden

---

20) Letzteres hält Stranz Art 19[11] nicht für zulässig; aber warum sollte Neu schlechter stehen, weil er sich zur Verstärkung noch ein Vollmachtsindossament geben läßt?

21) § 11 II 6.

aus der Person des Neu, z.B. ein Aufrechnungsrecht mit Forderungen gegen Neu, nicht zustehen (str.)[22].

Auch in der Zwangsvollstreckung und im Konkurs entscheidet nicht die formale Rechtszuständigkeit, sondern die wirtschaftliche Vermögenszugehörigkeit. Daher hat Alt bei Pfändungen gegen Neu die Widerspruchsklage nach § 771 ZPO und im Konkurs des Neu die Aussonderung gemäß § 43 KO. Umgekehrt hat Neu bei Zwangsvollstreckungsmaßnahmen gegen Alt weder ein Widerspruchs- noch ein Aussonderungsrecht.

β. Die EINZIEHUNGSERMÄCHTIGUNG entspricht der Verfügungsermächtigung: §§ 185 I/ 362 II BGB. Sie unterscheidet sich von der Vollmacht dadurch, daß der Einziehungsermächtigte im eigenen Namen, der Bevollmächtigte aber im fremden Namen einzieht. Im übrigen aber gilt für Erteilung, Umfang und Beendigung Vollmachtsrecht entsprechend. Insbesondere gibt es bei der Einziehungsermächtigung unstreitig keinen Gutglaubensschutz, keinen Einredenausschluß, keine Garantiefunktion zugunsten des Neu; umgekehrt sind, wie schon bei der Treuhandübertragung, Einreden aus der Person des Neu hier erst recht unzulässig (str.). β. Einziehungsermächtigung

Streitig ist, ob die Übergabe des Papiers auf Grund Einziehungsauftrages (Vertrages) im Zweifel als Treuhandübertragung (Fiduziartheorie) oder als bloße Einziehungsermächtigung (Ermächtigungstheorie)[23] anzusehen ist. M.E. ist zu unterscheiden:

(1) Soll Neu nicht nur zur Mahnung, Protestierung undsoweiter, sondern auch zur Einklagung ermächtigt sein, so ist Treuhandübertragung notwendig und daher (nach § 157 BGB) als gewollt anzunehmen. **Fiduziartheorie**

22) Jakobi, Handbuch 195; (allerdings nur für den Ermächtigungsfall - β)OLG Stettin Seuff Arch 66, 180. Hildebrandt, Rechtsfindung 74. **A.A.** Stranz Art 18[17]; RG 27,129.

23) Heck, Schuldrecht 209 spricht von "Verdeckungstheorie", Ulmer 223 auch von "Theorie der Legitimationsübertragung": Beide Ausdrücke sind mißverständlich.
Der Rechtssprechung des Reichsgerichts (RG 134, 291 f.) und den meisten Kommentaren (Stranz Art 18[13]; Quassowski-Albrecht Art. 18[18] WG) liegt die Fiduziartheorie zugrunde.
In der Rechtslehre überwiegt dagegen die Ermächtigungstheorie: v. Brunner, v. Zuhr, Jakobi, Ludewig, Siebert, Ulmer 223.

Klagermächtigung

Denn das Anonymitätsinteresse des Machtgebers, also der Wunsch Alts, daß sein Name aus dem Prozeß herausbleibt, vermag prozessual die der Einziehungsermächtigung entsprechende Klagermächtigung (- die gewillkürte Prozeßstandschaft des Neu - seine Prozeßführungsmacht über das Recht des Alt) nicht zu rechtfertigen (str.)[24]. Die lediglich auf die Einziehungsermächtigung gestützte Klage des Neu ist daher (prozessual) unzulässig: Neu ist nicht der richtige Kläger.

Ermächtigungstheorie

Vorteile

(2) Soll dagegen Neu die Einziehung, wie regelmässig im Bankverkehr, nur außergerichtlich besorgen, so genügt die Einziehungsermächtigung. Sie hat gegenüber der Treuhandübertragung den Vorzug, den Gegensatz zwischen Können und Dürfen, zwischen Außen- und Innenverhältnis, mehr abzuschwächen, als das bei der Treuhandübertragung möglich ist. Das zeigt sich in zwei Fällen:

(a) Pflichtwidrige Weiterbegebung an den schlechtgläubigen Neuling und

(b) pflichtwidrige Einziehung nach Erlöschen des Einziehungsauftrages, insbesondere nach Widerruf (§ 671 BGB), sind bei der Treuhandübertragung nach ständiger Rechtssprechung nicht ohne weiteres mit der Kenntnis des Neuling oder Schulte davon, sondern nur unter "besonderen Umständen", nämlich bei Zusammenspielung, also bei Teilnahme dort (a) Neulings, hier (b) Schultes, an der Untreue (§ 266 RSTGB) des Neu sittenwidrig und unzulässig. Sie führt daher nur bei argligstigem Zusammenwirken zwischen Neu und Neuling zur Nichtigkeit der Weiterbegebung (§ 138 I. BGB) und zur Schadensersatzpflicht des Neuling (§§ 823 II / 826 BGB) und andererseits nur bei Kollusion zwischen Neu und Schulte zum Einwand des Rechtsmißbrauchs

---

24) Hildebrandt, Zivilarchiv 142, 254.

A.A. v. Brunn, die gewillkürte Prozeßstandschaft (1933) S. 6.

(- zur Rechtsüberschreitung wegen "unzulässiger Rechtsausübung" - zum Einwand der allgemeinen Arglist[25]) [26]). Dagegen werden bei der Ermächtigung trotz Vollindossamentes Neuling und Schulte schon bei Kenntnis oder auch nur grobfahrlässiger Unkenntnis der Pflichtwidrigkeit nicht geschützt (Art. 16 II / 40 III WG).

kein Rückfall

Bei Begebung durch Indossament vermag die Fiduziartheorie auch nicht dadurch zu helfen, daß sie die Übertragung durch den Fortbestand des Auftrages auflösend bedingt (§§ 158 II - 157 BGB). Denn - abgesehen davon, daß die h.M. im Zweifel nur eine Rückübertragungspflicht, keinen Rückfall annimmt - schließen die Art. 12 I WG / 15 I SchG Bedingungen eines Indossaments überhaupt aus.

Verfügungsermächtigung mit Vollindossament (sog. Legitimationsindossament)

In reiner Form findet sich die VERFÜGUNGSERMÄCHTIGUNG (§ 185 I BGB) beim Diskontierungsauftrag: Alt beauftragt (durch Vertrag) und ermächtigt (einseitig wie bei der Vollmacht) den Neu, den Wechsel des Alt im eigenen Namen sowohl zu verkaufen (zu diskontieren) wie ihn zu begeben. Zugleich indossiert dann in der Regel Alt den Wechsel an Neu: Man spricht hier zuweilen ungenau von einem "reinen Legitimationsindossament";[27]) ungenau, weil - anders als beim Scheinindossament,[28]) der wegen Scheingeschäfts (§ 117 BGB) oder aus sonstigen Gründen nichtigen Begebung - hier hinter dem Indossament immerhin noch eine Verfügungermächtigung steht, mithin nicht ausschließlich eine Legitimationsübertragung vorliegt.

Neben und unabhängig von den beiden Berechtigungsformen (der Treuhandübertragung und der Ermächtigung) stehen

---

25) Dazu allgemein Hildebrandt, Erklärungshaftung (1931) 179; derselbe, Rechtsfindung 87 ff. und die dort Angeführten.
26) Statt aller Stranz Art. 18[18].
27) So Stranz Art. 18[22].
28) Stranz Art. 18[23].

b. Legitimationslage

α. begebungsrechtlich

β. "bürgerlichrechtlich"

b. die zwei Legitimationsformen:

α. Die Begebung, insbesondere durch Vollindossament - das sogenannte versteckte Inkassoindossament und

β. die Abtretung oder Ermächtigung ohne Begebung und Indossament, an deren Stelle Abtretungs- (§§ 409/410 BGB) und Vollmachtsurkunde (§ 172 BGB) treten können.

2. im FREMDEN Namen: Vollmacht, Legitimation durch

2. Die Vollmacht ermächtigt zwar auch zur Einziehung des fremden Rechts; aber zur Einziehung nur im fremden, nicht im eigenen Namen. Legitimationsmäßig kann die Vollmacht verbunden sein:

a. Vollindossament

a. Mit einem Vollindossament. Das ist selten; denn beim Vollindossament wird Neu fast immer (auch) zur Einziehung im eigenen Namen beauftragt und ermächtigt sein. Rechtlich ist die Verbindung der Vollmacht mit einem Vollindossament ein "verstecktes Vollmachtsindossament" im engeren und eigentlichen Sinne.

b. Vollmachtsindossament

b. Mit einem Vollmachtsindossament: dem sogenannten offenen Vollmachtsindossament der Art. 18 WG/ 23 SchG. Das Vollmachtsindossament gibt, freilich nur im Namen des Machtgebers, alle Einziehungsrechte: insbesondere die Protestierung, die Klage gegen Haupt- und Rückgriffsverpflichtete,[29] sogar für den Wechsel- und Scheckbereicherungsanspruch (Art. 89 WG / 58 SchG). Aber es gewährt keinerlei Begebungsrecht.

Das Indossament des Vollmachtsindossatars hat nämlich stets nur die Folgen eines Vollmachtsindossaments (Art. 18 I WG / 23 I SchG). Zum Vollmachtsindossament ist er freilich ohne weiteres befugt, und ohne dadurch die eigene Vollmacht zu verlieren: Neu kann daher mehrere Vollmachtsindossamente nacheinander auf Neuling und Nachmann ausstellen.

29) Das Vollmachtsindossament enthält also eine Prozeßvollmacht und daher nach oder entsprechend § 81 ZPO im Zweifel auch die Befugnis, zur Herbeiführung der Zahlung Vergleiche, Stundung oder Erlasse vorzunehmen: Stranz Art. 18[5]; str.

Das Vollmachtsindossament beeinflußt nach Art. 18 III WG / 23 III SchG darüber hinaus den Fortbestand der Vollmacht. Nach §§ 675/672/168[1] BGB erlischt die Vollmacht durch Tod, geistige Umnachtung oder Entmündigung des Machtgebers (des Alt) für dringende Geschäfte nicht und für sonstige Geschäfte im Zweifel nicht. Beim Vollmachtsindossament erlischt sie dadurch nie: Neuling, der weiß, daß Alt gestorben ist, ist daher jeder Prüfung des "Zweifel"falls enthoben. Eine Erleichterung des Wechselverkehrs, die indessen regelmäßig auch dem Interesse des Alt und seiner Erben dient; vor allem, weil sie auch im Todesfall die rechtzeitige Durchführung der wechselrechtlichen Erhaltungsakte ermöglicht.[30)]

c. "bürgerlichrechtlich"

c. Bei Bevollmächtigung ohne jedes Indossament gelten ausschließlich die Vollmachtsvorschriften des BGB; für die etwaige Vollmachtsurkunde also die §§ 172/173 BGB.[31)]

---

30) Quassowski-Albrecht Art 18[16] WG.

31) Zur Scheinvollmacht: § 6 N 19.

2. Vollstreckung.

§ 22.

Sach- oder Rechtsvollstreckung?

Soll zur Befriedigung einer Geldforderung die (Einzel-) Vollstreckung in ein Wertpapier durchgeführt werden, so entsteht die Frage: Wird nach den Vorschriften über Zwangsvollstreckung in Sachen (§§ 808 ff. ZPO) oder nach den Bestimmungen über Zwangsvollstreckung in Rechte (§§ 828 ff. ZPO)[1] vollstreckt? Werden Wertpapiere in der Zwangsvollstreckung als Sachen oder als Rechte behandelt? Gilt hier die Eigentums- oder die Zubehörtheorie?[2]

I. MÖGLICH

I. Die Durchführung der Zwangsvollstreckung zerfällt in drei Abschnitte: die Pfändung, die Verwertung und die Befriedigung des Gläubigers.

1. Pfändung

a. als Sache: durch Wegnahme

1. Die P f ä n d u n g geschieht:

a. Bei SACHvollstreckung durch WEGNAHME des Wertpapiers seitens des Gerichtsvollziehers (§ 808 II).

Wertpapiere darf der Gerichtsvollzieher nicht, wie gewöhnliche Sachen, im Gewahrsam des Vollstreckungsschuldners belassen. Sonst ist die Pfändung nichtig; und zwar auch dann, wenn der Pfändungsgläubiger damit einverstanden[3] und die Pfändung durch Pfandmarken ersichtlich gemacht ist.

Wertpapiere darf der Gerichtsvollzieher, wie sonstige Sachen, nur wegnehmen, wenn sie sich im Gewahrsam des Vollstreckungsschuldners (§ 808 I) oder eines herausgabebereiten Dritten (§ 809) befinden, und nur, wenn sie nicht offensichtlich (!) zum Vermögen eines Dritten gehören,[4] wie etwa die auf der Bank in Streifbandverwahrung liegenden Inhaberaktien oder der

---

1) Die folgenden ohne Zusatz angeführten §§ beziehen sich auf die ZPO.

2) Nur soweit es zum Verständnis dieser Frage erforderlich ist, sind Fragen der Zwangsvollstreckung hier erörtert.

3) Seuffert-Walsmann § 808 Anm. 3 b ZPO. A.A. für den Einwilligungsfall Jonas § 808 N 43.

4) Der Dritte, nicht der Vollstreckungsschuldner, hat stets die Widerspruchsklage (§ 771) und bei Offensichtlichkeit auch die Erinnerung (§ 766) gegen den Pfändungsgläubiger.

in den Akten des Rechtsanwaltes befindliche Klagwechsel. Dagegen braucht bei Orderpapieren der Vollstreckungsschuldner nicht durch den Papierinhalt (insbesondere die Indossamentenkette) als letzter Berechtigter ausgewiesen zu sein,[5] da er auch durch Abtretung, Erbfolge oder dergleichen das Papier erworben haben kann.

Mit der Papierwegnahme ist nicht nur das Papier, sondern auch das Recht aus dem Papier ohne weiteres gepfändet. Ein besonderer Pfändungsbeschluß für das Recht ist weder erforderlich noch auch nur zulässig.[6]

Die Pfändung geschieht:

b. Bei RECHTSvollstreckung durch PFÄNDUNGSBESCHLUSS des Vollstreckungsgerichts.

b. als Recht: durch Pfändungsbeschluß

Vollstreckungsgericht ist das Amtsgericht, bei dem der Vollstreckungsschuldner seinen allgemeinen Gerichtsstand, in erster Linie also seinen Wohnsitz, hat (§§ 828/13 ff.), oder der dortige Rechtspfleger (Art VI § 1 II Z.3 Entlastungsgesetz vom 11.3.21, § 11e Entlastungsvfg.v.3.7.43 - DJ 339/19.9.44 - DJ 249).

Der Pfändungsbeschluß besteht aus dem Verfügungsverbot an den Vollstreckungsschuldner (§§ 136-135 BGB) und dem Leistungsverbot an den Drittschuldner (§§ 829/846/857). Mit der Zustellung durch den Pfändungsgläubiger an den Drittschuldner wird die Pfändung wirksam (§ 829 III).

Die Pfändung hat hier, wie bei der Sachpfändung, die hoheitsrechtliche Verstrickung (§ 803) wie das zivilrechtliche Pfändungspfandrecht (§ 804) zur Folge. Jene ist die Grundlage des bedingten Verfügungsverbotes (§§ 135/6 BGB). des Strafrechtschutzes gegen Verstrickungsbruch (§ 137 RStGB) und der Sicherungsrechte des Pfändungsgläubigers, insbesondere seines Rechts gegen den fälligen Drittschuldner auf Hinterlegung für oder Leistung an Pfändungsgläubiger und Vollstreckungsschuldner gemeinsam. Dieses gewährt ein Absonderungsrecht im Drittschuldnerkonkurs (§ 49 Z.2 KO).

---

5) A.A. anscheinend Jonas § 821 N 3.

6) Jonas §§ 821 II/ 831 I/III.- Bei den sogenannten Traditionspapieren, dem Orderlagerschein, dem Lado schein und dem Konnossement, erfaßt die Pfändung daher den in dem Papier verkörperten Herausgabeanspruch aus dem Verwahrungs- oder Beförderungsvertrag, auf dem der mittelbare Besitz beruht (§ 868 BGB), nicht aber das Gut selbst. Ergebnisgleich h.M., z.B. Jonas § 821 II, Baumbach § 821, Anm. 1, deren Begründung (Ausnahme mangels Übergabe des indossierten Papiers) indessen den Gegenstand der Verbriefung verkennt.

Doch setzt sich neuerdings die Erkenntnis durch, daß Entstehung und Untergang des Pfändungspfandrechts sich nicht nach den Faustpfandregeln des BGB bestimmen; daß vielmehr das Pfändungspfandrecht eine ausnahmslose und zwingende Folge der Pfändung ist.[7] Damit ist ein Rückstand der zivilrechtlichen Vorstellungsweise in der Zwangsvollstreckung beseitigt. Zugleich wird damit die Unterscheidung zwischen Pfändung und Pfandrecht zu einer nur geschichtlich (zur Klärung der Stellung des Pfändungsgläubigers gegenüber Dritten) überkommenen, aber im Grunde überflüssigen Darstellungsfrage. Ebenso die alte Streitfrage, ob die Veräußerung in der Zwangsvollstreckung auf der Pfändung oder auf dem Pfändungspfandrecht beruht.

Die Rechtspfändung erfaßt ohne weiteres auch die über das Recht ausgestellte Urkunde. Das ergibt sich aus der entsprechenden Anwendung des Zubehörgedankens (§ 952 BGB). Infolgedessen darf der Gerichtsvollzieher auf Grund der Ausfertigung des Pfändungsbeschlusses (in Verbindung mit der vollstreckbaren Ausfertigung des Schuldtitels, auf dem die Pfändung beruht) die Urkunde, z.B. das Sparkassenbuch, dem Vollstreckungsschuldner oder einem herausgabebereiten Dritten wegnehmen; er darf sie aber erst auf Grund des Überweisungsbeschlusses dem Pfändungsgläubiger aushändigen.

Vor der Pfändung des Rechts darf er die Urkunde nicht wegnehmen;[8] denn Gegenstände, die nicht selbständig verwertbar sind, sind auch nicht selbständig pfändbar. Die Wegnahme der Urkunde als tatsächliche Verwirklichung der rechtlich schon bestehenden Verstrickung erfolgt daher nicht nach § 808, sondern nach § 883 ZPO.[9]

---

7) Baumbach ZPO Ueb § 803[3] / § 804[1]. Ihm folgt Schönke, Zwangsvollstreckungsrecht § 25 III.

8) Jonas § 821 I 3.

9) H.L.: z.B. Seuffert-Walsmann § 836 Anm. 3 b. **A.A.** Baumbach § 808 Anm. 1 B / § 836 Anm. 3. Der Streit, ob die Wegnahme durch den Gerichtsvollzieher nach § 808 oder nach § 883 erfolgt, hat indessen im wesentlichen nur für den Gegenstand des Offenbarungseides Bedeutung: Der Eid, das Papier nicht zu besitzen und seinen Fundort nicht zu kennen (§ 883), genügt; ein Vermögensverzeichnis braucht nicht aufgestellt und beschworen (§ 807) zu werden.

Nach der Pfändung des Rechts aber braucht der Vollstreckungsgläubiger den Überweisungsbeschluß, der allerdings fast ausnahmslos gleichzeitig beantragt und erlassen wird, nicht abzuwarten; denn schon die Pfändung gewährt, wenn auch noch nicht das Recht auf Befriedigung, so doch das Recht auf Sicherung.[10)]

Die Bezeichnung der Urkunde im Pfändungsbeschluß ist ratsam, um Fehlgriffen des Gerichtsvollziehers vorzubeugen. Notwendig ist sie aber nicht.[11)]

Doch ist all das streitig.

2. Die Verwertung erfolgt:

2. Verwertung

a. Bei Sachvollstreckung durch Verkauf und Übertragung seitens des Gerichtsvollziehers.

a. als Sache: durch Verkauf

Der Gerichtsvollzieher handelt beim Verkauf wie bei der Übertragung nicht als Vertreter des Pfändungsgläubigers in Verwertung des zivilrechtlichen Pfändungspfandrechts, sondern als Beamter in Ausübung der durch die **hoheitsrechtliche** Verstrickung begründeten staatlichen Verfügungsmacht: Auf den guten Glauben des Erwerbers an das Pfandrecht des Vollstreckungsgläubigers und damit an das Eigentum des Vollstreckungsschuldners kommt es daher nicht an (jetzt h.M.).

Hat das Wertpapier am Orte der Zwangsvollstreckung oder dem dafür maßgebenden Handelsplatz einen Börsen- oder Marktpreis, so muß der Verkauf durch den Gerichtsvollzieher aus freier Hand zum Tageskurs erfolgen (§ 821);[12)] dabei darf er sich der Vermittlung eines Maklers oder einer Bank bedienen. Mangels eines Tageskurses geschieht der Verkauf grundsätzlich durch öffentliche Versteigerung seitens des Gerichtsvollziehers gemäß §§ 816 ff. ZPO (§ 814). Doch kann das Vollstreckungsgericht auf Antrag des Pfändungsgläubigers oder des Vollstreckungsschuldners (nicht des Drittschuldners!) eine andere Art der Verwertung anordnen (§ 825): Insbesondere kann es den Verkauf des Papiers an einem entfernten Börsenplatz, den Verkauf vor Ablauf der Wartefrist oder auf Kredit, aber auch, z.B. bei Aktien ohne Notiz, den Verkauf aus freier Hand durch den Gerichtsvollzieher, durch eine

---

10) Dazu allgemein Jonas § 829 V 1.

11) Seuffert-Walsmann § 836 Anm. 3 b. A.A. Jonas § 836 N 14; Baumbach § 836 Anm. 3. Jedenfalls genügt indessen die Bezeichnung in einem die Urkunde einzeln und bestimmt aufführenden sowie nach § 750 zuzustellenden Ergänzungsbeschluß.

12) Die Wartefrist von einer Woche, die § 816 für Versteigerungen vorsieht, um insbesondere Dritten Gelegenheit zur Widerspruchsklage (§ 771) zu geben, gilt zweckentsprechend auch hier. A.A. Jonas § 821 III.

andere Person, z.B. einen Notar, einen Makler oder eine sonstige Privatperson, verfügen; ja, er kann sogar, z.B. bei fälligen Inhaberschuldverschreibungen, die Überweisung zur Einziehung oder (dies allerdings nur im Einverständnis des Pfändungsgläubigers) die Überweisung zu einem bestimmten Preis an Zahlungsstatt beschließen.[13]

Soweit es zur Legitimation des Erwerbers erforderlich ist, kann und muß[14] das Vollstreckungsgericht den Gerichtsvollzieher ermächtigen, die dazu nötigen Erklärungen, z.B. die Indossierung von Orderaktien[15] oder die Ausstellung der Abtretungsurkunde bei einfachen Vorlegungspapieren (§ 410 BGB)[16], namens des Vollstreckungsschuldners abzugeben (§ 822).

Die Verwertung geschieht:

b. als Recht: durch Überweisung zur Einziehung

b. Bei Vollstreckung in Geldforderungen durch Überweisung zur Einziehung (§ 835) seitens des Vollstreckungsgerichts (oder des Rechtspflegers).

Bei Vollstreckung in Ansprüche auf Herausgabe (insbesondere auf Übereignung) von Fahrnissachen tritt zu der Pfändung, sei es durch Pfändungsbeschluß (z.B. beim Rektalagerschein), sei es durch Wegnahme (z.B. beim Orderlagerschein: § 831), die (im Pfändungsbeschluß oder in einem späteren besonderen Beschluß) getroffene Anordnung, die Sache an den vom Gläubiger beauftragten Gerichtsvollzieher herauszugeben (§ 847 I): Die Besonderheit besteht darin, daß Vollstreckungsgläubiger und Vollstreckungsschuldner bei Fälligkeit vom Drittschuldner nicht Hinterlegung für oder /und Leistung an beide, sondern nur auf Grund der

---

13) Der Überweisungsbeschluß tritt an die Stelle des Verkaufs. Er ersetzt aber auch (anders als in den übrigen Anordnungsfällen des § 825) das Vollzugsgeschäft: Das ist bei Überweisung zur Einziehung unbedenklich, weil auch die rechtsgeschäftliche Einziehungsermächtigung (entsprechend § 185 I BGB) keinesfalls (auch nicht bei Inhaberschuldverschreibungen) die Papierübergabe voraussetzt. Bei Überweisung an Zahlungsstatt freilich hängt die Bejahung davon ab, ob und inwieweit man die Rechtsübertragung ohne Papierübergabe (wenigstens mit Abtretungsfolgen) für möglich und wirksam hält (wie hier § 19 II 2 b);wenn und soweit man dagegen dazu Übergabe verlangt,bedarf es zur Rechtsübertragung noch der Papierübergabe (Papierübereignung) durch den Gerichtsvollzieher, der dazu durch den Beschluß des Vollstreckungsgerichts ermächtigt ist (h.M.:RG 126, 23.A.A. Jonas § 825 II 3, der sich auf die Analogie des § 90 ZVG,einer Sonderregelung, beruft).

14) Das "kann" in § 822 bezeichnet nur den Zuständigkeitsbereich.Das "muß" setzt einen Antrag des Gerichtsvollziehers, des Pfändungsgläubigers oder Vollstreckungsschuldners voraus. (Anmerkung 15 und 16 auf Seite 6).

Anordnung Herausgabe an den Gerichtsvollzieher verlangen können, da sich die Sachen regelmäßig zur Hinterlegung nicht eignen (§§ 372/383 BGB), und da die Herausgabe an beide praktisch kaum durchführbar ist. Mit der Herausgabe der Sache an den Gerichtsvollzieher wird sie Gegenstand der Verstrickung und des Pfändungspfandrechts. Ihr Verkauf durch den Gerichtsvollzieher nach dem Recht der Sachverwertung, also grundsätzlich durch öffentliche Versteigerung und Übereignung, setzt aber voraus, daß dem Vollstreckungsgläubiger das Recht des Vollstreckungsschuldners auf Herausgabe zur Einziehung überwiesen ist (§ 847 II).

Ist die Einziehung mit Schwierigkeiten verbunden, z.B. weil der Anspruch des Vollstreckungsschuldners noch nicht fällig oder von einer Gegenleistung abhängig ist, so kann und muß das Vollstreckungsgericht (oder der Rechtspfleger) auf Antrag des Pfändungsgläubigers oder des Vollstreckungsschuldners eine andere Art der Verwertung anordnen (§ 844): In Betracht kommt insbesondere der freihändige Verkauf (die Diskontierung) von später erst fälligen Wechseln oder die öffentliche Versteigerung des Papiers durch den Gerichtsvollzieher oder eine andere Person. Wenn und soweit das Gericht die Versteigerung anordnet und dafür keine besonderen Bestimmungen trifft, vollzieht sich die Versteigerung entsprechend dem Recht der Sachpfändung (§§ 816/817), nicht nach den Pfandverkaufsbestimmungen des BGB (§§ 1235 ff.).[17]

Das Wertpapier darf der Gerichtsvollzieher dem Vollstreckungsschuldner (oder einem herausgabebereiten Dritten) schon auf Grund des Pfändungsbeschlusses wegnehmen, es dem Vollstreckungsgläubiger aber erst auf Grund des Überweisungsbeschlusses aushändigen.

§ 836 III ZPO spricht zwar nur von einer Herausgabe im Wege der Zwangsvollstreckung (einer sog. Hilfspfändung) auf Grund des Überweisungsbeschlusses (in Verbindung mit einer vollstreckbaren Ausfertigung des Schuldtitels). Aber § 836 III ist nicht erschöpfend. Er stellt lediglich für den praktisch wichtigsten Fall, die Überweisung, die Folgen klar, die sich schon entsprechend § 952 (und § 402 BGB) aus dem Zubehörgedanken ergeben.

15) Bei Wechsel und Scheck aber nur zur Indossierung unter Ausschluß der Rückgriffshaftung. Doch kommt ihre Verwertung durch Verkauf nur ausnahmsweise (§ 844) vor.
16) Vgl. § 10 II.
17) Baumbach § 844 Anm. 2.
A.A. Jonas § 844 III 1.

3.Befriedigung

3. Die BEFRIEDIGUNG beendet die Durchführung der in das Wertpapier eingeleiteten Vollstreckungsmaßnahme.

Erst damit werden z.B. die Widerspruchsklage des Dritten (§ 771) oder die Erinnerung des Betroffenen wegen Verfahrensverstößen bei der Durchführung der Vollstreckung (§ 766) unzulässig.

Die Beendigung tritt ein

a. bei SACHvollstreckung mit der Ablieferung des Verkaufserlöses seitens des Gerichtsvollziehers an den Pfändungsgläubiger.

Der Erlös ist an Stelle der verkauften Sache Gegenstand der Verstrickung und des Pfändungspfandrechts. Gehörte die Sache einem Dritten, so gehört auch das Geld dem Dritten. Aber der Gerichtsvollzieher macht kraft seiner auf der Verstrickung (Beschlagnahme) beruhenden staatlichen Verfügungsmacht den Pfändungsgläubiger, ohne Rücksicht auf guten Glauben, mit der Übereignung des Geldes zum Eigentümer. Der Vollstreckungsschuldner ist allerdings seiner Verpflichtung an den Pfändungsgläubiger schon mit der Empfangnahme des Erlöses durch den Gerichtsvollzieher ledig (§ 819). Die Gefahr für den Verlust des Geldes zwischen Empfang und Ablieferung des Erlöses durch den Gerichtsvollzieher trägt daher der Vollstreckungsgläubiger, obwohl er noch nicht Eigentümer des Geldes ist.[18]

b. bei Vollstreckung in Geldforderungen durch Überweisung zur Einziehung mit der Zahlung des Drittschuldners an den Pfändungsgläubiger.

Muß der Drittschuldner verklagt und gepfändet werden, oder handelt es sich um Vollstreckung in Sachforderungen, so ist die Zwangsvollstreckungsmaßnahme erst mit der Ablieferung des Verkaufserlöses an den Pfändungsgläubiger zu Ende.

II.GELTUNG

II. Welche Wertpapiere werden in der Zwangsvollstreckung als Sachen, welche als Rechte behandelt ?

Gesetzeslage

Die ZPO enthält dazu nur einzelne Vorschriften: § 808 II setzt für Wertpapiere die Sachpfändung voraus und ordnet an, daß der Gerichtsvollzieher "Wertpapiere" nicht unter Bekleben mit Pfandmarken im Gewahrsam des Vollstreckungsschuldners belassen darf. § 821 verfügt

18) Jonas §§ 815 III/ 819 II 3; RG 156, 399.

den freihändigen Verkauf durch den Gerichtsvollzieher für "Wertpapiere", die am Vollstreckungsort einen Börsen- oder Marktpreis haben. Nach § 822 hat das Vollstreckungsgericht den Gerichtsvollzieher (auf Antrag) zu ermächtigen, bei "Wertpapieren auf Namen" die zur "Umschreibung auf den Namen des Verkäufers" erforderlichen Erklärungen, z.B. die Indossierung (unter Ausschluß der Rückgriffshaftung bei Wechsel und Scheck), an Stelle des Schuldners abzugeben. Entsprechend[19] § 823 hat es ihm (auf Antrag) die Befugnis zu verleihen, die Umwandlung einer Namensaktie in eine Inhaberaktie, wenn das die Satzung vorsieht (§ 17 II AktG), oder die Rückverwandlung einer Namens- in eine Inhaberschuldverschreibung, wenn sich der Drittschuldner darauf einläßt,[20] zu verlangen, um das Papier leichter verkaufen zu können. §§ 830/857 VI fordern zur Pfändung eines Briefpfandrechts einen Pfändungsbeschluß und Wegnahme des Grundpfandbriefes, also Rechts- und Sachforderung nebeneinander: Freilich hat schon der Pfändungsbeschluß ohne Briefwegnahme von der Zustellung an den Drittschuldner (Grundeigentümer und Hypothekenschuldner) an die Folgen des Leistungs- (§ 830 II) und Verfügungsverbotes (§§ 135/6 BGB), wenn er auch nicht den Rang gegenüber einem zweiten Pfändungsgläubiger oder das Recht gegenüber einem gutgläubigen Brieferwerber nach § 1155 BGB zu wahren vermag, die vorher den Brief bekommen; umgekehrt erzeugt die Briefübergabe ohne den Pfändungsbeschluß keine Pfändungsfolgen, vielmehr ist die Briefwegnahme erst auf Grund einer Ausfertigung des (nach § 750 zuzustellenden) Pfändungsbeschlusses (in Verbingung mit einer vollstreckbaren Ausfertigung des Schuldtitels) zulässig. Orderschuldpapiere schließlich unterliegen der Sachpfändung (§§ 831/846), aber der Rechtsverwertung durch Überweisungsbeschluß, wie sich das aus der Stellung des § 831 ergibt.

1.Pfändung der Umlaufpapiere durch Wegnahme, der Rektapapiere durch Beschluß

1. Was sind danach "Wertpapiere" im Sinne des § 808 II ? Daß der wissenschaftliche Ordnungsbegriff nicht entscheidet, ist sicher. Aber was soll Abgrenzungsmerkmal sein: Die typische Verwertungsart des Papiers (durch Verkauf statt Einziehung), das Übergabeerfordernis oder die Eigentumstheorie? Daß die regelmäßige Verwertungsart nicht für die Pfändung maßgebend ist, beweist § 831, der für Orderschuldpapiere die die Sachpfändung, aber die Rechtsverwertung (durch Überweisung) vorsieht.

---

19) Die unmittelbare Anwendung des § 823 ist gegenstandslos, da dem geltenden Recht das Außerkurssetzen von Inhaberpapieren unbekannt ist: vgl. Art 176 EG z. BGB für Inhaberschuldpapiere und Art 26 EG z. HGB für Inhaberaktien.

20) Vgl. § 806 BGB und Art 101 EG dazu.

Die herrschende Meinung[21] knüpft, wenn auch nicht ausdrücklich, so doch sachlich an das Übergabeerfordernis an: Sie unterstellt daher nicht nur Inhaber- und Order-, sondern auch Rektapapiere, soweit sie nicht zugleich Ausweispapiere (§ 808 BGB) sind, der Sachpfändung. Die Ausnahme für qualifizierte Legitimationspapiere, wie Sparkassenbücher, Pfand-, Versicherungs- und Depotscheine, ist - wie beim Übergabeerfordernis, so auch hier, - folgeunrichtig; denn wenn schon einfache Rektapapiere, wie Rektalagerschein, Kux, Reichsbankanteilschein, insoweit den Umlaufpapieren gleichgestellt werden sollen, so muß das erst recht für die Inhaberpapiere gelten, die zugleich Ausweispapiere sind. Jakobi stellt deshalb alle Rektapapiere, einschließlich der qualifizierten Ausweispapiere, wie unter das Übergabeerfordernis, so auch unter das Recht der Sachpfändung, aber unter das Recht der Sachverwertung durch freihändigen Verkauf nur die Wertpapiere, deren Wert in erster Linie in der Verkäuflichkeit liegt.[22]

Für die Pfändungsart ist m.E. entsprechend dem Grundgedanken des § 830 auszugehen von der Frage, ob der Pfändungsbeschluß mit seinem Leistungsverbot an den Drittschuldner und seinem Verfügungsverbot an den Vollstreckungsschuldner den Vollstreckungsgläubiger vor Rechtsverlust durch verbotswidrige Erfüllungshandlungen des Drittschuldners oder durch verbotswidrige Verfügungen des Vollstreckungsschuldners sichert. Das ist bei allen Rechten der Fall, die nicht vom verfügungsbeschränkten Vollstreckungsschuldner kraft guten Glaubens (in Ansehung des Verfügungsverbotes) erworben werden können. Also bei allen Rektapapieren, ausgenommen den Grundpfandbrief (§ 1155 BGB), im Gegensatz zu den Order- und Inhaberpapieren (Art 16 II WG usw./§§ 932 ff. BGB). Daher unterliegen Rektapapiere, mögen sie zugleich Ausweispapiere sein (h.L.) oder nicht, der Rechtspfändung, alle Umlaufpapiere aber der Sachpfändung. Die Grenzziehung deckt sich somit (vorbehaltlich der Zwitterstellung des Grundpfandbriefes: § 830) mit dem grundsätzlichen Anwendungsbereich der Zubehör- (§ 952 BGB) gegenüber der Eigentumstheorie. Aber sie stimmt auch - von dem hier vertretenen Standpunkt aus[23] - mit dem Geltungsgebiet des Übergabeerfordernisses überein. Die Gleichläufigkeit entspricht zugleich den Vereinfachungsinteressen. Daraus folgt: "Wertpapiere" im Sinne des § 808 II sind nur die Umlaufpapiere. Der erste Grundsatz lautet somit:

---

21) Statt aller Jonas § 821 I.
22) Jakobi, Handbuch S. 359 ff./ 365 f.
23) § 19 II 2 b.

Rektapapiere werden durch Beschluß des Vollstreckungsgerichts, Umlaufpapiere durch Wegnahme seitens des Gerichtsvollziehers gepfändet.

Ein Pfändungsbeschluß ergeht daher nicht nur bei Sparkassenbüchern, Versicherungs-, Pfand-, Depotscheinen und dergleichen, sondern auch bei Rektalagerscheinen, Rektaladescheinen, Rektakonnossementen, Rektaaktien, Kuxen, Reichsbankanteilscheinen usw.

Dagegen steht der Rektawechsel für das Verhältnis von Aussteller und erstem Nehmer (Remittenten) dem Orderwechsel gleich und wird daher, wie dieser, durch Wegnahme seitens des Gerichtsvollziehers gepfändet.

2.Verwertung

2. Die Verwertung richtet sich, entsprechend dem Zweckgedanken der §§ 821/831 und zur Ersparung vermeidbarer abweichender Verwertungsanordnungen, nach §§ 825/844 (Verfahrensökonomie!) und damit (das ist der Grundgedanke) nach der für das Wertpapier im Verkehr typischen Verwertungsart. Daraus folgt:

a.von Inhaber- und Mitgliedschaftspapieren durch Verkauf

a. Verkauft werden Inhaberpapiere sowie solche Order- und Rektapapiere, die Mitgliedschaftsrechte verbriefen, wie Order- und Rektaaktie, Kux und Reichsbankanteilschein (§ 821).

Darauf weist auch die insbesondere bei Mitgliedschaftspapieren bedeutsame Umschreibung im Mitgliederverzeichnis, z.B. dem Aktien- (§ 62 AktG) oder Gewerkenbuch, hin, die mit Ermächtigung des Vollstreckungsgerichts der Gerichtsvollzieher an Stelle des Vollstreckungsschuldners zugunsten des Erstehers erwirken kann (§ 822).

b.von sonstigen Order- und Rektapapieren durch Einziehung

b. Zur Einziehung überwiesen werden:

α. Orderschuldpapiere (§ 831), wie Wechsel, Orderscheck oder die kaufmännischen Orderpapiere des § 363 HGB.[24]

Gleichgültig ist, ob das Orderpapier noch nicht indossiert oder gar die Indossierung durch den Aussteller ausgeschlossen ist (Rektawechsel: Art 11 II WG).[25] Gleichgültig, ob es ein Namens- oder ein Blankoindossament trägt.

Die Überweisung zur Einziehung oder die (praktisch kaum vorkommende) Überweisung zum Nennwert an Zahlungsstatt hat nur allgemeinrechtliche, nicht

24) Jonas § 831 II.
25) Stranz § 11 Anm. 22. Grund: oben 1 am Ende. - Entsprechendes gilt für den Rektascheck.

wertpapierrechtliche Folgen, wie Gutglaubensschutz oder Einredenausschluß. Der Überweisungsgläubiger ist aber dort zum Vollmachtsindossament, hier zur Weiterindossierung befugt.[26]

Überweisung eines Teiles der Wechselforderung ist daher ebenso zulässig wie die (in ihrer Zulässigkeit freilich umstrittene) Teilabtretung. Es bedarf daher nicht einer Diskontierungsermächtigung nach § 844, wenn die vollwertige Forderung aus dem Wechsel die des Vollstreckungsgläubigers übersteigt.[27]

Bei Blankowechseln muß der Überweisungsbeschluß sich auf das Ausfüllungsrecht (§ 857 I)[28] und auf das daraus entstehende Forderungsrecht beziehen.

ß. Rektapapiere, die nicht Mitgliedschaftsrechte verbriefen,[29] wie Sparkassenbuch und Rektalagerschein, Lieferschein oder Kreditbrief (bürgerlichrechtliche Anweisungen).

1/2. Zusammenfassend gilt also:

a. Für Inhaberpapiere das Sachvollstreckungsrecht.
b. Für Orderpapiere das Sachpfändungs-, aber - ausgenommen die Orderaktie - das Rechtsverwertungs- (Überweisungs-) Recht.
c. Für Rektapapiere das Rechtsvollstreckungsrecht, vorbehaltlich der Sachverwertung (des Verkaufs) der Mitgliedschaftspapiere.[30]

Übersichtstafel:

	Inhaberpapiere	Orderpapiere	Rektapapiere
Pfändung	als Sache § 808	als Sache § 831	als Recht
Verwertung	als Sache	als Recht	als Recht ausgenommen Mitgliedschaftspapiere: vgl. § 822.

26) Stranz § 11 Anm. 22.
27) A.A. Stranz § 11 Anm. 22, weil er die Teilabtretung entsprechend Art. 12 II WG für unzulässig hält. Dagegen § 19.
28) Jonas § 857 II 7.
29) Ähnlich Raiser ZHR 101, 46, der (mit derselben Zweckbegründung wie hier) die "Massenpapiere des Kapitalmarktes", eine rechtlich unscharfe Fassung, durch Verkauf verwerten will. -
30) Daß es somit "Wertpapiere" gibt, die nicht nach § 808 II, sondern nach §§ 829/857 I gepfändet, aber nach §§ 814/821 - auch ohne besondere Anordnung (§§ 844-857 I) - verwertet werden, braucht nicht zu befremden, nachdem § 831 das Beispiel für das umgekehrte Verhältnis gibt. Angesichts des bestehenden Meinungsstreites wird es sich aber vorläufig für die Praxis empfehlen, mit der Pfändung der Rektamitgliedschaftspapiere (auf Antrag) gleich ihre Verwertung durch Verkauf gemäß § 844 anzuordnen.

3. Gesetzlicher Übergang.

§ 23.

I. Zuweilen bestimmt das Gesetz, daß das RECHT durch Befriedigung des Berechtigten ohne weiteres auf den Leistenden übergeht. I. Gesetzlicher RECHTSerwerb

Gleichgültig ist dabei, wie die Befriedigung erfolgt: durch Erfüllung oder durch Hingabe an Erfüllungsstatt, durch Aufrechnung oder durch Hinterlegung unter Rücknahmeverzicht.[1] Gleichwohl ist es unbedenklich, nach dem Hauptfall kurz von gesetzlichem "Zahlungserwerb" zu sprechen.

Dem Rechtsübergang folgt dabei - auch bei den Umlaufpapieren - der Eigentumsübergang (§ 952 BGB).[2] Entsprechend der Gegenüberstellung von Begebung und Abtretung kann der Zahlungserwerb

1. bürgerlichrechtlich sein. Das ist die Regel. 1. bürgerlichrechtlicher
   Bspe.: §§ 268 III / 774 / 1225 / 1249 (1273 II) BGB / 441 HGB.

2. wechselmäßig sein. 2. wechselmäßiger
   So beim zahlenden unberufenen Vertreter (Art. 8 WG), auch wenn er nur mit dem Namen des Vertretenen gezeichnet hat (anders h.L.) und dementsprechend auch beim Fälscher.[3]

   So beim zahlenden Wechselbürgen (Art 32 III WG) und beim Ehrenzahler (Art 63 I WG). Im Gegensatz zum unberufenen Vertreter erwerben sie den Wechselanspruch auch gegen den, für den sie gezahlt haben (z.B. gegen Neu), und ohne daß Schulte oder Alt ihnen Einreden aus der Person des Neu entgegenhalten kann.[4]

---

1) Die h.M. stellt Erlassvertrag und Vergleich bei der Bürgschaft gleich, falls damit auch die Hauptschuld erlassen werden sollte, und damit eine Schenkung nur an den Bürgen beabsichtigt war (z.B. Palandt BGB § 774 N 2 a). Aber dann liegt in Wahrheit eine (schenkungsweise) Abtretung vor.

2) § 18.

3) § 10.

4) Anders selbstverständlich (§ 826 BGB) bei arglistigem Zusammenspiel zwischen Zahler und Neu zur Abschneidung von Einreden gegen Neu. Aber nicht ohne weiteres, wenn der Ehrenzahler für Rechnung und mit Mitteln des Neu den Nachmann bezahlt (anders Stranz Art. 63 Anm. 2): Denn das in mittelbarer Stellvertretung Erworbene ist vor Weiterübertragung an Neu, die allerdings auch durch Insichgeschäft nach § 181 BGB erfolgen kann, nicht "Treugut".

Vorteile

Für die Tragweite des Unterschiedes ein Beispiel: Zahlt Neuling für Neu als Wechselbürge (Art 32 III WG), so genießt er gegenüber dem Bürgen des § 774 BGB folgende Vorteile:

a. Er wird bei Zahlung der fälligen Schuld kraft guten Glaubens auch dann frei (Art 40 III WG) und daher Zahlungserwerber, wenn Nachmann zur Einziehung nur legitimiert, aber nicht berechtigt war.

b. Sein Zahlungserwerb steht dem Rückerwerb durch einen wechselmäßigen Rückgriffsschuldner gleich.

α. Daher können ihm Schulte und Alt nicht Einreden aus der Person des Nachmanns entgegensetzen.

β. Daher kann er im Konkurs des Schulte oder Alt mit der Wechselforderung nach § 54 KO auch dann gegen die vor dem Konkurs entstandene Forderung des Schulte aufrechnen, wenn er die Bürgschaft vor Konkurs übernommen, die Zahlung aber erst nachher geleistet hat.[5]

II. Gesetzlicher EIGENTUMSerwerb

II. Der EIGENTUMSerwerb durch Vermischung, Ersitzung, Fund und Aneignung ist zwar bei den Umlaufpapieren, also im Bereich der Eigentumstheorie, nicht aber bei Rekta- und Legitimationspapieren (hier geht § 952 BGB vor), möglich. Aber nicht als Ersterwerb,[6] sondern nur als Zweiterwerb: Vermischung, Ersitzung, Fund und Aneignung rechtfertigen nicht die Entstehung, aber mangels zwingender Gegeninteressen den Übergang des bereits entstandenen Rechts.

Bei Sammelverwahrung treten Miteigentum und Mitberechtigung schon mit dem Eingang beim Sammelverwehrer (§ 6 Depotgesetz vom 4.2.37), nicht erst mit der Vermischung (§ 948 BGB) an die Stelle der bisherigen Rechtsstellung (Ersetzungsgedanke). War das Recht aus dem Papier für den Hinterleger nicht entstanden, so wird er weder Miteigentümer und Mitberechtigter noch mit der Auslieferung entsprechender Stücke durch den Hinterleger Eigentümer und Berechtigter.[7]

Bei der Einkaufskommission hat die Absendung des Stückverzeichnisses kraft Gesetzes die Folgen einer Übertragung durch Insichgeschäft (§ 181 BGB) das "Eigentum" geht daher (spätestens) mit der Absendung auf den Kommittenten über (§ 18 III Depotgesetz). Dagegen hat die Gutschrift auf Stückekonto den Eigentumserwerb (nach §§ 181/930 BGB) nicht zur Folge,[8] weil hier die Stücke nur nach Gattungs-, nicht nach Einzelnummern bezeichnet werden.

5) Dazu § 11 II 7.
6) § 7.
7) Ähnlich Ulmer 82.
8) RG 142, 296 ff.; v. Schwerin 32.

III. Beim gesetzlichen PFANDRECHTSerwerb ist zu unterscheiden:

III. Gesetzlicher PFANDRECHTS-erwerb

1. Die gesetzlichen Besitzpfandrechte des Kommissionärs, Spediteurs, Lagerhalters, Frachtführers oder Verfrachters[9] entstehen zwar nicht an Rekta- oder Legitimations-, aber an Umlaufpapieren.

1. bei Besitzpfandrechten

2. Das gesetzliche Pfandrecht des Vermieters, Verpächters oder Gastwirtes[10] an den eingebrachten "Sachen" des Mieters, Pächters oder Gastes hat nur Sachen mit selbständigem Sachwert, nicht Wertpapiere zum Gegenstand.

2. nicht bei Einbringungspfandrechten

Anders die h.M. für Umlaufpapiere. Aber die Schlußfolgerung aus der Eigentumstheorie darf nicht ohne Prüfung der Lebensrichtigkeit zu einer unverdienten Begünstigung des Vermieters usw. führen.

IV. Das ZURÜCKBEHALTUNGSrecht führt zwar als bloßes und daher vertraglich begründbares Schuldrecht keinen(teilweisen) Rechtsübergang herbei. Es sichert aber, wenn auch schwächer als das Pfandrecht.

IV. Gesetzliches ZURÜCKBEHALTUNGSrecht

1. Das bürgerlichrechtliche Zurückbehaltungsrecht nach § 273 BGB kann an allen Rechtsurkunden, daher auch an allen Wertpapieren bestehen.[11]

1. nach § 273 BGB

2. Aber auch das kaufmännische Zurückbehaltungsrecht nach § 369 HGB gilt für alle Wertpapiere, auch die Rektapapiere, jedoch nicht für die schlichten Legitimationspapiere (str.).[12] Es erfaßt mit dem Wertpapier auch das verbriefte Recht.

2. wie nach § 369 HGB

9) §§ 397/410/421/440/623 HGB/ 22 I OrderlagerscheinVO vom 16.12.31.
10) §§ 559/585/704 BGB.
11) Statt aller Raiser ZHR 101, 46.
12) Ebenso Jakobi, Handbuch 370 ff. Umgekehrt will Raiser ZHR 101, 46 f. die Rektapapiere ausnehmen, weil die Zurückbehaltung des Rektapapiers nicht die Verwertung des Rechts gemäß § 371 HGB zuläßt. Aber das ist ja die Frage, die sich nicht vorschnell aus der Zubehörtheorie entscheiden läßt. Die Interessenlage entscheidet. - Folgeunrichtig ist jedenfalls die h.M., insbesondere RG 51[86] (Versicherungsschein), 68[282] (Sparkassenbuch), die Grundpfandbriefe und qualifizierte Legitimationspapiere von § 369 HGB ausnimmt.

III. GELTENDMACHUNG DER WERTPAPIERE.

1. LEGITIMATION.

§ 24.

Legitimations-BEGRIFF

Die Legitimation, der Rechtsausweis, ist nicht das Recht, der Rechtsschein nicht die Rechtszuständigkeit, das Rechtszeichnen nicht die Rechtsinhaberschaft. Aber die Ausweisung durch das Papier ist nicht nur ein Mittel, um das Recht wahrscheinlich zu machen, sondern sie ist vor allem auch Bedingung der Ausübungsmöglichkeit, Voraussetzung der Geltendmachung des Rechts gegen den Schuldner.

Eine ähnliche Bedeutung für die Rechtsausübung hat zwar nicht der Fahrnisbesitz, aber beispielsweise die Abtretungsurkunde im Abtretungsrecht: der neue Gläubiger braucht sie zwar nicht zum Erwerb, aber zur Geltendmachung der Forderung (§ 410 BGB).

Die vier Grundfragen sind:

A. Legitimations-TRÄGER

A. WER wird ausgewiesen? Die Legitimation setzt voraus:

I. der Inhaber

I. Die Innehabung des Papiers. Inhaber ist, wer das Papier (selbst oder durch Mittler) vorlegen kann. Das ist:

1. zunächst der Besitzdiener[1], vom Filialleiter über den Bankangestellten bis zum Büroboten, der das Papier in seiner Mappe zur Abrechnungsstelle oder zum Gericht trägt.

2. sodann der unmittelbare Besitzer[2], z.B. der verwahrende Bankier oder der mit der Wechselklage betraute Anwalt.

3. schließlich der mittelbare Besitzer[3], im Beispiel der hinterlegende Bankkunde oder der Auftraggeber des Anwalts.

1-3. Bei Streit, ob mehrere Inhaber vorhanden sind, hat der vorgebliche Besitzdiener die beste, der angeblich mittelbare Besitzer die geringste Vermutung für sich[4].

---

1) Obwohl er nicht "Besitzer" ist (§§ 855/860 BGB). Der Begriff der Innehabung ist daher weiter als der des Besitzes.

2) §§ 854/856 BGB.

3) § 868 BGB.

4) Jakobi, Grundriss Bd.I S.23 N.1.

II. Die Ausweisung durch den Papierinhalt. Legitimiert ist nur der in der Urkunde als berechtigt bezeichnete Papierinhaber.

II. der ausgewiesene Inhaber

Träger des Rechtsscheins ist daher:

1. bei INHABERpapieren jeder Papierinhaber.

2. bei ORDERpapieren der durch den Urkundentext und die (wenn vorhanden) ununterbrochene Kette von Begebungsvermerken als letzter Berechtigter benannte Papierinhaber.

3. bei REKTApapieren (soweit keine Sonderbestimmungen getroffen sind) der in der Urkunde namentlich bezeichnete Papierinhaber.

Dagegen wird sein Rechtsnachfolger nur durch den Besitz von Rektapapier und Abtretungsurkunde und auch dann nur zugunsten des Schuldners ausgewiesen: Ausweisvorbehalt nach § 409 BGB und Vorlegungszwang nach § 410 BGB, aber keine Einziehungsrechtsvermutung!

Bei ORDERpapieren (2) ist im einzelnen nach oder entsprechend Art 16 I/40 III WG zu unterscheiden:

bei ORDERpapieren

a. Trägt das Papier (noch) keinen Begebungsvermerk, so ist der erste Nehmer ("Remittent")[5] legitimiert.[6] Auch, wenn der Aussteller, die (Weiter-)Übertragung durch Indossament ausgeschlossen[7] oder wie üblich, sich selbst als ersten Nehmer bezeichnet hat.[8]

ohne Indossament

b. Trägt das Papier bereits ein oder mehrere Indossamente, so muß der Inhaber durch eine ununterbrochene Reihe als letzter Berechtigter ausgewiesen sein.[9]

b. mit Indossament(en).

---

5) Den im Wechseltext genannten Zahlungsempfänger nannte die alte WO "Remittent". Das WG hat für ihn keinen technischen Ausdruck (Art 1 Z. 6). Stranz Art 1 Anm. 43 schlägt die Bezeichnung "Wechselnehmer" vor. Das ist irreführend, da auch die Indossatare Wechselnehmer sind.

6) Der erste Nehmer ist durch den Wechselsatz, nicht durch das Indossament ausgewiesen. Trotzdem gelten auch für ihn die Art 16 und 17 WG entsprechend. Denn eine Änderung gegenüber dem bisherigen Rechtszustand (Art 36/82 WO) war nicht beabsichtigt und wäre auch sinnlos, zumal der Aussteller sich selbst als Zahlungsempfänger bezeichnen und dann den Wechsel auf den ersten Nehmer indossieren kann.

7) Auch beim Rektawechsel (Art 11 II WG) gelten somit für den Rechtsübergang vom Aussteller auf den ersten (!) Nehmer die Ausweisfolgen der Art 16/17 III WG.

8) Wechsel "an eigene Order" (Art 3 I WG).

9) Ähnlich wie nach § 1155 BGB der Hypothekenbriefbesitzer. Über die Unterschiede: § 14 I 4.

α. Ausweisung als letzter Berechtigter

α. Als <u>letzter Berechtigter</u> erscheint der Inhaber beim Vorlauf des Papiers nur, wenn nach dem auf ihn lautenden Begebungsvermerk kein Indossament oder nur ein (jeden Inhaber[10]) legitimierendes) Blankoindossament folgt. Hat z.B. der Aussteller Alt sich selbst als ersten Nehmer bezeichnet und dann den Wechsel auf Neu indossiert, so ist Alt, selbst wenn er mangels Begebung den Wechsel noch in Händen hat, nicht mehr, und Neu mangels Papierbesitzes noch nicht legitimiert. Alt darf und kann aber, solange er den Wechsel noch nicht auf Neu übertragen hat, das Indossament auf Neu streichen und dadurch seine Legitimation wieder herstellen. Beim Rücklauf des Wechsels auf Grund der Garantiefunktion ist dagegen Neu, der ohne Haftungsausschluß und vor Verfall den Wechsel auf Neuling indossiert und ihn von diesem nach Protest eingelöst hat, durch den Besitz der Protesturkunde und des Wechsels als einlösender Rückgriffsschuldner und daher als (Wieder-)Gläubiger selbst dann ausgewiesen, wenn er das folgende Indossament auf Neuling nicht durchgestrichen hat.[11])

β. Ausweisung durch eine ununterbrochene Kette.

β. Die <u>Indossamentenkette</u> bis zum letzten Berechtigten darf <u>nicht unterbrochen</u> sein. Auf ein Namensindossament muß daher der Begebungsvermerk des als berechtigt bezeichneten Namensträgers[12]), auf ein Blankoindossament braucht überhaupt kein Begebungsvermerk und kann der von jedermann folgen. Stehen die Indossamente, wie üblich, auf der Rückseite des Wechsels, so entscheidet nach allgemeinem Verkehrsgebrauch allein die <u>Raum-</u>, nicht die Datenfolge[13]): denn die örtliche Aufeinanderfolge begründet den Anschein, daß eine abweichende Datierung irrtümlich geschah[14]).

---

10) Daher auch den Blankoindossanten: RG 166, 310 (II)!
11) Neu muß also das Indossament auf Neuling nicht durchstreichen, obwohl er es nach Art 50 II WG darf.
12) Kleine, die Identität nicht in Zweifel stellende Abweichungen sind unschädlich, mögen sie den Vornamen oder den Familiennamen (str.) betreffen. Bsp. "Carl" statt "Karl" (Stranz Art 16 Anm. 8). Oder "Brandt" statt "Brand".
13) Stranz Art 16 Anm. 14.
14) Findet sich ausnahmsweise einmal ein Indossament auf der Vorderseite, so wird es nach seinem Datum, hilfsweise, wenn es in eine Lücke paßt, dort einzureihen sein. Dagegen kann es nicht einfach deshalb unberücksichtigt bleiben, weil es die geschlossene Kette auf der Rückseite stört; a. A. Stranz Art 16 Anm. 14.

β.[1] formelle Lückenlosigkeit

β.[1] Bei äußerer Lückenlosigkeit[15] ist die Kette nie unterbrochen. Gleichviel ob ein Begebungsvermerk echt oder gefälscht ist.[16] Gleichviel, ob er vom Indossatar oder von einem andern Träger des gleichen Namens herrührt.[17] Gleichviel, ob (störende) Indossamente mit Recht[18] oder zu Unrecht, mit Absicht oder aus Versehen durchstrichen wurden.

β.[2] oder nachgewiesene materielle Lükkenlosigkeit

β.[2] Trotz äußerer Lücken **ist die Reihenfolge** dann nicht unterbrochen, wenn die formell bestehende Lücke nachweislich materiell geschlossen ist. Sei es, daß der Kaufmann Neu mit seinem bürgerlichen Namen gezeichnet hat, obwohl er als Indossatar mit seiner Firma "Berta Bruch" benannt war. Sei es, daß das äußerlich fehlende Glied der Kette durch gültige bürgerliche Rechtsnachfolge, z.B. durch Erbgang oder Abtretung von Neu auf Neuling, überbrückt wird. Für den Bestand der Brücke spricht allerdings keine (orderrechtliche) Vermutung, mag die Rechtsnachfolge auf dem Papier vermerkt sein oder nicht. Daher müssen Neuling oder sein Indossatar Nachmann bei Einziehung der Forderung den Eintritt der Erbfolge oder das Zustandekommen der Abtretung beweisen, **genau so wie eine sonstige bürgerliche** Rechtsnachfolge. Daher hilft weder dem Nachmann (oder gar dem Neuling) noch dem Annehmer Schulte der gute Glaube an die Gültigkeit des Testaments oder der Abtretung. Daher muß sich schließlich Einwendungen aus der Person des Neu sicher Neuling, aber wohl auch Nachmann (str.)[19] entgegenhalten lassen: denn was für

---

15) Wiederholungen vom selben Geber auf denselben Nehmer stören nicht. Daher unschädlich das Indossament des Ausstellers an den von ihm bereits im Wechseltext benannten Zahlungsempfänger (Stranz Art 16 Anm. 6; str.). Aber auch bei aufeinanderfolgenden Indossamenten verschiedener Geber auf denselben Nehmer sollte dieser nicht darunter leiden, daß er statt einmal doppelt, wenn auch das zweite Mal von einem außerhalb der Kette stehenden Indossanten, als Gläubiger bezeichnet wird (a.A. Stranz Art 16 Anm. 8; str.).

16) So ausdrücklich Art 40 III[2] WG.

17) Sog. formelle Identität genügt (Stranz Art 16 Anm. 8).

18) Ein Streichungsrecht hat nicht jeder Eigentümer, sondern nur der Indossant vor Begebung und der Rückgriffspflichtige nach Einlösung (Art 50 II WG). Nur Legitimation braucht jener, aber nicht dieser die Streichung. Dagegen darf z.B. der Erbe nicht das Namensindossament auf seinen Erblasser streichen, um auf Grund des vorangehenden Blankoindossaments wechselmäßig legitimiert sich den Nachweis der Erbfolge zu sparen. Tut er es doch, so ist er zwar u.U. strafbar. (§§ 263/267/ **RStGBl), aber** legitimiert und daher solange des Erbfolgennachweises enthoben, bis der Schuldner die Weiterbegebung auf den Erblasser und die rechtswidrige Streichung durch den Erben dargetan hat.

19) A.A. Stranz Art 16 Anm. 13 a.E. (ohne Begründung).

den gutgläubigen Erwerb des Wechsels durch Nachmann anerkannt **rechtens** ist, muß auch für den arglosen Erwerb der Einredenfreiheit gelten, soweit die Einwendungen schon in der Person des Neu und nicht etwa erst des Neuling[20] entstanden sind. Infolge dieser Gefahren für den späteren Nehmer (Nachmann) ist bei einer äußeren Lücke praktisch die Umlauffähigkeit des Wechsels sehr beschränkt.[21]

B. Legitimations-**UMFANG**

B. WAS wird ausgewiesen?

1. Bei REKTApapieren die Nochberechtigung des bisher Berechtigten.[22]

2. Bei ORDERpapieren die Rechtszuständigkeit, die Verfügungsmacht des Rechtsinhabers, die behauptete Verfügungs- oder Vertretungsmacht des Rechtsfremden, die Geschäfts- oder sonstige (§ 105 II BGB) Willenserklärungsfähigkeit des Veräußerers, die Echtheit der legitimierenden Unterschriften des Ausstellers und des Indossanten sowie die Identität des Vorlegenden mit dem Legitimierten.[23]

3. Bei INHABERpapieren dasselbe wie beim Orderpapier; ausgenommen Echtheit und Identität, die hier gegenstandslos sind. Die h.L. erkennt das allerdings nur für das Verhältnis des Inhabers zum Schuldner an, während sie den gutgläubigen Erwerber - abgesehen von der Erweiterung der Rechtsscheingrundlage auf abhandengekommene Inhaberpapiere (§ 935 II BGB) - zu Unrecht nur nach gewöhnlichem Fahrnisrecht schützt.[2]

C. Legitimations-SCHUTZ

C. WEM GEGENÜBER gilt der Ausweis?

1. Beim REKTApapier nur gegenüber dem abtretungsunkundigen Schuldner.

2. Beim ORDER- oder INHABERpapier auch gegenüber dem gutgläubigen Erwerber.

20) Für den durch Indossament verstärkten Rechtsübergang von Neuling auf Nachmann greift wieder der volle Erwerberschutz nach Art 16/17 WG ein, wenn und soweit der Rechtsübergang Neu auf Neuling in Ordnung geht.
21) Bei Erbgang hilft ein Erbschein für Neuling dem Nachmann zwar über den Beweis der Erbfolge (§ 2365 BGB) und die Ungültigkeit des Testaments (arg. § 2366 BGB), nicht aber über Einreden aus der Person des Neu hinweg.
22) §§ 2 u. 3.
23) § 6 .

3. Bei keinem Wertpapier aber zugunsten von gesetzlichen Erwerbern oder zugunsten von Pfändungs- oder Konkursgläubigern des Ausgewiesenen.[24]

D. WOZU ist der Ausweis nötig?

D. Legitimations-ZWANG

Das Papier ist zunächst die Grundlage der verschiedenen Rechtsscheinfolgen.[25] Darüber hinaus hat das Wertpapier vor allem für die Geltendmachung, zuweilen auch für die Entstehung und Übertragung des Rechts, nie aber für seinen Fortbestand Bedeutung.

I. Die ENTSTEHUNG des Rechts ist an die Verbriefung nur bei entsprechendem Formzwang gebunden: also bei den konstitutiven Wertpapieren.[26]

Formzwang!

II. Die ÜBERTRAGUNG des Rechts setzt bei allen Order- und Inhaberpapieren, beim Rektagrundpfandbrief (§§ 1154 I/1192 I BGB) und der Anweisung des BGB (§ 792 I[1]), nicht aber bei den sonstigen Rektapapieren (str.)[27] und erst recht nicht bei den Ausweispapieren die Übergabe des Papiers (oder ihren Ersatz[28]) voraus.

Übergabezwang!

III. Der FORTBESTAND des Rechts ist niemals - auch im Geltungsbereich der sog. Eigentumstheorie (H.L.) - vom Besitz und Fortbestehen des Papiers unabhängig.[29]

IV. Aber die GELTENDMACHUNG des Rechts steht

1. auch bei Verlust oder Vernichtung des Papiers unter dem Gesetze des Vorlegungszwangs,[30] der das Wertpapier von anderen Rechtsurkunden unterscheidet.[31]

Vorlegungszwang!

24) § 11 II 4.
25) §§ 2/4/5/6/7/8.
26) § 13 IV 1.
27) § 19 II 2 b.
28) Vgl. §§ 929[2]/930/931 BGB.
29) § 26 III 2.
30) §§ 3/10 I 1 b.
31) § 12 II.

D a s g i l t n i c h t n u r f ü r d i e E i n z i e h u n g , s o n d e r n a u c h f ü r s o n s t i g e e i n s e i - t i g e A u s ü b u n g s a k t e , w i e K ü n d i g u n g u n d M a h n u n g.

Das Recht geht ohne weiteres auf Leistung gegen[32] Aushändigung[33] des Papiers: auch im Versäumnisverfahren gegen den Beklagten ist daher auf Leistung Zug um Zug zu erkennen. Nur ausnahmsweise, bei Rektagrundpfandbriefen (§§ 1160/1161/1192 I BGB), ist der Vorlegungszwang nur verhalten, d.h. von einer Einrede des Betroffenen abhängig.

Eine Ausnahme vom Vorlegungszwang gibt es bei Wertpapieren nur dann, wenn der Schuldner bereits im Besitz der Urkunde ist[34]. Hat z.B. der Schuldner schlechtgläubig an den Dieb gegen Aushändigung des Papiers gezahlt, so kann der Berechtigte von ihm Zahlung verlangen, ohne vorher die Herausgabe der dann doch zurückzugebenden Urkunde verlangen zu müssen. Ebenso, wenn der Berechtigte nach Annahme einer Teilleistung gegen (freiwillige) Aushändigung des Papiers nunmehr die Restleistung verlangt[35].

Im übrigen[36] aber ist bei Wertpapieren der Berechtigte, der das Papier nicht mehr hat, darauf angewiesen, die Kraftloserklärung des Papiers herbeizuführen und dann dem Schuldner anstelle des Papiers das Ausschlußurteil vorzulegen.[37] D a r - i n l i e g t k e i n e A u s n a h m e v o m V o r l e g u n g s z w a n g , sondern nur eine Änderung des Vorlegungsgegenstandes!

---

32) Beruht, wie in der Regel, die V e r u r t e i - l u n g o h n e Z u s a t z , nur auf Ungenauigkeit oder Versehen, so ist die "Urteilsformel" aus den Gründen dahin auszulegen, daß Zug um Zug gegen Aushändigung des Papiers zu leisten ist. (H.M.).

33) Bei Teilleistung gegen Vorlage des Papiers. Der Leistende kann erstens Vermerk der Teilleistung auf dem Papier und zweitens eine Quittung darüber nach oder entsprechend Art 39 III WG verlangen.

34) Z.B. Stranz Art 39 Anm. 3.- Ebenso, wenn der Schuldner die Urkunde inzwischen vernichtet hat: vgl. RG 152/168 (IV).

35) Bsp. RG 152, 168 (IV).

36) Sondervorschrift für Zins-, Renten- oder Gewinnanteilscheine in § 804 BGB: dazu § 13 VII.2.

37) § 25.

2. Bei ORDERpapieren ist vom Vorlegungszwang, der Ausweisung durch den Papierbesitz, der (ordermäßige) Legitimationszwang, die Ausweisung durch den Papierinhalt (durch den Wechseltext und die Indossamentenkette) wohl zu unterscheiden. Der Vorlegungszwang gilt unverbrüchlich auch für die Orderpapiere. Der LEGITIMATIONSZWANG aber besteht NUR für die wechsel-(oder scheck-)mäßige Zahlungsaufforderung (b).

2. ORDERrechtlicher Legitimationszwang aber

Im einzelnen ist hier vieles streitig.

a. Unstreitig ist nur, daß der Legitimationszwang s i c h a u f den Protest mangels Annahme nicht erstreckt. Denn nach Art 21 WG kann der Wechsel von "jedem, der den Wechsel auch nur in Händen hat", zur Annahme vorgelegt werden. Also auch von demjenigen, der durch den Wechselsatz und die Indossamentenkette nicht als letzter Berechtigter ausgewiesen ist. So vom Zessionar oder Erben eines Vollindossatars, so von einem freiwilligen Rückerwerber trotz Fortbestands der über ihn hinausführenden Indossamente, so von einem Büroboten ohne weiteren Ausweis. Grund: der Annehmer verspricht ja nicht dem Vorleger, sondern dem Wechseleigentümer Zahlung. Es ist daher für den (Zahlungs-) Rückgriff mangels Annahme - gleichgültig, in wessen Auftrag der Protestbeamte die Vorlegung zur Annahme vornimmt.

a. nicht für den Protest mangels Annahme

Zweifelhaft ist es allerdings, ob der Protest mangels Annahme den Rückgriff auch dann eröffnet, wenn er im Auftrag eines nachweislich Nichtberechtigten, etwa eines Diebes oder eines im eigenen Namen auftretenden Geschäftsunfähigen, erfolgte. Das ist wohl zu verneinen,[38] um den Bezogenen nicht zu zwingen, unlauteren Machenschaften Vorschub zu leisten. Doch handelt es sich hierbei um die Frage nicht des Legitimations-, sondern des Berechtigungsmangels.

b. Bei der Aufforderung zur Zahlung muß sich der Bezogene, für den als Annehmer der Ruf seines Geschäfts und die Erweiterung seiner Verpflichtung[39] auf dem Spiele stehen, so rasch entscheiden, daß ihm die Prüfung nur der Legitimation, nicht der Berechtigung

b. nur für den Protest mangels Zahlung

38) Ähnlich Stranz Art 21 Anm. 2 WG, der darauf hinweist, daß der (neben dem englischen maßgebende) französische Text des Art 21 vom détenteur spricht, also nach dem Sprachgebrauch des französischen Rechts den fehlerhaften Besitzer nicht mitumfaßt.

39) Art 28 II/47 WG.

zuzumuten ist. Der Protest mangels Zahlung kann daher nur im Auftrag der formell lückenlos Legitimierten, nicht auch im Auftrag des nachweislich Berechtigten wirksam erhoben werden. Läßt also der durch eine formell unterbrochene, aber materiell (infolge Abtretung oder Erbgangs) geschlossene Indossamentenreihe Ausgewiesene, der durch Abtretung oder Erbgang Berechtigte, aber mangels eines Blankoschlußindossaments Nichtausgewiesene oder der zwar wieder (oder noch) Berechtigte, aber infolge eines über ihn hinausführenden undurchstrichenen Vollindossaments Nichtmehrausgewiesene[40] Zahlungsprotest erheben, so schützt der Protest nicht vor dem Verlust des Rückgriffsrechts.[41]

und auch das nicht bei Einverständnis der Bezogenen.

Hat freilich der Bezogene den Legitimationsmangel nicht beanstandet, weil ihm der anderweitig, z.B. durch Erbschein, geführte Rechtsnachweis genügte, so wird das Legitimationsfordernis zwecklos. Darum ist dann entsprechend § 180[2] BGB sogar der Zahlungsprotest des Nichtlegitimierten, aber (nachweislich) Berechtigten wirksam.[42]

c. nicht für die Klageberechtigung

c. Bei der Einklagung wird der Legitimationsmangel durch den Berechtigungsnachweis ohne weiteres ersetzt[43]. Die Gegenansicht verschreibt sich zweckloser Formelei.

Auch die Zulässigkeit der Vollstreckung in Orderpapiere ist nur vom Gewahrsam, nicht von der Ausweisung des Vollstreckungsschuldners durch den Papierinhalt abhängig.[44]

d. nicht für die Indossamentsform

d. Entsprechendes gilt bei der Begebung. Das Indossament eines Nichtlegitimierten ist nicht, wie oft behauptet wird, formungültig.[45] Vielmehr sind auch der Zessionar oder der Erbe eines Namensindossatars voll, auch zur Indossierung, berechtigt.

---

40) RG 114,368 (II).- Keine Heilung durch späteres Durchstreichen!

41) RG 114,368 (II) ; Stranz Art 16 Anm. 18 (der allerdings -Anm. 5 dort- von "formeller Legitimation", auch bei bürgerlichrechtlichen Zwischengliedern spricht); Quassowski-Albrecht Art 16 Anm. 14 (die freilich im allgemeinen bei Deckung eines Zwischen- oder Schlußglieds durch Gesamtrechtsnachfolge, insbesondere Erbgang, die "Legitimation" bejahen: Anm. 10 dort). (2 S. 234).

42) Ähnlich Ulmer § 24 IV 2 c. Abweichend H.M.

43) RG 114,368 f.(II) im Anschluß an Mansfeld LZ 1912 Sp. 588; Quassowski-Albrecht Art 16 Anm. 15. A.A. Stranz Art 16 Anm. 19.

44) § 22 N 3

45) Richtig Stranz Art 14 Anm. 3 a. A.A. RG 114,368 (II); Quassowski-Albrecht Art 16 Anm. 13.

a-d.Zusammenfassung

a-d. Der Mangel der äußeren Legitimation wird also - außer beim (deshalb beanstandeten) Zahlungsprotest - ersetzt durch den Nachweis der sachlichen Berechtigung. Gleichgültig ist dabei, ob die formelle Ausweisung für ein Zwischenglied oder für das Schlußglied in der Erwerberkette oder wegen weiterreichender Indossamente fehlt. Gleichgültig ist es auch, ob sie durch Gesamt- oder Einzel-rechtsnachfolge, durch Erbgang oder Abtretung, materiell g e s c h l o s s e n w i r d.[46]

---

46) A.A. Quassowski-Albrecht. Art 11 Anm. 2/Art 16 Anm. 10.

2. KRAFTLOSERKLÄRUNG
§ 25.

ZWECK

Infolge des Vorlegungszwanges kann der Gläubiger bei Papierverlust sein Recht gegen den Schuldner nicht mehr geltend machen. Zweck der Kraftloserklärung (Amortisation) der Urkunde ist es, die darin liegende Härte gegen den Gläubiger und die dadurch bedingte unverdiente Begünstigung des Schuldners auszugleichen. Durch die Kraftloserklärung, die in einem Aufgebotsverfahren mittels Ausschlußurteils des Amtsrichters erfolgt, tritt für die Rechtsausübung gegen den Schuldner das Urteil an die Stelle der damit "kraftlos" gewordenen Urkunde. Durch diese richterliche Auswechslung des Vorlegungsgegenstandes wird zweierlei erreicht: der Schuldner kann unter Vorlage des Urteils wieder vom Gläubiger, aber nicht mehr unter Vorlage des Papiers vom Inhaber zur Leistung gezwungen werden.

I. VORAUSSETZUNGEN.

I. VORAUSSETZUNG des Aufgebots und damit der Kraftloserklärung ist dreierlei:

1. Aufgebotsfähigkeit des Papiers

1. Aufgebotsfähigkeit des Papiers. Die sog. Amortisier**barkeit** des Papiers kann nur durch Rechtssatz[1] begründet, durch Vertrag (in der Urkunde[2]) aber ausgeschlossen[3] werden.

a. Aufgebotsfähig sind kraft Gesetzes insbesondere[3] der Wechsel, der Scheck, die kaufmännischen Orderpapiere, Inhaberschuldverschreibungen, Aktien und Interimsscheine, aber auch Grundpfandbriefe und qualifizierte Legitimationspapiere.[4]

b. Aufgebotsunfähig sind nach dem Gesetz:

---

1) "Gesetz" im Sinne des § 946 ZPO ist jeder Rechtssatz (§ 12 EG.z.ZPO), auch der durch Gesetzesergänzung gefundene.

2) Bei § 808 BGB auch sonst, z.B. in der Sparkassensatzung.

3) Über die im Gesetz ausdrücklich vorgesehenen Fälle - besonders §§ 799 I[1] BGB/66 I[1] Aktien G /808 II[2] BGB - hinaus kraft Analogie: Gegeninteressen sind nicht erkennbar. Streitig: wie hier (für § 363 HGB) z.B. Ritter, Komm.z.HGB § 365 Anm. 5.

α. Einmal Kleinwerte, bei denen sich das Aufgebotsverfahren im allgemeinen nicht lohnt: nämlich Inhaberkarten[5] (z.B. Fahr- oder Eintrittskarten, Speise- oder Briefmarken).

β. Sodann Werte des täglichen Verkehrs, bei denen dem Verkehr die Prüfung, ob sie aufgeboten sind, nicht zuzumuten ist: so - abgesehen von Reichsbanknoten, die nicht Wertpapiere, sondern Geld sind - die (geldähnlichen) auf Sicht zahlbaren unverzinslichen Schuldverschreibungen[6] (z.B. auch ausländische Banknoten oder Steuergutscheine); ferner Zins-, Renten- oder Gewinnanteilscheine, bei denen jedoch der (rechtszuständige) Verlierer Leistung nach Ablauf der Vorlegungsfrist verlangen kann, wenn in der Frist der Verlierer dem Schuldner seinen Verlust angezeigt, der Papierinhaber sich aber verschwiegen hat.[7]

γ. Schließlich Protesturkunden,[8] mögen sie sich auf dem Wechsel selbst oder auf einem mit ihm verbundenen Blatt[9] befinden. Der Rückgriff erfolgt bei Verlust auf Grund des Wechsels oder des ihn ersetzenden Ausschlußurteils und eines Ersatzzeugnisses über die Protesterhebung (Art. 90 II WG), das die Stelle erteilt, die gemäß Art. 85 II eine beglaubigte Abschrift der Protesturkunde nebst einem Vermerk über den Wechselinhalt zu verwahren hat. Das Ersatzzeugnis hat aber im Gegensatz zum Ausschlußurteil nur "Ersatz"-, nicht "Ausschluß"-kraft, so daß die etwa wieder aufgefundene Protesturkunde nach wie vor zum Rückgriff benutzt werden kann.

c. Hinsichtlich der Aufgebotsfähigkeit von bürgerlichrechtlichen Anweisungen, Rekta-Lagerscheinen, -Ladescheinen, -Konnossementen, "zivilen Orderpapieren" oder sonstigen vertraglichen Rektapapieren schweigt

---

4) / Anmerkg. v. Seite 264 /
Art 90 I WG/§§ 59 I ScheckG/ 365 II HGB/799 I[1] BGB/66 I AktienG/1162/1192 BGB/ 808 II[1] BGB; ferner Reichsbankanteilscheine (§ 6 der Satzung v. 11.10.24), preußische Kuxscheine (§ 110 Allg. Berggesetz) und Rektaschuldverschreibungen des Reichs (§ 14 Reichschuldenordnung v. 13.2.24). - Für qualifizierte Ausweispapiere (§ 808 BGB) kann das "Landesrecht" aber (mit Rücksicht auf die vielfach geringere Bedeutung dieser Urkunden) für die Kraftloserklärung ein anderes Verfahren als das Aufgebotsverfahren (Art 102 II EG z.BGB) oder doch Abweichendes über Aufgebotsfrist und Art der Bekanntmachungen (§ 1023 ZPO) bestimmen.

5) § 807 BGB.

6) § 799 I[2] BGB.

7) §§ 799 I[2]/804 BGB.

8) Art 90 WG/59 II ScheckG.

9) Art 81 I WG.

das Gesetz. Die herrschende Meinung[11] hält daher das Aufgebotsverfahren zur unzulässig. Das ist unbefriedigend. Soweit es sich nicht um Klein- oder Alltagswerte handelt, dürfte daher die Analogie näher liegen als der Umkehrschluß.[10]

2.Papierverlust

2. Papierverlust ohne Rechtsverlust, außer bei vorsätzlichem Legitimationsverzicht.

Papierverlust liegt - entsprechend dem Gesetzeszweck - nur, aber dann auch stets vor, wenn die Urkunde für den "Berechtigten" als Legitimationsmittel gegenüber dem Schuldner nicht mehr verfügbar ist. Gleichgültig ist, ob die Urkunde vernichtet oder unerreichbar ist. Gleichgültig, wie die Vernichtung erfolgte: ob durch Verbrennen, Zerfetzen (in viele kleine Teile), Radieren, Klecksen, Streichen oder dergleichen, sofern sie nur Teile betrifft, die für das verbriefte Recht wesentlich sind[11]. Gleichgültig, warum das Papier unerreichbar ist, ob es nur verlegt oder gestohlen, ob es weggeworfen oder einem inzwischen flüchtigen Unbekannten in Verwahrung gegeben oder ungültig übertragen wurde, sofern nur der Berechtigte den etwaigen gegenwärtigen Besitzer nicht kennt oder doch nicht erreichen kann. Gleichgültig ist, ob der Berechtigte das Papier absichtlich oder versehentlich vernichtet, weggeworfen oder weggegeben hat, sofern nur der bisherige Inhaber sein Recht nicht, z.B. durch gültige Übertragung oder gutgläubigen Dritterwerb, verloren oder sich seiner Legitimation durch die Urkunde vorsätzlich begeben hat.

Beispiele:
Der zerstreute Berechtigte vergißt, bei wem er die Papiere hinterlegt hat: Rückfragen bei seiner Bank sind vergebens. - Der Inhaber ist zum Verkauf und zur Veräußerung des Papiers durch das Zahlungsversprechen eines inzwischen verschwundenen Betrügers bestimmt worden und ficht deshalb

10) So auch Ulmer 99 III 1. a. E., - S.99/100, der indessen nur "Rektakarten des täglichen Verkehrs" (z.B.Gepäckscheine und Garderobenmarken) vom Aufgebot ausschließt, was sich angesichts der Lockerung des Vorlegungserfordernisses hier - Legitimationskarten sind überhaupt keine Wertpapiere, - von selbst versteht (vgl.§ 10 I 1 b.). - Für die Analogie auch das Schweizer Bundesgericht 49 II 352.

11) Auch Raiser ZHR.101,48.-H.L. Dagegen meint Jakobi, Grundriß S.87,nur die Vernichtung der Unterscheidungsmerkmale (z.B.Serie und Nummer), nicht die sonstiger, wenn auch wesentlicher Teile rechtfertige das Aufgebot; sonst müsse der Schuldner auch gegen Aushändigung des Reststücks leisten, da bereits feststehe, daß ein Dritter die Urkunde nicht vorlegen könne. Das ist aber gerade die Frage: der Torso, der nicht alle wesentlichen Teile enthält, gibt dem Schuldner nicht die volle Sicherheit.

die Übereignung durch öffentliche Zustellung (§ 132 III BGB) an. - Der Konkursverwalter vermag nicht festzustellen, wo sich die Wertpapiere des Gemeinschuldners befinden.[12] - Der Wechselinhaber hat in dem Irrtum, die Schuld sei erloschen, den Wechsel verbrannt. - Das Aufgebot ist hier überall zulässig.

Unzulässig ist es dagegen: wenn das durch Abnutzung an den Knickkanten zerfallene oder das einfach durchrissene Wechselpapier ohne Schaden für seine wesentlichen Bestandteile wieder zusammengefügt werden kann; wenn der Berechtigte (ohne Willensmangel) das Papier in der Absicht vernichtet hat, die Forderung zu erlassen oder Fälschungen zu verdecken: dort verzichtet er auf die Legitimation[13] überhaupt, hier wenigstens (der Onkel des Fälschers, der den Wechsel erwarb und verbrannte, wollte ein Ausschlußurteil erwirken) auf die Legitimation durch die (vernichtete) Urkunde.[14]

3. Berechtigung des Antragstellers bis zum Papierverlust. 3.Rechtsinhaberschaft.

Nur der Berechtigte verdient den Aufgebotsschutz. Im Interesse der Verfahrensökonomie genügt es aber grundsätzlich, wenn er seine frühere Legitimation glaubhaft macht (§§ 1004/1007 Ziff. 2 ZPO. Ergeben sich indessen bestimmte Anhaltspunkte für den Diebstahl oder die Fundunterschlagung, die bloße Verwahrer-, Beauftragten- oder Käufer-(Gegensatz: Eigentümer-) Stellung des Antragstellers, so hat ihnen der Richter - trotz §§ 1004/1007 Ziff. 2 ZPO, die lediglich die Rechtsvermutung zugunsten des Gläubigers entsprechend der Interessenlage auf das Aufgebotsverfahren ausdehnen - nachzugehen (str.)[15] und gegebenenfalls den Antrag (durch Beschluß) zurückzuweisen. Denn der Richter darf nicht zum Büttel eines Gauners oder doch eines unverkennbar nichtberechtigten Verlierers werden.

II. Das VERFAHREN ist in der Zivilprozeßordnung näher geregelt. Zum Verständnis der materiellrechtlichen Zusammenhänge folgendes. II.VERFAHREN

1. Der Antrag ist vom Berechtigten unter Glaubhaftmachung seines Einziehungsrechtes sowie des Papierverlustes und unter Erbieten zur eidesstattlichen Versicherung[16] schriftlich oder zur Niederschrift der Geschäftsstelle[17] an das Amtsgericht des Erfüllungsorts[19] zu richten. Fehlt es

---

12) Stranz Art 90 Anm. 3.
13) Nicht wirksam auf das Recht - mangels Erlaßvertrags bei Forderungen oder doch Verzichtzuganges bei Sachenrechten(str.):darüber § 22.
14) Der Legitimationsverzicht ist kein Rechtsgeschäft,sondern eine "mit inneren Tatsachen (dem willensmangelfreien Ausweisverzichtwillen) verbundene Handlung" im Sinne von Manigk, das rechtswirksame Verhalten(1939).
15) Richtig Stranz. Art 90 Anm. 4.-A.A.Jonas, Komm.zur ZPO § 1004 II.
16) § 1007 ZPO.
17) § 947 I 1 ZPO.
18) § 23 Ziff. 2 GVG; Jonas, ZPO § 947 II.
19) § 1005 ZPO.

an den Voraussetzungen des Aufgebotsverfahrens oder (bei Unvollständigkeit trotz Auflagen) an der Ordnungsmäßigkeit des Antrags, so ist das Aufgebot durch beschwerdefähigen (§ 567 ZPO) Beschluß abzulehnen.[18)]

2.Aufgebot

2. Sonst erläßt das Gericht das AUFGEBOT.[19)] Darin bestimmt es den Aufgebotstermin und fordert unter Bezeichnung des Antragstellers und Androhung der Kraftloserklärung der Urkunde für den Fall der Verschweigung den Papierinhaber auf,[20)] spätestens im Aufgebotstermin[21)] seine Rechte anzumelden und, wenn möglich[22)], die (möglichst genau zu bezeichnende) Urkunde vorzulegen. Das Aufgebot ist öffentlich bekanntzugeben. Die Bekanntmachung erfolgt bei von inländischen Schuldnern ausgestellten Aktien, Zwischenscheinen, Kuxen, Inhaber-, Orderteilschuldverschreibungen und anderen Inlandseffekten durch einmaliges Einrücken in die "Sammelliste aufgerufener Wertpapiere" der deutschen Reichsbank (sonst in den Deutschen Reichsanzeiger) sowie durch Anschlag an der Gerichtstafel.[23)]

3.Aufgebotstermin.

3. Nach Ablauf von mindestens sechs Monaten vom ersten Einrücken in der Sammelliste (oder dem Reichsanzeiger)[24)] oder dem etwaigen späteren Eintritt der Fälligkeit des verbrieften Rechts[25)] an, aber nicht später als ein Jahr von der Terminsbestimmung[26)] an,[27)] findet der AUFGEBOTSTERMIN statt. Anmeldungen Dritter können mündlich

---

19) § 947 II^1 ZPO.
20) §§ 947 II/1008 ZPO.
21) Jedoch sind Anmeldungen noch nach dem Aufgebotstermin bis zur Verkündung des Ausschlußurteils zulässig (§ 951 ZPO).
22) Die Anmeldung ohne Vorlage des Papiers, das der Anmelder ja selbst vernichtet oder sonst verloren haben kann, ist nicht ohne weiteres unzulässig: Stranz Art 90 Anm.6.
23) §§ 948 f./1009/,1023 ZPO in Verbindung mit § 7 der Verordnung zur Vereinfachung der Bekanntmachungen über Wertpapiere vom 22.1.44 (RGBl.I S.43 f.).
24) Aufgebotsfrist nach §§ 950/1015^1 ZPO.
25) Wartefrist des § 1014 ZPO.- Beim Scheck genügt eine Aufgebots- und Wartefrist von nur zwei Monaten (Art 59 I^2 ScheckG).-Andrerseits ist bei Wertpapieren mit "Kuponbogen" (der die einzelnen,selbst aufgebotsunfähigen Zins-, Renten- oder Gewinnanteilscheine enthält) für die Berechnung der Wartefrist nicht die Fälligkeit des aufzubietenden Stammrechts, des"Mantels",wie es § 1014 ZPO entspräche, sondern die der Kupons maßgebend (§§ 1010-1013 ZPO): und zwar läuft die Sechsmonatsfrist a.entweder von der Fälligkeit des ersten der nach Verlust ausgegebenen Kupons (§ 1010); b.oder wenigstens von der Fälligkeit des letzten der innerhalb von vier Jahren nach Verlust fällig gewordenen (wenn auch vorher ausgegebenen)Kupons (§1011);c.hilfsweise von der Fälligkeit des letzten überhaupt ausgegebenen Kupons (§ 1013).Die Wartefrist kann hier über viereinhalb Jahre dauern (§ 1011)!-Durch den fruchtlosen Ablauf der Wartefrist soll die Wahrscheinlichkeit ausgeräumt werden, daß sich noch ein Besserberechtigter meldet.

in dem Termin erfolgen; sie können aber auch, da für das Aufgebotsverfahren der Mündlichkeitsgrundsatz (§ 128 ZPO) nicht gilt, schon vorher[28] und sogar noch nachher, insbesondere zwischen Aufgebots- und **Verkündungstermin (§§ 951/310 ZPO), schriftlich** oder zur Niederschrift der Geschäftsstelle vorgebracht werden.

4. Auf Grund der schriftlichen Unterlagen und des Aufgebotstermins, dem weitere Beweis- und Fortsetzungstermine ohne neue öffentliche Bekanntmachung[29] unter Umständen folgen, verkündet das Gericht seine Entscheidung über den Urteilsantrag, den der Verlierer schon vor dem Termin, insbesondere in Verbindung mit dem Aufgebotsantrag, stellen kann. Fehlen die Aufgebotsvoraussetzungen, so ist - trotz der früheren Zulassung des Aufgebots- der Urteilsantrag durch (befristet beschwerdefähigen: § 952 IV ZPO) Beschluß zurückzuweisen. Anderenfalls ist zu unterscheiden: Ist ein entgegenstehendes Recht nicht angemeldet, so ergeht das mit seiner Verkündung sofort wirksame AUSSCHLUSSURTEIL unbedingt. Würde aber ein entgegenstehendes Recht formell ordnungsmäßig, wenn auch ohne jede materielle Begründung[30], angemeldet, so erläßt der Aufgebotsrichter, ohne sachlich der Entscheidung des Prozeßrichters über das bessere Recht des Antragstellers oder des Anmelders irgendwie (bindend) vorzugreifen, das Ausschlußurteil unter Vorbehalt des angemeldeten Rechts[31]; alsdann muß der Antragsteller in einem besonderen Prozeß mit dem Anmelder sein besseres Recht feststellen lassen: denn erst das Ausschlußurteil in Verbindung mit dem rechtskräftigen Feststellungsurteil geben dem Verlierer die volle (vorbehaltlose) Legitimation zurück, die er zur Geltendmachung des Rechts gegen den Schuldner[32] braucht (str.)[33]. Ließe man nämlich die Einziehung durch den Aufbieter schon allein auf Grund des Ausschlußurteils zu, so könnte zwar der Schuldner unter Rücknahmeverzicht befreiend (nach §§ 372^2 F.2 BGB, 75 ZPO oder Art 42 WG) hinterlegen. Aber die Befreiung hätte (bei Inhaber- oder nicht verfallenen Orderpapieren) gegen den gutgläubigen Nachmann des Anmelders keine Kraft.

4. Ausschlußurteil.

26) /Anm. von Seite 268/ Nicht von dem ersten Erscheinen des Aufgebots in der Sammelliste oder **im Reichsanzeiger an: § 1015 ZPO; Jonas ZPO § 1015.**

27) Darf danach ein Aufgebotstermin noch nicht bestimmt werden, so ist der Aufgebotsantrag erst entsprechend später zulässig: § 1015^2 ZPO.

28) § 952 II ZPO.

29) § 955 ZPO.

30) Einer Begründung bedarf es nicht, da über das entgegenstehende Recht im Aufgebotsverfahren nicht entschieden wird: Jonas ZPO § 951. Aber Urkundenvorlage, wenn möglich: § 1008 ZPO.

31) Sofern er nicht bis zur rechtskräftigen Prozeßentscheidung über das angemeldete Recht das Aufgebotsverfahren aussetzt: § 953 ZPO.

32) Nicht etwa nur gegenüber dem Rückgriffsschuldner, wie Stranz Art 90 Anm. 13 anscheinend meint.

33) Die Rechtskraft des Feststellungsurteils zwischen Aufbieter und Anmelder über die Rechtszuständigkeit wirkt nicht gegenüber dem Schuldner: § 325 I ZPO; Hildebrandt, Mitschuldklage (de Gruyter 1932) § 5 Anm. 18.

5. Anfechtungsklage.

5. Gegen das Ausschlußurteil hat der Ausgeschlossene[34] nur die ANFECHTUNGSKLAGE. Sie ist gegen den Antragsteller beim übergeordneten Landgericht zu erheben[35]. Sie kann, abgesehen von bestimmten schweren Verfahrensverstößen[36] oder ursächlichen Straftaten[37], lediglich auf Nichtberücksichtigung der ordnungsmäßigen[38] (insbesondere rechtzeitigen) Anmeldung oder auf die Aufgebotsunfähigkeit der Urkunde (nicht auf Fehlen des Papierverlusts oder gar des Antragsrechts!) gestützt werden. Im ersten Fall geht die Klage auf Aufhebung des Ausschlußurteils, soweit der Kläger mit seinem angemeldeten Recht ausgeschlossen ist, also auf teilweise, im zweiten Fall auf vollständige Aufhebung des Ausschlußurteils mit rückwirkender Kraft. Vor der Gefahr der Doppelleistung infolge der Rückwirkung schützt das Gesetz (§ 1018 II ZPO) den Schuldner dadurch, daß zwischenzeitliche Leistungen an den Erwirker des Ausschlußurteils befreien, außer wenn der Schuldner bei der Leistung die Aufhebung (nicht nur Anfechtung) des Ausschlußurteils kannte (nicht nur grobfahrlässig nicht kannte).

III. EINSTWEILIGE SICHERUNG.

III. Der Weg bis zum vorbehaltlosen Ausschlußurteil dauert lange.

Soll doch jede Wahrscheinlichkeit für das Vorhandensein eines Besserberechtigten sich durch Abwarten der normalen Geltendmachung verschwiegen haben. Bei später Fälligkeit oder Papieren mit (aufgebotsunfähigen) Kuponbogen muß der Berechtigte sich unter Umständen dreieinhalb Jahre und länger gedulden, ehe er (da der Termin nicht über ein Jahr hinaus angesetzt werden darf) das Aufgebot auch nur beantragen kann. Vom Antrag bis zum Urteil vergehen notwendig (wegen der Aufgebotsfrist) über sechs Monate. Schließlich kann die rechtskräftige Ausräumung eines etwaigen Vorbehalts in einem besonderen Prozeß lange aufhalten.

Um so wichtiger ist die EINSTWEILIGE SICHERUNG des Berechtigten vor der Einziehung durch den noch legitimierten Nichtberechtigten. Sie erfolgt:

---

34) Der Aufbieter hat gegen unzulässige Vorbehalte die sofortige Beschwerde: § 952 IV ZPO.

35) Das, obwohl erste Instanz, nach Art eines Rechtsmittelgerichts ausschließlich und ohne Rücksicht auf die Höhe des Streitwerts zuständig ist: § 957 II ZPO. Daher Revision auch ohne Revisionssumme: § 547 Ziff. 2 ZPO.

36) Hinsichtlich Bekanntmachung des Aufgebots, Aufgebotsfrist und Richterausschluß: § 957 II Ziff. 2-4 ZPO. Ebenso (nach § 957 II Ziff. 1 ZPO: Jonas dort III 1), wenn das Urteil fehlerhafterweise nicht nur die Urkunde, sondern auch das Recht ausschließen sollte.

37) Z.B. Meineid oder Urkundenfälschung: §§ 957 II Ziff. 6/580 Ziff. 1-5 ZPO.

38) Wenn auch sachlichrechtlich unbegründeten Anmeldung.

1. Bei INHABERpapieren und "hinkenden" Inhaberpapieren (§ 808 BGB)[39] durch gerichtliche "Zahlungssperre; d.h. durch ein auf Antrag[40] und zugunsten des Aufbieters erlassenes Verbot des Amtsrichters an den Schuldner (Aussteller) und alle "Zahl"-stellen, an den Inhaber zu leisten.[41]

1.bei Inhaberpapieren durch Zahlungssperre.

2. Bei ORDERpapieren,[42] auch blankoindossierten, freilich nicht vor Aufgebotserlaß, durch den Anspruch des berechtigten[43] Aufbieters gegen den (Haupt)-[44] Schuldner auf Leistung gegen Sicherheit.

2.bei Orderpapieren durch Zahlungsanspruch gegen Sicherheit

Der Schuldner wird durch die Leistung an den Aufbieter auch dem Besserberechtigten gegenüber frei.[45] Dafür haftet die Sicherheit des Aufbieters dem Berechtigten, nicht dem Schuldner.

Gegen die VERJÄHRUNG seiner Ansprüche, insbesondere die in einem oder einem halben Jahr verjährenden[46] Rückgriffsansprüche, muß sich der Gläubiger, da das Aufgebot die Verjährung nicht unterbricht oder auch nur hemmt, dadurch schützen, daß er - mangels freiwilligen Anerkenntnisses - den Hauptschuldner auf Zahlung gegen Sicherheit und die Rückgriffsschuldner auf Feststellung für den Fall der Beibringung des Ausschlußurteils verklagt: die drohende Verjährung begründet das Feststellungsinteresse (§ 256 ZPO). Dagegen ist eine Rückgriffsklage auf Zahlung nach Kraftloserklärung nicht (ohne weiteres) zulässig, da die drohende Verjährung zwar die Besorgnis begründet, daß der Gläubiger nicht rechtzeitig Rückgriff nehmen kann, aber nicht, "daß der Schuldner sich der rechtzeitigen Leistung entziehen werde"(§ 259 ZPO)[47]

39) Für die Papiere des § 808 BGB aber gelten auch hier die landesrechtlichen Vorbehalte gemäß Art 102 II **EG z.BGB** und § 1023 ZPO: vgl. Anm. 4.

40) Zur Vermeidung doppelter Bekanntmachung von Aufgebot und Sperre und damit verbundener Mehrkosten werden Aufgebots- und Sperrantrag regelmäßig verbunden. Auch gleichzeitiger Urteilsantrag ist zweckmäßig.

41) Anordnung nach §§ 1019-1022 ZPO, Folge nach §§ 136/135 BGB: der an den Papierinhaber leistende Schuldner wird nicht frei, sofern er das Zahlungsverbot(!) kannte oder grobfahrlässig nicht kannte (mag es sich um die Hauptleistung oder um die Ausgabe neuer Kuponbogen handeln).

42) Art 90 I^2 WG/59 I^3 ScheckG/365 II^2 HGB/§ 42^2 Orderlagerschein VO v. 16.12.31.-Ausgenommen sind Namensaktien (auch blankoindossierte), da hier der für das Verhältnis zur AG allein maßgebende Eintrag im Aktienbuch den Berechtigten schützt (§ 62 III AktienG).

43) Beweislast wie bei der endgültigen (sicherheitsfreien)Einziehung.

Gegen den AUSSCHLUSS seiner Rückgriffsrechte durch nicht rechtzeitige Protesterhebung (oder bei Protesterlaß durch nicht rechtzeitige Vorlegung) infolge des Wechsel- oder Scheckverlustes kann sich der Gläubiger allerdings nur durch rechtzeitige Besorgung einer zweiten Ausfertigung sichern.[48] Infolgedessen verliert der Gläubiger (abgesehen von den seltenen Fällen höherer Gewalt) endgültig seine Rückgriffsrechte, wenn er das Papier vor Protesterhebung verliert und die zweite Ausfertitung nicht rechtzeitig beschaffen kann:[49] sei es aus zeitlichen Gründen, z.B. bei Verlust während der Versendung zum Protest; sei es aus rechtlichen, etwa weil der verlorene Wechsel nicht, wie üblich, als erste Ausfertigung (als "Primawechsel") gekennzeichnet war[50].

3. Schlechtgläubigkeit bei Kenntnis des Aufgebots.

3. Schließlich ist der Schuldner, der in Kenntnis des des Aufgebotsverfahrens an den Legitimierten leistet, statt wegen unverschuldeter Ungewißheit über die Person des Gläubigers[51] (unter Rücknahmeverzicht und somit befreiend) zu hinterlegen, grobfahrlässig.[52] Er wird daher auch bei Umlauf- und Ausweispapieren nicht frei.

Dies gilt auch für den Rückgriffsschuldner[53]. Denn Dank der Befreiungsfolge der Hinterlegung kann er vom Legitimierten (entsprechend Art 50 WG/ 47 ScheckG) Herausgabe der zum weiteren Rückgriff nötigen Papiere verlangen.

---

44) /Anm. von Seite 271/ Beim Wechsel gegen den Annehmer oder Aussteller des eigenen Wechsels (Art 90 I^2 WG) und seinen Wechselbürgen, beim Scheck gegen den Aussteller (Art 59 I^3 ScheckG) und seinen Scheckbürgen, dagegen nicht gegen die (andern) Rückgriffsschuldner.

45) Heute h.L., z.B. Stranz Art 90 Anm.7. Ritter HGB §365 Anm.5.-Beweisgrund aus dem Stärkeren: sogar Hinterlegung unter Rücknahmeverzicht, die nach Art 42 WG, §§ 372 ^{2}F.2 BGB oder 75 ZPO zulässig ist, befreit.

46) Art 70 WG/52 ScheckG.

47) Stranz Art 90 Anm. 7 a. A.A. RG 49,140.

48) Protesterhebung auf Grund des Ausschlußurteils scheidet aus, weil angesichts der Wartefrist von sechs Monaten ab Verfall (§ 1014 ZPO) die Protestfrist längst versäumt ist.

49) Stranz Art 90 Anm. 7 a/10a.

50) Obwohl die Kennzeichnung als erste Ausfertigung nach Art 64 II WG/ 49^2 ScheckG. nötig, aber wegen des Papierverlustes nicht mehr möglich ist.

51) § 372^2 Fall 2 BGB. Ferner Art 42 WG und § 75 ZPO.

52) Das Aufgebotsverfahren ist ein bestimmter Anhaltspunkt für Zweifel an der Berechtigung des Papierinhabers: dazu § 6 I 2 b.

53) A.A. Stranz Art 90 Anm. 7 b.

IV. Das (vorbehaltlose) Ausschlußurteil hat negative (1) und positive (2/3) FOLGEN: jene kraft Gestaltungs-, diese kraft Tatbestandswirkung.[54]

IV. FOLGEN.

1. Der Urteilsspruch bezeichnet als gewollt lediglich die Kraftloserklärung der Urkunde[55]. Die "Gestaltungswirkung" des Urteils besteht also nur in der Entwertung des Wertpapiers, nicht in der Entrechtung des (ausgeschlossenen) Rechtsinhabers.

1. Legitimationsverlust des Papierinhabers.

Das allein entspricht dem Zweck und der Gestaltung des Verfahrens, das über das (materielle) Recht des etwaigen Anmelders weder entscheiden darf noch will. Das allein steht in Einklang mit dem kraft Gesetzes (§§ 1008/1017 ZPO) im Aufgebot angedrohten und im Urteil ausgesprochenen Rechtsnachteil.

keine Rückwirkung

Das erkennt grundsätzlich auch die von Jakobi geführte und im Wertpapierrecht herrschende Lehre an. Aber Jakobi und seine Anhänger fälschen das Ergebnis durch die Behauptung um, das Ausschlußurteil entwerte die Urkunde mit Rückwirkung vom Zeitpunkt des Papierverlustes an. Wer daher - kraft guten Glaubens - das Recht erst nach (!) dem Papierverlust des Aufbieters erworben habe, sei - infolge der (angeblich) rückwirkenden Entziehung der Rechtsscheingrundlage - endgültig mit seinem Rechte ausgeschlossen.[56] Denn der Antragsteller - so begründet das Jakobi - trete im Aufgebotsverfahren mit der, wenn auch nicht ausdrücklich aufgestellten, Behauptung auf, daß niemand oder höchstens ein Stehler oder Hehler das Papier besitze. Da ist schon tatsächlich nicht schlüssig: der Antragsteller beantragt ja das Aufgebot gerade deshalb, weil er über das weitere Schicksal der Urkunde nichts weiß, er kann und braucht daher auch nicht das Ausbleiben eines zwischenzeitlichen gutgläubigen Erwerbs zu behaupten. Überdies ergäbe eine derartige Behauptung des Antragstellers rechtlich um so weniger etwas für die Rückwirkung der Ausschlußfolgen, als die Rechtskraftwirkung des Ausschlußurteils sich überhaupt nicht auf irgendwelche Tatsachenbehauptungen des Antragstellers, sondern nur auf die Zulässigkeit des Ausschlußurteils im

54) Zu diesen Begriffen: Hildebrandt, Mitschuldklage § 4 N. 16 und § 5 N. 20.

55) § 1017 ZPO.

56) Jakobi, Grundriß S. 88 f; Stranz Art 90 Anm. 11; Hueck § 17 III; Ulmer § 8 IV 1/S. 92/.

Ergebnis bezieht (§ 322 I ZPO)[57]. Die Verschweigung des Dritten[58] rechtfertigt den Ausschluß der Urkunde, aber sie besagt garnichts für die Rückwirkung. Die unbillige Härte gegen den Erwerber, der im besten Glauben nach dem Verlust, aber möglicherweise sogar noch vor dem Aufgebot das Order- oder Inhaberpapier erwarb, der sich aber dann vielleicht infolge widriger Verhältnisse nicht mehr um das Papier kümmern konnte, erkennen dann auch Anhänger Jakobis an. Ihr Vorschlag aber, der ausgeschlossene Besserberechtigte könne sich ja (aus ungerechtfertigter Bereicherung) die Rechte aus dem Ausschlußurteil abtreten lassen,[59] ist nicht nur ein unnützes Hin und Her, sondern auch folgeunrichtig: denn bei Rückwirkung hat der Ausgeschlossene - rechtlich gesehen - weder das Recht noch die Legitimation jemals erworben; er wäre infolgedessen überhaupt nicht "entreichert,"[60] und außerdem der Aufbieter, mag er Eigentümer oder Dieb gewesen sein, durch das Ausschlußurteil nur um die Legitimation bereichert, mit der der Dritte ohne das Recht ohnehin nichts anfangen darf.

2. Legitimationserwerb des Aufbieters gegenüber Schuldner

2. Die Tatsache des Ausschlußurteils hat den Legitimationserwerb des Aufbieters gegenüber dem Schuldner zur Folge (§ 1018 I ZPO)[61]

a. Kein Rechtserwerb.

a. Der Aufbieter erhält nur die Legitimation, nicht das Recht. Als Legitimationsmittel tritt die Ausfertigung des Ausschlußurteils nunmehr an die Stelle der Urkunde.

α. Rechte Dritter an der Urteilsausfertigung.

α. Daher setzen sich die Rechte Dritter am Wertpapier fort an der Urteilsausfertigung[62] (§ 952 BGB). Infolgedessen kann der dritte Rechtsinhaber vom Aufbieter Herausgabe der Urteilsausfertigung[63] oder[64] der Schuldnerleistung verlangen; jenes als Eigentümer (§ 985 BGB), dieses als Entreicherter (§ 816 II BGB).

---

57) Darüber unten 2 a B und allgemein Hildebrandt, Mitschuldklage S. 48.
58) Auf die Ulmer u.a.O. abhebt (S.92).
59) Hueck § 17 III
60) Nicht auf seine Kosten (§ 812 I[1] BGB) hätte der Aufbieter die Legitimation erlangt!
61) Eine um des Zweckzusammenhangs und der Vereinheitlichung willen zwar in der ZPO ausgesprochene, aber dennoch sachlichrechtliche Folge.
62) Richtig Stranz Art 90 Anm.9.
63) Der Dritte kann dann gegen Aushändigung der Urteilsausfertigung - den Nachweis seines Rechtserwerbs vorausgesetzt - Leistung vom Schuldner verlangen, obwohl § 1018 I ZPO, der den Regelfall im Auge hat, nur vom Legitimationserwerb des Aufbieters spricht.
64) Wenn der Schuldner bereits an den Aufbieter gegen Aushändigung des Urteils geleistet hat.

ß. Daher kann der SCHULDNER dem Aufbieter alle Einwendungen genau so entgegenhalten, wie wenn dieser jetzt[65] durch das Wertpapier ausgewiesen wäre.

ß. Einwendungen des Schuldners unbeschränkt.

Soweit keine Rechtsvermutung für den Papierinhaber sprach, wie bei Rektapapieren oder der bloßen Abtretung eines Orderpapiers, muß daher der Aufbieter die seinen Rechtserwerb begründenden Tatsachen, z.B. die Einlage des Sparguthabens oder das Zustandekommen des Abtretungsvertrags, behaupten und streitigenfalls beweisen.

Soweit die Rechtsvermutung dem Papierinhaber zugutekam, also bei Inhaber- und Orderpapieren, kann der Schuldner nachweisen: nicht nur, daß der Anspruch gegen ihn überhaupt nicht (z.B.mangels Unterschrift) oder nicht so (etwa,weil die Wechselsumme niedriger war) entstanden ist; sondern auch, daß der (so) entstandene Anspruch nicht dem Aufbieter, sondern einem Dritten zustehe, gleichviel ob der Dritte vor oder (str.) nach[66] dem Papierverlust des Aufbieters das Recht erworben hat.

Die Rechtskraftwirkung des Ausschlußurteils, die bindende Feststellung des "Gestaltungsrechts" des Aufbieters auf Entwertung der Urkunde durch den richterlichen Gestaltungsspruch,[67] steht dem nicht entgegen. Denn sie gilt nicht den Entscheidungsgründen (§ 322 I ZPO), die sich hier überdies mit der bloßen Glaubhaftmachung (§ 1007 Z.2 ZPO!)der früheren Legitimation (§ 1004 ZPO!) des Aufbieters begnügen dürfen.

b. Der Aufbieter erwirbt die Legitimation nur gegenüber dem Schuldner, allerdings auch gegenüber Rückgriffsschuldnern[68], nicht aber gegenüber Dritten, insbesondere nicht zugunsten gutgläubiger Erwerber.

b. Kein Legitimationserwerb gegenüber **Dritten.**

Die Übertragung des Rechts erfolgt nur noch durch Abtretung.[69] Übergabe der Urteilsausfertigung ist unstreitig nicht Wirksamkeitsvoraussetzung. Die Urteilsausfertigung ist nur Vorlegungs-, nicht Übertragungsmittel.

Gutgläubiger Erwerb des Rechts oder doch der Einredenfreiheit ist ausgeschlossen. Die Urteilsausfertigung ist Rechtsscheingrundlage nur bei der Einziehung, nicht bei der Übertragung.

65) Infolgedessen hilft dem Schuldner der an sich zulässige Einwand, das Papier habe nie bestanden, oder der Aufbieter es nie besessen, nichts. Insofern, aber nur insofern kann sich der Aufbieter besser stellen als vor dem angeblichen Verlust.

66) Hier a.A.Stranz Art 90 Anm.11,folgerichtig vom Standpunkt der (unter 1 abgelehnten) Rückwirkungslehre.

67) Dazu Hildebrandt, Mitschuldklage S. 25 (insbes.N.6) u.S.48. - Jonas ZPO § 957 N.2.

68) Die ihrerseits auf Grund des Ausschlußurteils weiteren Rückgriff nehmen können, obwohl § 1018 I ZPO nur den Aufbieter erwähnt: Stranz Art 90 Anm. 10.

69) Stranz Art 90 Anm. 9.

Aber Anspruch auf Ersatzurkunde bei Umlaufbedürfnis.

Das kann, insbesondere bei langfristigen Papieren, die Verwertungsinteressen des Berechtigten ungerechtfertigt beeinträchtigen. Deshalb gibt das Gesetz bei Inhaberschuldverschreibungen, Aktien, Zwischenscheinen, Orderpolicen und Grundpfandbriefen[70] dem Berechtigten (!)[71], der die Urteilsausfertigung vorlegt, ein Nebenrecht[72]: den Anspruch gegen den Schuldner (Aussteller) auf Erteilung einer Ersatzurkunde.

Die entsprechende Anwendung ist geboten, **soweit ein berechtigtes** Bedürfnis nach Wiederherstellung der gesteigerten Umlaufsfähigkeit besteht. So bei den kaufmännischen Orderpapieren (§ 363 HGB),[73] insbesondere den Orderteilschuldverschreibungen von Industrieunternehmen.

Dagegen fehlt das Analogiebedürfnis grundsätzlich bei Rektapapieren, insbesondere den qualifizierten Ausweispapieren (§ 808 BGB), sowie bei so kurzfristigen Umlaufpapieren wie Wechsel und Scheck (str.),[74] zumal nicht nur der Scheck, sondern regelmäßig auch der Wechsel angesichts der sechsmonatlichen Wartefrist (§ 1014 ZPO) infolge Protestes oder Fristablaufs nicht mehr indossabel (Art 20 WG/ 24 ScheckG) sind.

Auch beim Blankowechsel, bei dem die Kraftloserklärung zur Verhinderung nachträglicher Rechtsentstehung durch Ausfüllung des Blanketts zulässig ist (H.L.),[75] vermag der Wunsch, die nachträgliche Ausfüllung und damit die Einziehung zu ermöglichen, den Anspruch auf Erteilung eines Ersatzblanketts wohl nicht hinreichend zu begründen.[76] [77]

---

70) §§ 800 BGB/66 I 2 AktienG/3 VVG/67 GBO.

71) Nicht dem Aufbieter als solchem; auch nicht bei § 800 BGB: der entgegenstehende Wortlaut beruht lediglich auf der Anschauung des Regelfalls und der Anknüpfung an die Rechtsvermutung für den Inhaber (§ 793 I[1] BGB).

72) Das entsprechend § 401 BGB auf den Erwerber übergeht.

73) Ritter, HGB § 365 Anm.5. - Ohne diese Einschränkung Jakobi, Grundriß S. 90.

74) Stranz Art 90 Anm. 12.

75) Stranz Art 90 Anm. 3 b.

76) Stranz Art 90 Anm.12.A.A.Jakobi, Handbuch 404 [99].- Mit der Möglichkeit des endgültigen Zahlungsanspruches entfällt beim verlorenen Blankwechsel auch der vorläufige Schutz gegen Sicherheit nach Art 90 I[2] WG: Stranz Art 90 Anm. 7 - .

77) Nur kriegsbedingte Bedeutung hat die 7. Durchführungsverordnung zur Kriegssachschädenverordnung v. 6.11.43 (RGBl. I S.632 ff.). Bei Vernichtung näher bestimmter inländischer Effekten durch Kriegsereignisse (Bombenschaden) kann der bisherige Inhaber vom Aussteller eine Ersatzurkunde verlangen, wenn entweder der Aussteller die Vernichtung als nachgewiesen erachtet, oder wenn drei Monate seit der Veröffentlichung des "Aufrufs" in der Sammelliste aufgerufener

Forts. v. Seite 276

Wertpapiere verstrichen sind, ohne daß die Urkunde dem Aussteller vorgelegt wurde. Den "Aufruf" bewilligt auf Antrag, der die vernichteten Papiere individuell (Nummernangabe!) bezeichnen muß, und nach Anhörung des Ausstellers (der die Ausstellung der Ersatzurkunde abgelehnt hat) die Feststellungsbehörde, nicht etwa das Amtsgericht. Mit der Ausstellung der Ersatzurkunde auf Grund des vorangegangenen Aufrufverfahrens wird das aufgerufene Wertpapier kraftlos; daher ist auch die Ausstellung der Ersatzurkunde in der Sammelliste bekanntzumachen. Der durch die (freiwillige oder zwangsweise) Ausstellung der Ersatzurkunde Geschädigte erhält vom Reich Entschädigung, das seinerseits Rückerstattung von dem verlangen kann, der die Ersatzurkunde erwirkt hat, und auf das mit der Zahlung der Entschädigung die Rechte des Geschädigten kraft Gesetzes übergehen. Näheres RGBl. 43 I 632 ff.

IV. Untergang der Wertpapiere. § 26

Gegenstand.

Gegenstand des Erlöschens kann sein:

Das Recht am Papier, also das Eigentum am Papierstück.

Das Recht aus dem Papier, z.B. die Wechselforderung;

Der Rechtsschein durch das Papier, d.h. seine Eignung als Rechtsscheingrundlage (und Vorlegungsobjekt). Die drei Gegenstände können zugleich erlöschen: Der Gläubiger verbrennt auf Bitten des anwesenden Hauptschuldners den Wechsel. Sie müssen es aber nicht: ja es ist das nicht einmal die Regel. Denn jede der drei Rechtsstellungen hat ihre eigenen Beendigungsgründe.

I. Recht AM Papier.

I. Das Recht AM Papier folgt ausnahmslos den Regeln des allgemeinen Fahrnissachenrechts.

Mag nur das Eigentum, etwa durch Aufgabe nach § 959 BGB, oder auch die Sache selbst (die Substanz), z.B. durch Verbrennen, untergehen.

Geht das Eigentum am Papier auf den Schuldner erst mit seiner Aushändigung über (h.L.) oder gegebenenfalls schon vorher mit dem Erlöschen der Schuld, z.B. mit der Zahlung? § 797[2] BGB spricht nur scheinbar für die erste, das ideell wie materiell berechtigte Verlangen des Schuldners an einem Aushändigungsanspruch auch gegen den Drittbesitzer aber entscheidend für die zweite Ansicht. Die Analogie des § 952 BGB ist daher geboten. Doch ist das eine Frage nicht des Erlöschens, sondern des Übergangs des Eigentums.[1)]

II. Recht AUS dem Papier.

II. Das Recht AUS dem Papier erlischt nicht durch Vereinigung von Forderung und Schuld in einer Person (Konfusion), wenn, solange und weil das Wertpapier zum Umlauf bestimmt ist.

Rechtsuntergang durch Konfusion tritt also nicht (endgültig) bei Inhaberschuldverschreibungen ein.[2)] Auch nicht bei Orderpapieren, solange sie durch Indossament übertragbar und damit Orderpapiere sind[3)]. Wohl aber bei Rektapapieren und den - infolge Protestierung oder Protestfristversäumnis (Art. 20 WG/ 24 SchG) - nicht mehr indossablen, insoweit also zu Rektapapieren gewordenen Wechseln und Schecks.

---

1) Näheres § 16 II z 2 c.
2) RG 147, 243 f (IV).
3) Klarstellend Art 11 III WG/14 III SchG.

Im übrigen erlischt das Recht aus dem Papier nach den allgemein gültigen oder den für einzelne Wertpapiere besonders bestimmten Endigungsgründen.

Allgemeingründe sind insbesondere Erfüllung, Leistung an Erfüllungsstatt, Hinterlegung unter Rücknahmeverzicht, Aufrechnungserklärung, Erlaßvertrag.

Sondergründe sind z.B. die Versäumung der Vorlegungsfrist für die Ansprüche aus Inhaberschuldverschreibungen (§ 801 BGB) und für die Rückgriffsansprüche aus Wechsel und Scheck (Art 53 WG/ 40 ScheckG) oder der Ausschluß säumiger Aktionäre durch die Gesellschaft (das sog. Kaduzierungsverfahren nach § 58 AktienG).[4]

Streitfragen.

Streitig ist dreierlei.

1. Beim Rückindossament geht Art 40 II/III WG dem Art 16 II WG vor.

1. Gilt bei Rückübertragung auf den Schuldner Begebungs- oder Tilgungsrecht?

   Entscheidend ist nicht die rechtliche Einkleidung, sondern die wirtschaftliche Zweckbestimmung. Daher geht das Tilgungsrecht vor. Infolgedessen wird der Annehmer, der gutgläubig, aber vor Verfall den Wechsel vom Nichtberechtigten gekauft und die Wechselsumme (abzüglich des Zwischenzinses) gegen Aushändigung des rückindossierten Wechsels bezahlt hat, weder von der Schuld frei noch Eigentümer des Papiers: Art 40 II verdrängt den Art 16 II WG.[5]

   Die Zulassung des Rückindossaments auf einen bereits Verpflichteten (Art 11 III WG/14 III SchG) stellt lediglich klar, daß die Befreiung des Schuldner-Indossatars und seiner Nachmänner durch Konfusion nicht eintritt, solange das Papier noch durch Indossament, nicht nur durch Abtretung (-Nachindossament: Art 20 WG/24 SchG), weiterübertragen werden kann.[6]

2. Kein Rechtsverlust durch Kraftloserklärung mangels Rückwirkung

2. Erlöschen durch Kraftloserklärung der Urkunde die nach dem Papierverlust (gutgläubig) erworbenen Rechte?

   Die Antwort hängt von der umstrittenen Rückwirkung der Kraftloserklärung ab. M.E. hat die Kraftloserklärung keine rückwirkende[7] und daher auch keine rechtsvernichtende Kraft.

---

4) Die Umwandlung in Schuldbuchforderungen (§ 21 RSchO) ist Rechtsinhaltsänderung (die Sicherheiten bleiben), nicht Rechtsverlust und Rechtsschöpfung.

5) Richtig Stranz Art 40 Anm. 10. Näheres hier § 20 VI 2. A.A. Quassowski-Albrecht Art 40 Anm. 3 WG.

6) § 20 II 2 b.

7) § 25 IV 1.

3. Kein Rechtsverlust durch Eigentumsaufgabe mangels Bedürfnisses.

3. Erlischt mit der Eigentumsaufgabe am Inhaber oder Orderpapier ohne weiteres auch das Recht aus dem Papier? Werden z.B. die Wechselschuldner frei, wenn der Gläubiger in Erlaßabsicht, aber in ihrer Anwesenheit das Papier wegwirft?

Die im wertpapierrechtlichen Schrifttum ganz überwiegend vertretene Lehre bejaht es. Die Frage ist indessen - mit der zivilprozessualen Literatur - zu verneinen.[8)]

Die Berufung auf die Eigentumstheorie ist schon methodisch verfehlt. Denn sie ist aus der Anschauung von Übertragungstatbeständen und Übertragungszwecken entwickelt. Sie darf daher nicht ohne Prüfung der Lebensrichtigkeit als Erlöschungsgrund mißbraucht werden (sog.Inversionsschluß).[9)] Sie führte überdies zu dem auch von der Gegenmeinung heute meist abgelehnten Rechts- (nicht nur Legitimations-)verlust durch jede, auch die unabsichtliche Papiervernichtung.

Die übliche Berufung auf die Analogie der Eigentumsaufgabe (nach § 959 BGB) ist sachlich durchaus unzutreffend. Das erforderliche[10)] (Gebotsbeschränkungs- und) Analogiebedürfnis fehlt. Ideell ist der Vertragsgrundsatz für den Erlass von Forderungen[11)] durch die Ehre des Schuldners geboten, der sich nichts "schenken" lassen will.[12)] Materiell aber halten sich die Interessen des Schuldners, dem ein solcher Pflichtenstolz fremd ist, und die des Aneigners, der mit dem Eigentum an dem herrenlos gewordenen Papier (§ 958 I BGB) auch die Forderung aus dem Papier erwerben möchte, das Gleichgewicht: beide wünschen Erwerb ohne Gegenleistung. Das erkennt sachlich auch ein Vertreter der Gegenansicht[7)] an, wenn er - ohne jeden tatsächlichen Anhalt für eine derartige Unterscheidung - die Preisgabe des Einzelpapiers zwar zugleich als Rechtsverzicht, die des Massenpapiers aber nur als Eigentumsaufgabe "deuten" will, um, wenn auch nicht beim Massen-, so doch wenigstens beim Einzelpapier den Forderungserwerb durch die Papieraneignung zu verhüten.[13)]

---

8) Jonas, Komm.zur ZPO § 1003 N 16; Baumbach,Komm. zur ZPO vor § 1003 Anm.2; Seuffert-Walsmann ZPO vor § 1003 Anm.3.

9) Dazu allgemein Heck, z.B.Schuldrecht S.474; Hildebrandt, Rechtsfindung S.94 f.

10) Hildebrandt, Rechtsfindung S.62 ff,/86 f.

11) Selbst im Fahrnissachenrecht ist der Verzicht zugangsbedürftig, wenn ein unmittelbar Begünstigter vorhanden ist (§§ 1064/1255/1273/1276 BGB)!

12) Was vielfach nicht (genügend) beachtet wird! - Zerreißt freilich der Gläubiger auf die Bitte des Schuldners hin in Erlaßabsicht den Wechsel, so kann schon damit, also ohne Zugehen der Annahme, der Erlaßvertrag - durch Willensgeschäft (Manigk) - zustandegekommen sein (§ 151 BGB).

13) Ulmer 83/86.

III. Der Rechtsschein durch das Papier kann zusammen mit dem Recht aus dem Papier enden; so bei Zahlung gegen Aushändigung des quittierten Wechsels (Art 39 I WG). Es kann aber auch

III. Rechtsschein kraft des Papiers

1. Die Rechtsscheinkraft des Papiers das darin verbriefte Recht überdauern. Dann kann bei Umlaufpapieren das erloschene Recht durch gutgläubigen Erwerb neu entstehen.[14]

1. Rechts- ohne Legitimationsverlust.

Bsp. Schuldtilgung durch Zahlung, Aufrechnung oder Erlaßvertrag, aber ohne Aushändigung des Wechsels an den Schuldner.

Bei Quittierung, also schriftlichem Empfangsbekenntnis des Legitimierten, auf dem in der Hand des Ausgewiesenen verbliebenen (!) Papier, ist zu unterscheiden.

a. Teilquittung zerstört den Rechtsschein für den quittierten Teil.

b. Vollquittung stört ihn überhaupt nicht: Der Gläubiger pflegt nämlich den Wechsel bereits (im voraus) quittiert zur Zahlung vorzulegen, weil er Zahlung nur gegen Aushändigung des quittierten Wechsels verlangen kann (Art 39 IWG). Sein Wechselbesitz trotz Quittierung macht es daher wahrscheinlich, daß die erwartete Zahlung nicht erfolgte.[15] Doch wird man Streichung vor der Weiterbegebung verlangen müssen, um den Papierbesitzer wegen Urkundenunterdrückung (§ 274 **Ziff. 1 RStGB**)[16] **fassen zu können**, der bewußt ohne Recht streicht, z.B. trotz Zahlung.

2. Umgekehrt kann das Recht die Rechtsscheinkraft des Papiers überdauern: so bei Vernichtung ohne Erlaßabsicht, bei Kraftloserklärung der Urkunde[17] oder einem Ungültigkeitsvermerk auf ihr.[18]

2. Legitimations- ohne Rechtsverlust.

Zahlt also der Schuldner, ohne sich das Papier vorlegen zu lassen, an den besitzlosen Rechtsinhaber, so kann er nicht das Gezahlte mit der Begründung kondizieren (§ 812 I^1 BGB), er habe von dem Papierverlust des Gläubigers nichts gewußt.[19]

---

14) § 7 IV 1/§ 8 II 1.
15) Stranz Art 39 Anm. 4.
16) Auch ohne Streichung kann allerdings bei Weiterbegebung trotz Zahlung Betrug durch Täuschung des Erwerbers und Schädigung des Schuldners vorliegen (§ 263 RStGB).
17) § 25 I 2/IV 1.
18) **v.Schwerin §6 I a.E.**
19) Anders, wenn der Schuldner (für den Gläubiger) unverkennbar nur in der nachher endgültig enttäuschten Erwartung der Papierrückgabe geleistet hat (§ 812 I^2 Fall 2 BGB). Ungenau (für § 812 I^1 ohne Einschränkung) Stranz Art 39 Anm.6.

Kolibri 360 GmbH
Ferdinand-Jühlke-Straße 7
99095 Erfurt, Deutschland
produktsicherheit@kolibri360.de